中国地质调查成果 CGS 2021-061
"0001212012AC50030"
"0001212012AC50021" 项目资助

三峡库区滑坡监测预警理论与实践

SANXIA KUQU HUAPO JIANCE YUJING LILUN YU SHIJIAN

霍志涛　牛瑞卿　付小林　等编著

中国地质大学出版社
ZHONGGUO DIZHI DAXUE CHUBANSHE

图书在版编目(CIP)数据

三峡库区滑坡监测预警理论与实践/霍志涛等编著. —武汉:中国地质大学出版社,2021.9
ISBN 978-7-5625-5109-6

Ⅰ.①三…
Ⅱ.①霍…
Ⅲ.①三峡工程-滑坡-监测预报-研究
Ⅳ.①P642.22 ②TV632.719

中国版本图书馆 CIP 数据核字(2021)第 191103 号

三峡库区滑坡监测预警理论与实践	霍志涛 牛瑞卿 付小林 等编著	
责任编辑:马 严	选题策划:毕克成 段勇 张旭	责任校对:徐蕾蕾
出版发行:中国地质大学出版社(武汉市洪山区鲁磨路 388 号)		邮编:430074
电 话:(027)67883511 传 真:(027)67883580		E-mail:cbb@cug.edu.cn
经 销:全国新华书店		http://cugp.cug.edu.cn
开本:880 毫米×1230 毫米 1/16		字数:491 千字 印张:15.5
版次:2021 年 9 月第 1 版		印次:2021 年 9 月第 1 次印刷
印刷:湖北睿智印务有限公司		
ISBN 978-7-5625-5109-6		定价:168.00 元

如有印装质量问题请与印刷厂联系调换

《三峡库区滑坡监测预警理论与实践》编委会

主编：霍志涛　牛瑞卿　付小林

编委：杨　柯　孔魏巍　叶润青　杨经宇　吴润泽　白兴宇
　　　董佳慧　康迪楠　唐诗怡　朱敏毅　许明杰　段四壮
　　　杨建英　范意民　王　鑫　苑　谊　张志斌　易庆林
　　　何钰铭　李远宁　李长明　涂秋月　王红群　蓝景周

前　言

人类几千年的奋斗史,就是不断同自然斗争并和解的历史。人类利用自然创造了财富,也时刻面临着来自自然的威胁。以滑坡为代表的地质灾害,作为自然打击人类的有力"武器",千百年来,从未停止吞噬生命的脚步。时至今日,科学理论和工程技术空前发达的同时,每年仍有成千上万人因滑坡而伤亡,滑坡的有效防治依然是当前世界面临的重大挑战。

中国是世界上最早有滑坡记录的国家,由此积累了丰富的滑坡治理经验。最近几十年,由于社会经济发展的需求,我国开发自然资源、改造自然环境的工程活动日趋频繁,滑坡地质灾害长期处于高发态势,滑坡的监测预警工作由此成为滑坡防治的前沿阵地,直接影响着国家重大战略安全实施与生态文明建设。然而,我国幅员辽阔、山川纵横,加上滑坡的隐蔽性强、突发性高等特点,使得全面、准确的滑坡监测预警工作面临严峻考验。

三峡库区滑坡监测预警工作的全面展开始于三峡工程建设前夕,在党和国家的高度重视下,经过无数管理专家、科研学者、技术人员以及人民群众的无私奉献和不懈努力,实现了自 2003 年以来连续 17 年地质灾害零伤亡。得益于我国政府开放的科学精神,三峡库区成为世界各国科学家开展滑坡研究的沃土,由此产生的新方法和新技术的聚集效应,使三峡库区在滑坡监测预警方面积累了丰富的经验。考虑到这些经验来之不易,我们在系统分析三峡库区滑坡监测预警方法和工程实践的基础上,编写了这本书,它不仅是对几十年滑坡监测预警工作成果的集成,也可作为广大地质灾害研究方向的研究生和地质灾害监测预警方面的专业技术人员的学习教材。

本书分为三篇共 8 章,分别介绍了滑坡监测预警的理论、技术、方法和应用。第一篇为概述篇,主要介绍了三峡库区滑坡的发育模式和监测预警体系;第二篇为三峡库区滑坡监测篇,详细介绍了专业监测和群测群防监测的主要内容以及相关滑坡案例,另外还介绍了与之紧密相连的信息系统;第三篇为三峡库区滑坡预警预报篇,从理论上介绍了滑坡预报模型和预警判据,从管理角度介绍了滑坡预警流程,并在每一章中通过滑坡案例进行相应的分析阐述。

在本书的撰写过程中,始终得到了黄学斌教授级高级工程师的指导和帮助,从体系结构的确定到最后的统稿和定稿他都付出了大量的劳动。本书涉及的滑坡资料和研究成果主要来自于中国地质调查局武汉地质调查中心和中国地质大学(武汉)。本书所引案例来源于三峡库区地质灾害监测预警成果。重庆市地质灾害防治中心、湖北省自然资源厅地质灾害应急中心、三峡大学、湖北省水文地质工程地质大队、中国地质科学院成都探矿工艺研究所等单位对本研究给予了支持,在此表示衷心感谢。

本书的撰写还参考了大量国内外专家学者的研究成果,在此也向他们致以特别的敬意和感谢。由于编者水平有限,书中难免有不足之处,敬请读者批评指正。

编著者
2021 年 9 月

目 录

第一篇 概 述

第一章 滑 坡 (3)
第一节 三峡库区滑坡灾害 (3)
第二节 三峡库区滑坡发育规律 (5)

第二章 三峡库区滑坡监测预警 (12)
第一节 三峡库区滑坡监测预警工程概况 (12)
第二节 三峡库区滑坡监测预警体系 (14)
第三节 三峡库区滑坡监测预警成效 (29)

第二篇 三峡库区滑坡监测

第三章 专业监测 (37)
第一节 监测内容 (37)
第二节 监测方法 (40)
第三节 监测仪器 (46)
第四节 监测数据 (53)
第五节 监测模型 (57)
第六节 监测设计 (67)
第七节 案例分析:黄土坡滑坡——综合监测 (70)
第八节 案例分析:曾家棚滑坡——地表位移监测 (85)
第九节 案例分析:木鱼包滑坡——InSAR位移监测 (90)

第四章 群测群防监测 (106)
第一节 监测管理体系 (106)
第二节 监测点 (109)
第三节 群众监测员 (110)
第四节 监测流程 (111)

	第五节	应急预案编制	(114)
	第六节	案例分析：千将坪滑坡——群测群防监测	(115)
第五章	信息系统		(120)
	第一节	信息查询及统计分析子系统	(120)
	第二节	地质灾害防治一张图信息服务子系统	(121)
	第三节	空间分析子系统	(123)
	第四节	灾害体三维可视化分析子系统	(124)
	第五节	动态监测子系统	(125)
	第六节	遥感监测子系统	(126)
	第七节	专题图形编绘子系统	(127)

第三篇　三峡库区滑坡预警预报

第六章	滑坡预报模型		(133)
	第一节	单因子预报模型	(133)
	第二节	多因子预报模型	(142)
	第三节	机器学习预报模型	(149)
	第四节	案例分析：白家包滑坡——滑坡位移预测	(172)
第七章	滑坡预警判据		(190)
	第一节	中长期预警判据	(190)
	第二节	短期及临滑预警判据	(192)
	第三节	暴雨诱发型滑坡判据	(196)
	第四节	库水诱发型滑坡判据	(197)
	第五节	宏观预警判据	(198)
	第六节	案例分析：旧县坪滑坡——预警判据	(200)
第八章	滑坡预警管理		(218)
	第一节	滑坡预警	(218)
	第二节	工作程序	(219)
	第三节	案例分析：凉水井滑坡——应急处置	(221)
	第四节	案例分析：树坪滑坡——预警成效分析	(230)
主要参考文献			(237)

第一篇

概 述

第一章 滑 坡

第一节 三峡库区滑坡灾害

三峡库区是指受长江三峡工程修建的影响而被淹没并有移民任务的地区,包含了湖北省宜昌市所辖的夷陵区、秭归县、兴山县,恩施州所辖的巴东县,重庆市所辖的巫山县、巫溪县、奉节县、云阳县、开县、万州区、忠县、涪陵区、丰都县、武隆县、石柱县、长寿区、渝北区、巴南区、江津区、渝中区、北碚区、沙坪坝区、南岸区、九龙坡区、大渡口区和江北区。

三峡库区山高谷深,地质环境脆弱,构造作用强烈,地质条件复杂,自古以来就是地质灾害易发、多发、频发区域。据统计,纳入《三峡后续工作总体规划》中的地质灾害共有5386处,其中包括滑坡4765处,占库区地质灾害总数的88.5%。

一、三峡库区滑坡灾害历史

我国领土辽阔,地质灾害多发区域众多,灾害类型也多种多样。地质灾害时常会周期性或突发性地给人类社会带来严重损失,人们早已对其有所认识和记录。

历史时期三峡库区滑坡的记录通常来源于正史、地方志和游记(钱璐,2012)。《后汉书·和帝纪》中记载一起东汉永元十二年闰四月,发生于秭归新滩的一处岩崩,"崩填百余人"。一般认为,此记载为关于长江地质灾害的最早记载,此后陆续有灾害见于记载,这些灾害造成的后果大多比较严重,如:《水经注》卷34《江水》中记载"晋太元二年山又崩,当清之日,水逆流百里,激起巨浪数十丈";嘉靖《归州志》卷3《祀典》中记载明嘉靖三十七年,秭归新滩发生一处岩崩,"颓民舍数十间,压死三百余人";光绪《兴山县志》卷17《祥异志》中记载清咸丰元年十月,兴山发生一处山崩,"坏民居无数"。

20世纪80年代至三峡水库蓄水前的几十年间也发生过许多滑坡,据不完全统计,1982—2000年,三峡库区发生的大型崩塌滑坡就有70余处,其中最为著名的是云阳鸡扒子滑坡和秭归新滩滑坡。鸡扒子滑坡(图1-1)发生于1982年7月17—18日,滑坡体积$1500 \times 10^4 m^3$,其中$180 \times 10^4 m^3$推入长江,直达对岸,导致江床淤高30余米,造成长江断航7日,损毁房屋1730幢,治理费高达9000万元(李滨等,2016)。1985年6月12日凌晨,约$3000 \times 10^4 m^3$块石、碎石和黏土等堆积层顺坡而下,摧毁了位于其前缘的新滩古镇(图1-2),损毁房屋1569间,滑坡入江土石约$200 \times 10^4 m^3$,激浪高33~39m,涌浪到对岸的爬坡高54m,翻、沉船77艘,死亡12人,并一度使长江航运受阻。

2003—2010年的三峡水库蓄水期间,滑坡灾害数量明显增加,千将坪滑坡便是三峡水库开始蓄水后的第一例灾害性滑坡。2003年7月13日0时20分,三峡库区湖北省秭归县沙镇溪镇千将坪村二组和四组所在山体突然下滑了$2000 \times 10^4 m^3$,造成房屋倒塌、厂房摧毁、交通中断、青干河堵塞(图1-3)。千将坪二组和四组村民129幢房屋被毁,死亡24人,连同被毁企业共1200人无家可归。蓄水以来,卧沙溪滑坡一直持续变形,千将坪滑坡发生后,该滑坡体前缘库水位达141m,滑坡变形更加明显,滑坡体处于累进性蠕滑阶段,呈欠稳定状态。2007年滑坡前、后缘出现不同程度的裂缝位移变形,村级公路再

图 1-1　重庆市云阳县鸡扒子滑坡原貌

图 1-2　湖北省秭归县新滩滑坡前后对比

次受到破坏。之后每年 5—7 月,中部次级滑体均出现新增变形,裂缝扩张,坡面下滑,8 月后次级滑体变形减弱(钱灵杰,2016)(图 1-4)。

图 1-3　湖北省秭归县千将坪滑坡全貌

图 1-4　湖北省秭归县卧沙溪滑坡全貌

二、三峡库区滑坡灾害特点

根据大量专家、学者的三峡库区滑坡地质灾害防治工作经验,总结出三峡库区滑坡灾害具有长期性、复杂性、隐蔽性、突发性、破坏性五大特点。

三峡库区滑坡灾害的长期性体现在库区水位变化对滑坡的影响。在三峡库区的 5000 多处地质灾害中,有大量的涉水滑坡。在水库运行过程中,水位每年都有 30m 的升降过程,每逢汛期,水位还会发生变化,这一诱发因素对于滑坡来说是长期存在的,无论水位是上升还是下降,都可能使滑坡发生变形。

三峡库区滑坡灾害的复杂性体现在滑坡是一种复杂的动态地质活动。在滑坡的演化过程中,滑坡系统内各个因素之间相互作用、相互制约,形成其内在的非线性自组织过程,同时外界因素又作用于滑坡系统,最终形成了滑坡系统与环境系统间物质和能量的交换。

三峡库区滑坡灾害的隐蔽性体现在滑坡所在位置较难发现。一些滑坡分布在高程较高、坡度较大的地方,监测人员很难上去,使用传统手段的工程地质勘探难以开展。而且,由于山体植被茂盛,现有的遥感手段如卫星监控和无人机也难以发挥作用。在表层土地风化的地方,遇到暴雨时就极易产生滑坡。

三峡库区滑坡灾害的突发性体现在滑坡的突然发生和快速的成灾过程。当影响滑坡形成的控制因素满足时,一旦遇到较强烈的诱发因素,滑坡灾害就会瞬间发生,其活动过程也会在很短的时间内完成。

三峡库区滑坡灾害的破坏性体现在滑坡的发生对生命和财产安全的破坏。库区人口密度大,房屋和城镇基础设施众多,滑坡灾害不仅会对滑坡区的人民生命和财产安全造成损失,而且临江的滑坡会涌入江中,造成涌浪,对江上航行的船只也会造成严重的影响。

第二节　三峡库区滑坡发育规律

一、三峡库区滑坡发育条件

一般来说,滑坡的发生既有控制因素的影响,也有诱发因素的影响。控制因素是使滑坡形成的因素,又称内部因素。诱发因素是影响滑坡是否发生的因素,又称外部因素。本节从滑坡发育的一般条件阐述,再引入三峡库区内滑坡的发育条件。

1. 控制因素

通常情况下,滑坡的发生需具备以下 3 个基本条件:有效临空条件、易滑岩组和软弱结构面。

1)有效临空条件

凡是有斜坡的地方就有发生滑坡的可能,滑坡发生概率最大的地形坡度是 10°~45°,不过,小于 10°的近水平斜坡也有可能发生滑坡,不过数量较少,且具有特殊成因。发生滑坡的必要空间条件是前方要有足够的临空面。使滑移控制面得以暴露或剪出的临空面,称为有效临空面。除了坡体前缘临空外,一侧临空(河流拐弯处)或两侧临空(条形山脊)的地形都较容易产生滑坡灾害。坡体两侧的临空条件越好,发生滑坡的概率就越大。

2)易滑岩组

一般而言,松软的堆积层(土质)比岩质地层更容易发生滑坡。堆积层主要包括滑坡堆积物(古、老滑坡体)、崩塌堆积物、残坡积层、人工填土、火成岩风化堆积物(如三峡库区的花岗岩风化砂)、黄土状土体(如三峡库区的"巫山黄土")。岩质斜坡主要分为近水平层状斜坡、顺层斜坡、切层斜坡、反倾斜坡。在近水平砂泥岩互层的红层地区(如三峡库区的万州、云阳),暴雨季节容易产生平推式滑坡。

有些岩层是很易发生滑坡和经常发生滑坡的,这些岩层分布区内滑坡往往成群出现,如三峡库区的巴东、奉节、巫山、秭归等;与此相应,一个滑坡广泛分布的区域内,一定可以发现滑坡的发生与某些岩层密切相关,滑坡多分布于这些岩层的界线之内。通常把这类岩层称为"易滑岩组",如三峡库区的巴东组(T_2b)就是典型的易滑地层。事实上,这些岩层不仅本身容易发生滑坡,而且它们的风化碎屑产物也极易滑动,甚至覆盖在它们之上的后期堆积层也容易沿着这类基覆界面(基岩与覆盖层界面)或风化碎屑物顶面滑动。

3)软弱结构面

对滑坡的形成有重要作用的地质构造条件是断裂构造。深大断裂带通过的区域,滑坡常密集分布。受断裂带强烈作用的斜坡,岩层节理裂隙发育,为滑坡周界的形成提供了条件,同时为地表水的入渗提供了通道。其中能被滑坡发育过程利用的软弱结构面称为优势结构面。可以发展成为滑动面和滑坡后壁、侧壁的软弱结构面主要有:松散堆积层与基岩的界面(基覆界面);不同岩性的岩层分界面;岩层的层理面、岩层内部的节理裂隙面;构造性断层、挤压带和错动面等(许强,2014)。

长江三峡地区位于扬子准地台中段,沉积盖层(Z—T)的构造格局是以南部川东-八面山弧形构造带(简称南部弧形构造带)与北部大巴山弧形构造带(简称北部弧形构造带)相向逆冲推覆形成的弧形对突构造样式。其主体为以巴雾河及巫山县城一带为收敛端的川东喇叭状复式向斜褶皱,即四川台坳中的川东北东与北西向隔挡式褶皱系统。在二者的推覆构造前锋相碰的结合部位形成褶皱式奉节-巫山-巴东构造带。构造带主要由三叠系构成的次级背、向斜及伴生走向断层组成大型复式向斜。次级向斜宽缓(倾角 10°~15°),槽部为中三叠统巴东组或下三叠统嘉陵江组,如巫山至巴东间枢纽北东向的百换坪向斜、南木园向斜等;次级背斜陡窄(倾角 30°~50°),核部为二叠系或志留系。长江北岸的小三峡一带北倾南冲断裂构成叠瓦状;背斜南翼陡、北翼缓,甚至向南倒转。长江南岸南倾北冲断裂构成叠瓦状;背斜北翼陡、南翼缓,甚至向北倒转,如巴东县新城引水工程的镜子坪地带下三叠统嘉陵江组向北逆推于中三叠统巴东组之上。奉节-巴东构造带东面受黄陵地块制约,北面受神龙地块阻挡,形成了巴东以东枢纽近南北向秭归向斜(图 1-5)。

2. 诱发因素

对滑坡的发生有促进或抑制作用的外部因素称为诱发因素。当一个区域、一个斜坡已经完全具备滑坡形成的基本条件时,诱发因素往往对滑坡是否发生以及何时发生起着非常重要的作用。对于三峡库区的滑坡灾害,其诱发因素包括降雨、库水位变动、人类工程活动和地震,这些因素对滑坡的影响如下所述。

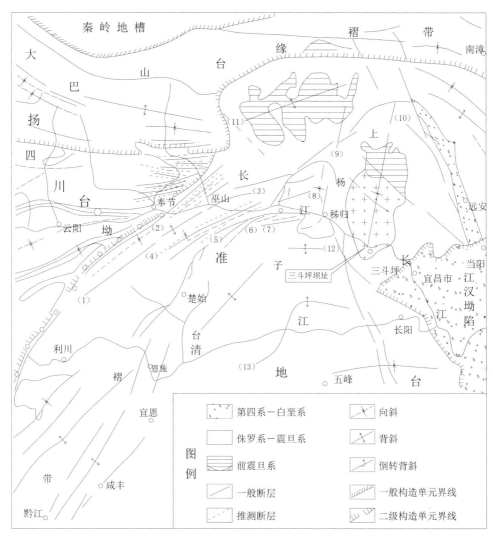

图 1-5 长江三峡工程区域构造纲要图

(1)齐岳山复背斜;(2)巫山向斜;(3)横石溪背斜;(4)徐家槽向斜;(5)楠木园背斜;(6)笃坪向斜;(7)百福坪背斜;
(8)秭归向斜;(9)新层背斜;(10)黄陵背斜;(11)神农架背斜;(12)香龙山背斜;(13)长阳背斜

1)降雨因素

降雨对滑坡的作用主要表现在雨水的大量下渗导致斜坡上的土石层饱和,甚至在斜坡下部的隔水层上积水,从而增加了滑体的重量,降低了土石层的抗剪强度,导致滑坡的产生。三峡地区是我国暴雨多发地区,分布有以万州为中心的忠县-云阳、秭归-宜昌和重庆-长寿 3 个暴雨中心地带(李滨等,2016)。暴雨和特大暴雨常引起地下水水位升高,造成异常孔隙水压力或动水压力而促使滑坡再度复活,因此,降雨成为三峡库区滑坡等地质灾害的首要诱发因素(霍志涛等,2018)。

三峡库区属亚热带季风气候,气候温暖湿润,无霜期长,平均气温较高。库区年降雨集中在 5—9 月,多大雨和暴雨,且降雨时空分布不均匀,具有时、空、强的相对集中性。三峡河谷区年平均降雨量 992.5~1 241.8mm,两岸山地降雨量 1600~2000mm,盆地区降雨量为 996.7~1 204.3mm。

几十年来,暴雨多次引发三峡库区重大灾害事件。1975 年 8 月 8—10 日,秭归县发生强降雨,3 天降雨量超过 300mm,触发了大量滑坡,其中产生严重灾害的有 876 处(中国地质环境监测院,2015);1982 年 7 月 15—29 日,三峡库区西部地区连续经历 3 次暴雨,单日最大降雨量超过 300mm,产生数万处滑坡;2014 年 8 月 31 日—9 月 2 日,云阳、奉节、巫山、巫溪、开县等地区遭受 50 年一遇的特大暴雨,引发 2340 起滑坡、泥石流等地质灾害。

2）库水位变动

水库蓄水期间或正常运营期，库水位的变动将会导致坡体内地下水水位的变动，并由此影响斜坡的稳定性。由于库水位变动和降雨对斜坡稳定性的影响基本都转化为滑坡体内的地下水从而对斜坡稳定性施加作用，因此，库水位的变动对斜坡稳定性的影响也主要表现为物理化学效应、饱水加载效应、静水压力效应、动水压力效应等方面（许强，2014）。

从 2003 年开始，三峡库区共经历 3 次大幅蓄水过程，分别是 2003 年 5 月 135m 蓄水，水位由 78m 蓄至 135m；2006 年 8 月 156m 蓄水，水位由 135m 蓄至 156m；2008 年 9 月 175m 试验性蓄水，水位由 145m 蓄至 172m；2010 年 12 月，库水位蓄至 175m。之后，库水位每年在 145~175m 之间周期性波动。具体为，每年 3—4 月为库水位缓慢消落阶段，5—6 月为库水位快速消落阶段，7—8 月为汛期，9—10 月为蓄水阶段，11 月至次年 2 月为库水位 175m 高水位运行期。

库水位升降速率是影响滑坡灾害稳定性的关键因素，尤其是偶然性水位升降速率发生变化。2015 年 6 月 1 日，"东方之星"客轮翻沉，为支援"东方之星"的救援工作，三峡库区降水位至 145m 的工作较往年推迟了 10 余天。救援工作结束后，10 日水库开始快速消落，至 21 日水位降至 145.13m，期间库水位最大降速为 1.05m/d。受长江水位快速涨落的影响，2015 年 6 月 24 日，巫山县发生龙江红岩子滑坡，还有干井子滑坡出现险情。为保障长江航道和大坝的安全运行，三峡库区地质灾害防治工作指挥部提出库水位下降速率不超过 0.6m/d（霍志涛等，2018）。

3）人类工程活动

人类工程活动对斜坡稳定性也有着巨大的影响，尤其是坡脚开挖和坡体后缘加载。因为，对于滑坡体而言，滑动面大多呈现前缓后陡的形态特征，滑坡推力主要来源于坡体后半段，前半段主要起抗滑作用，并由此来维持坡体自身平衡。因此，在坡体中后部加（堆）载，相当于人为增加坡体下滑力；而在前缘坡脚进行开挖、削方，相当于人为减小坡体的抗滑力，这两种工程行为都将降低坡体的稳定性，加速斜坡变形，甚至诱发滑坡。

三峡库区内滑坡分布甚广，一些建筑和人类生活设施甚至直接建于滑坡体之上，对于这些区域来说，本身就具有一定的危险性，在这些滑坡范围内进行工程建设很可能会引起滑坡的再次变形，造成严重的后果。湖北巴东黄土坡滑坡、重庆云阳西城滑坡、万州关塘口滑坡及和平广场滑坡，这四大滑坡均处于三峡库区淹没水位临界线附近，总滑坡面积约 $4.6km^2$，共涉及 4 万多人的生命财产安全和超过 10 亿元的移民市政设施安全，2002 年被国土资源部列为三峡库区重点勘察防治的四大滑坡。

4）地震因素

地震对滑坡的影响很大。究其原因，首先是地震的强烈作用使斜坡土石的内部结构发生破坏和变化，原有的结构面张裂、松弛，加上地下水也有较大变化，特别是地下水水位的突然升高或降低对斜坡的稳定性是很不利的。另外，一次强烈地震发生后往往伴随着许多余震，在地震力的反复振动冲击下，斜坡土石体更容易发生变形，最后就会发展成滑坡。

自 2003 年蓄水以来，库区地震频次明显增加，但都以微震为主。根据震后对影响区地震专项调查和地质灾害监测结果分析，目前库区发生的地震对滑坡体变形影响不明显，但对危岩体稳定性有一定影响，库区高频次微震作用是否对地质体有滞后效应还需作深入研究。

二、三峡库区滑坡分布特征

截至 2019 年，库区共查出 5386 处地质灾害，包括 4765 处滑坡、405 处崩塌和 216 处不稳定斜坡等。其中，体积、面积信息比较完善的滑坡 4756 处，其面积和体积信息如表 1-1 所示。由表可见，滑坡总体积为 $830\,419.199\,7\times10^4 m^3$，按滑坡体积分类，不同类型滑坡的区域分布如图 1-6 所示，每种类型滑坡的频数如图 1-7 所示。其中，体积 $V<10\times10^4 m^3$ 的小型滑坡有 1050 处，占 22.1%；体积 $10\leqslant V<100\times10^4 m^3$ 的中型滑坡有 2376 处，占 49.9%；体积 $100\leqslant V<1000\times10^4 m^3$ 的大型滑坡有 1213 处，占 25.5%；体积 $V\geqslant1000\times10^4 m^3$ 的巨型或特大型滑坡有 117 处，占 2.5%。

表 1-1　滑坡面积和体积统计信息

地质灾害类型	个数	统计量	最小值	最大值	平均值	标准差	总和
滑坡	4756	面积/×10⁴m²	0.04	750	11.233 096	27.929 446	53 424.604 8
		体积/×10⁴m³	0.135	47 000	174.604 542	992.781 133	830 419.199 7

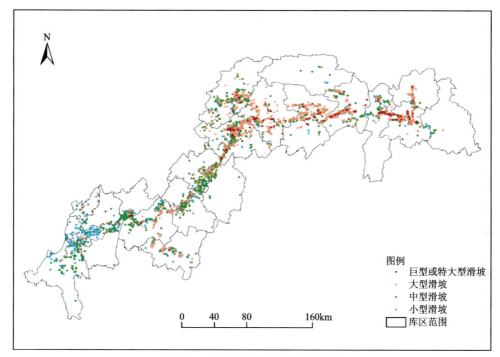

图 1-6　三峡库区不同体积滑坡分布

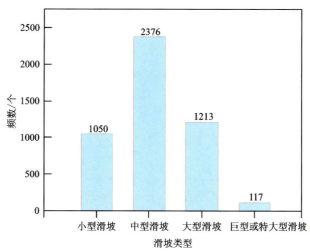

图 1-7　三峡库区不同类型滑坡频数分布

三峡库区滑坡前、后缘高程信息完整的滑坡共有 4763 处，库区滑坡前缘高程分布于 49~1560m 之间，后缘高程分布于 105~1590m 之间，滑坡高程区间分布特征如图 1-8 所示，滑坡前、后缘高程累计分布如图 1-9 所示。图 1-9(a) 为滑坡前缘高程累计分布图，由图可知，滑坡前缘分布于 100~200m 高程范围内数量最多；图 1-9(b) 为滑坡后缘高程累计图，由图可知，滑坡后缘分布于 200~300m 高程范围内数量最多。从图 1-9(a)(b) 两图可以看出，库区滑坡前、后缘高程的分布趋势相似。

在4765处滑坡中,共有1820处涉水型滑坡和2945处非涉水型滑坡,分别占滑坡总数的38.2%和61.8%。此处的涉水型滑坡为库区内受库水位影响、前缘高程低于175m的滑坡,非涉水型滑坡是指库区内前缘高程高于175m的滑坡(桂蕾,2014)。

涉水型滑坡和非涉水型滑坡的前、后缘高程频数分布如图1-10所示。对于库区涉水型滑坡,其高程分布于49~1200m之间,其中前缘高程分布于49~175m之间,后缘高程分布于105~1200m之间;对于非涉水型滑坡,其高程分布于176~1590m之间,其中前缘高程分布于176~1560m之间,后缘高程分布于185~1590m之间。

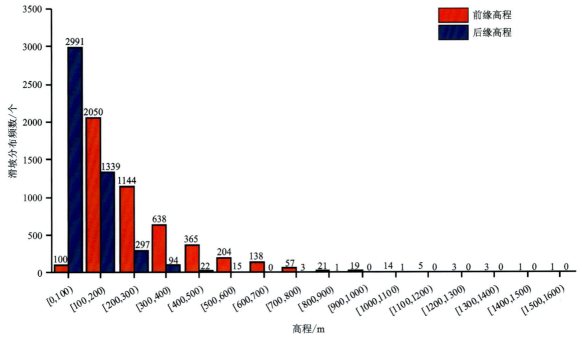

图1-8 三峡库区滑坡高程区间分布

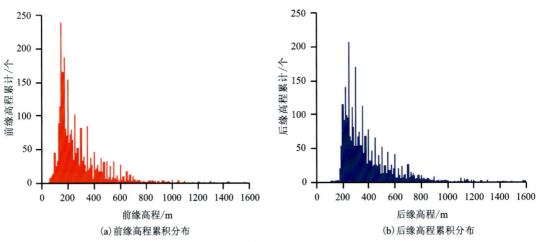

图1-9 三峡库区滑坡前、后缘高程累计分布图

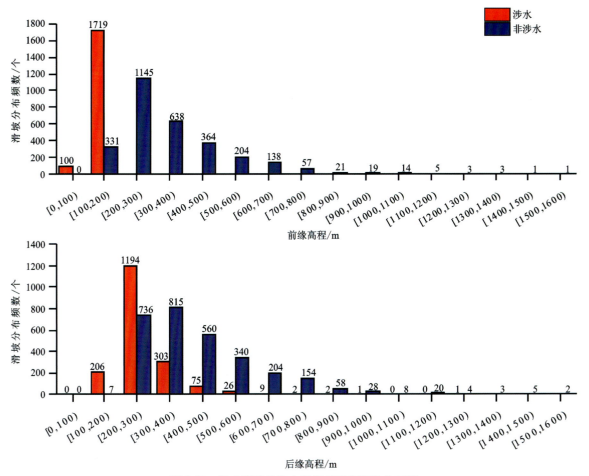

图 1-10 涉水型和非涉水型滑坡高程频数分布图

第二章 三峡库区滑坡监测预警

滑坡监测预警的目的在于了解和掌握滑坡体的变形活动状况与变化规律,可以用于确定滑坡体的变形范围和发展阶段,掌握滑坡体变形的基本性质和发展趋势,对可能发生滑坡的地段和时间做出超前警示,以便及时做出防灾措施,尽量降低灾害对人民生命财产安全造成的损失。

第一节 三峡库区滑坡监测预警工程概况

三峡库区滑坡灾害严重而且多发,随着三峡工程的进行,三峡库区滑坡灾害的防范引起了国家高度重视。2001年初,中国地质环境监测院编制了《长江三峡工程库区地质灾害监测预警工程建设规划》,就此三峡库区集中开展了大规模滑坡灾害防治工作,并于2010年全部完成。完成了对92个城镇、库区公路和长江航运构成严重威胁、危害的滑坡治理工程430处,完成了90座城镇库岸防护工程302段172km,对646处涉水滑坡175m以上7万居民实施了搬迁转移,对3049处滑坡塌岸(覆盖57.7万人)实施了监测预警,使库区自蓄水以来无一例地灾死亡事件发生,取得了显著的社会、经济和环境效益。

一、三峡库区前期滑坡监测预警

三峡库区的滑坡监测预警工作始于20世纪70年代。1977年,湖北省西陵峡岩崩工作处开始在湖北省秭归县内的新滩滑坡上进行专业监测。1985年6月12日,滑坡监测设备发出预警信息,在专业人员的建议下,当地政府在滑坡大规模滑动之前转移了居住在滑坡体上的群众,避免了1300余人伤亡,10余艘客货轮也得到通知及时避险。新滩滑坡是我国首个滑坡专业监测成功预报案例,同时在三峡库区播种下一颗滑坡是可以监测预报的"信心种子",为我国滑坡防灾预报研究积累了宝贵的经验。因此,总结新滩滑坡发展变化规律和成功预报经验,对提高三峡库区滑坡监测预警防治水平、实现防灾减灾效益具有重要的意义。

三峡库区前期滑坡监测预警工程完成的主要工作有:2001年,初步建立了三峡库区GPS基准网;建立了以巴东、巫山、奉节为主的约15处滑坡专业监测点;建立了三峡库区滑坡群测群防监测体系,对重点地区滑坡灾害进行了控制性监测,以预防重大滑坡灾害发生。2003年前,完成了全库区航遥测,建立了72处灾害点的群测群防监测,掌握了已知灾害点变形破坏过程,并作出了科学判断;建立了现代化三峡库区数据传输系统;开发完成了预警系统并投入运行;分县制定了三峡库区防灾减灾预案。

二、三峡库区滑坡规模性监测预警

(一)二期滑坡监测预警规划

1. 二期滑坡监测预警规划范围

二期规划范围是二期蓄水(坝前水位135m)淹没影响区、二期移民迁建区、专业设施复建区和库区内急需防治的区段。主要涉及湖北的夷陵区、兴山、秭归、巴东，重庆的巫山、奉节、云阳、万州、忠县、石柱、丰都、涪陵共计12个区(县)的库区范围。

2. 二期滑坡监测预警规划内容

二期滑坡监测预警工程规划完成的主要内容是：建立了覆盖全库区的GPS监测A级网和二期监测范围内的GPS监测的B级网、C级网；完成了全库区首期遥感(RS)监测；对133处滑坡和库岸建立了专业监测网并投入监测运行；建立了20个区(县)地质环境监测站；对1216处滑坡建立了群测群防监测网并投入监测运行；初步建立了三峡库区滑坡灾害防治信息系统和网络系统并投入运行。

(二)三期滑坡监测预警规划

1. 三期滑坡监测预警规划范围

三峡库区三期滑坡防治规划，包括三期蓄水(坝前水位135m)和四期蓄水(坝前水位175m)规划。涉及湖北省夷陵区、秭归县、巴东县、兴山县，重庆市巫山县、巫溪县、奉节县、云阳县、万州区、开县、忠县、丰都县、石柱县、涪陵区、武隆县、长寿区、渝北区、巴南区、重庆主城七区(江北区、南岸区、北碚区、沙坪坝区、渝中区、九龙坡区、大渡口区)和江津共26个区、县(市、自治县)的库区范围。

2. 三期滑坡监测预警规划内容

三期滑坡监测预警工程在充分依靠二期已建工程的基础上进行必要的扩建、补充和完善。完成的主要内容是：建立覆盖三期监测范围内的GPS监测B级网和C级网，完成全库区第二次、第三次遥感(RS)监测，对122处重大滑坡建立专业监测网并投入监测；增建8个区(县)级地质环境监测站，对1897处滑坡和不稳定库岸段建立群测群防监测网并投入监测；初步建立应急预警指挥系统，进行试运行，对库区滑坡灾害信息系统和网络系统进行必要的补充与扩充。

三峡库区二期、三期已实施监测预警的崩塌、滑坡和库岸共计3049处(崩塌、滑坡2964处，稳定性差的库岸85处)，分布于库区两省(市)所在26个区(县)的224个乡镇，涉及59.5万人。纳入监测预警项目的地质灾害隐患点全部都实施了群测群防，并对其中风险较大的、对库区人民生命财产安全构成严重威胁的255处地质灾害(崩塌、滑坡251处，库岸4段)重点实施了专业监测。全库区群测群防监测员共5956人，各区(县)监测站142人，共计6098人。库区群测群防监测平均每年完成监测16.1万点次，加密监测4.2万点次；提交月报12期3.6万份，季报4期9000余份，年报1期3000份，专报1500余份。

专业监测运行与群测群防监测是同步启动监测运行，投入近千台套监测仪器和设备对库区251处滑坡和4段库岸，迄今已进行了10~14年的监测；监测以点面结合、综合立体监测为主，各种方法组合对应(遥感、GPS、地下深部位移、滑坡推力、地下水、降雨、库水位变化和地质巡查等)，对3310个监测标(墩、孔)定期观测，每年采集5.2万点次的数据和宏观地质巡查信息等，经数据处理和预警综合分析各滑坡的具体变形情况。

10多年来，上述专业监测和群测群防监测及时严密地监控了库区滑坡的每一处变形，累积了海量的监测数据、监测曲线、监测报告，及时进行了险情预警和应急监测，为分析研究涉水滑坡变形破坏特征、成因机制和复活工况条件等提供了丰富的资料，构成了良好的研究基础。

(三)后续滑坡监测预警规划

三峡后续监测预警工作围绕实现国家新时期确定的三峡工程及库区战略目标，重在实现三峡库区移民安稳致富、加强库区生态环境保护和滑坡灾害防治，并妥善处理好三峡工程蓄水运行对长江中下游河势带来的有关影响。同时,进一步完善三峡工程综合管理的体制、机制,进一步拓展三峡工程的综合效益,确保三峡工程长期稳定安全运行和综合效益的全面持续发挥。

2011年6月,国务院批准了《三峡后续工作总体规划》,滑坡工程治理、塌岸防护、地质灾害监测预警和科学研究等纳入了三峡后续规划。2012年8月,中国地质环境监测院三峡地质灾害监测中心(三峡库区地质灾害防治工作指挥部)编制完成了三峡后续工作地质灾害防治滑坡工程治理专题实施规划(2011—2014年)、塌岸工程防护专题实施规划(2011—2014年)、监测预警与应急抢险专题实施规划(2011—2014年)和科学研究总体设计报告,建立了相应的实施规划项目库。2012年9月形成了《三峡后续工作地质灾害防治实施规划(2011—2014年)》。

后续监测预警规划范围是蓄水影响区、移民安置区和生态屏障区。后续滑坡监测预警工程规划的主要内容如下。

(1)移民安稳致富及促进库区经济社会发展。这是三峡后续工作的首要任务。规划统筹考虑库区经济结构调整、社会发展转型和生态环境保护,提出"两调、一保、三完善"的综合措施。

(2)库区生态环境建设与保护。规划以保护国家战略性淡水资源库为目标,将水库水域、消落区、生态屏障区和库区重要支流作为整体,建设生态环境保护体系,实施"控污、提载、抓重点"的综合措施。

(3)库区滑坡灾害的预防和治理。规划着眼于完善滑坡灾害防治的长效机制建设,提出"预防为主、监测为要、避险搬迁为先、工程治理突出重点"的综合措施。

(4)对长江中下游河势重点影响区的处理。针对三峡工程蓄水后水沙条件变化对中下游河势的影响,规划提出"工程整治、生态修复、观测研究和水库优化调度相结合"的综合措施。

(5)三峡工程综合管理能力建设。规划提出了构建综合监测体系、综合信息服务平台和综合会商决策系统,综合提升组织协调能力、系统服务能力和应急管理能力。

(6)三峡工程综合效益的拓展。以洪水资源化、水库优化调度、供水效益拓展为主攻方向,拓展防洪、发电、航运效益,及生态、水资源配置等效益,拓展其在国家水安全和电网运行安全等更大范围的战略保障能力。

第二节　三峡库区滑坡监测预警体系

三峡库区自然条件和地质条件复杂,生态环境脆弱,地质灾害频繁发生,给当地居民的生命财产安全和社会经济活动造成了严重的威胁。为了做好三峡库区地质灾害防治工作,2003年由三峡库区地质灾害防治工作指挥部负责,湖北、重庆两省市地质环境监测总站及库区各区县参加,建设了三峡库区地质灾害监测预警体系。

三峡库区地质灾害监测预警体系集专业监测体系、群测群防体系和信息系统"三位"于一体(图2-1),在地方各级政府的组织实施及配合支持下,以群测群防监测为基础,对地质灾害全面监测预警;以专业监测预警为重点,对重要的地段、危害严重的滑坡实施重点监测预警;以信息系统为决策支持的中心、存储和管理、数据分析处理及信息应用等,及时预警预报险情,为政府及有关部门提供三峡库区内已经发生的地质灾害和将要发生的地质灾害动态信息,为政府防灾减灾决策及时提供科学依据和技术支持,构成对地质灾害实施全面监测预警的一个多方位多层面的综合性防灾监测预警体系,为三峡库区社会稳定、经济建设和可持续发展提供保障。

一、专业监测体系

专业监测体系是采用综合监测手段[全球卫星定位(GPS)监测、遥感(RS)监测、地表和深部位移监

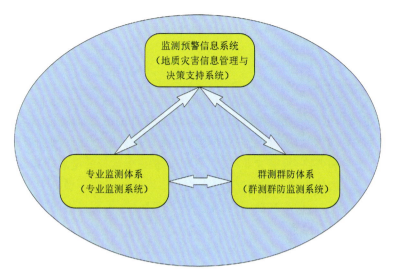

图 2-1 三峡库区地质灾害监测预警体系构成示意图

测等]对库区重大滑坡体、重要库岸实施立体和应急监测的专业化监测与预报体系。从 2003 年至今,三峡库区通过对滑坡体进行专业监测获得了大量、连续的滑坡监测数据资料,通过对监测数据的进行整理分析,进一步提高了滑坡监测预警能力,为三峡库区防灾、移民决策提供了科学依据。

(一)专业监测体系的构成

三峡库区专业监测设计采用现代滑坡监测新技术,在三峡库区建立 GPS 监测网,实现全天候、连续、实时、定位的三维监测,建立立体综合监测系统,实现三维立体综合监测。三峡库区立体综合监测主要包括地表变形监测、地表裂缝错位监测、深部位移监测、岩土层渗透力监测、推力监测、应力监测等。三峡库区专业监测体系的总体结构由专业监测的选点原则与分级、GPS 监测网设计、专业监测设计与资料分析、监测预警规定的制定与管理体制建设 4 个模块构成,如图 2-2 所示。

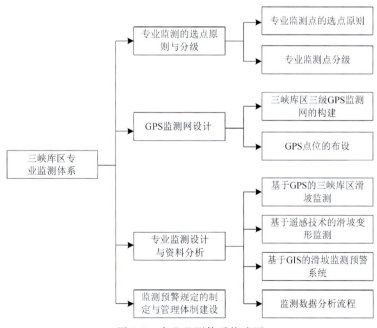

图 2-2 专业监测体系构成图

（二）专业监测体系的内容

1. 专业监测的选点原则与分级

专业监测的选点主要依据三峡库区滑坡地质灾害现场调查的工作成果、三峡库区当地有关部门和人民群众上报并且经过核实验证的灾害点来选择专业监测点。根据专业监测选点原则选择严重威胁移民人身财产安全、重要铁路和公路、重要专业设施、长江航道安全运行的滑坡体作为专业监测点，并按照滑坡体的规模、数量、动态、区域人口分布情况、监测的方式将监测点的类型分为4级。

一级监测点：滑坡体规模大、动态复杂，且位于人口密集区域，采用先进的技术进行立体综合监测。

二级监测点：进行立体综合监测。

三级监测点：以县级地质环境监测站和群众相结合的方法进行监测。

四级监测点：以群众监测为主的监测点。

三峡库区重点地质灾害监测区为秭归县、巴东县、巫山县、奉节县、云阳县、万州区、涪陵区等地区。一级、二级监测点在重点地质灾害监测区内选择，这些监测点由专业人员进行监测。重点岸段的监测则重点监测巴东、巫山、奉节和万州4个区（县），监测内容主要包括地表变形监测、深部位移监测和孔隙水压力监测等。对于三级、四级地质灾害监测点的选定一般选择分布在广大农村的地质灾害体，由于数量多、随机性高，特别是水库蓄水后，更加变化莫测，因此，三级、四级地质灾害监测点将采用群测群防的方式进行监测，并纳入县级地质环境监测站统一管理。

2. GPS监测网设计

1）三峡库区三级GPS监测网的构建

采用GPS、RS及深部位移监测等技术手段，对库区突发性地质灾害进行应急监测。从技术操作、监测需要、费用节省、作业方便等角度出发构建了三峡库区三级GPS监测网方案，即A级控制网、B级基准网、C级变形监测网。三峡库区GPS的A级控制网是整个库区地表GPS变形监测的框架网，为全库区地质灾害监测提供了统一的坐标基准，为库区GPS基准网提供了准确的起算数据，为分析各滑坡体基准点的稳定性提供了参考。三峡库区GPS的B级基准网既是滑坡体变形监测的基准，又是C级变形监测网的相对基准点，还可为三峡库区滑坡工程防治、库区工程建设、工程测量等工作提供控制坐标。因此，基准点的正确性、可靠性、稳定性至关重要。根据每一滑坡体的实际情况，在其上部或左右地质条件稳定处，布设2~3个GPS基准点，基准点与监测点的距离一般小于3km，最远不超过5km。GPS的C级变形监测网与灾害体附近的B级基准点联测，可直接反映出每个变形监测点相对于基准点的变形情况，以便于对灾害体进行分析预报。

2）GPS点位的布设

GPS监测点分两级布设，即由基准网点和滑坡体监测网点组成。各滑坡体的选择，滑坡体监测点的选择及试验区基准网点布设，按以下原则实施。

滑坡体主要选择滑坡体稳定性较差、危害严重、危岩体体积大于$100 \times 10^4 m^3$、面积大于$500 \times 10^4 m^2$、位于城镇新址或其附近、已做过详勘和进行过治理且前缘高程低于180m、后缘高程高于180m及受水位变化影响而易滑的斜坡。基准网点一般选在距滑坡体50~1000m的稳定岩体上，且适合GPS观测。每个滑坡体应有2个基准点，且最好位于该滑坡体的两侧，邻近滑坡体可共用同一基准点。监测网点即为每个滑坡体的监测点，应根据滑坡体的形态特征、变形特征、动力因素等具体要素确定点位，且这些点位能够真实地反映灾害地质体变形敏感部位。每一滑坡体监测点数一般为3~8个，且能构成1~2条监测剖面，点位应位于阻滑段前缘，下滑段前、后缘，索引段前缘和滑坡体的剪出口，且适合GPS观测。

3. 专业监测设计与资料分析

1) 基于 GPS 的三峡库区滑坡监测

GPS 卫星定位系统是进行库岸与滑坡变形监测的主要手段。对沿水库呈狭长条带分布的滑坡体布设的监测网,测量基线一般在 3km 以内。通过库区现场试验观测表明,用 GPS 作地表相对变形测量,基线长度水平分量误差可望小于或等于 ±3mm,垂直分量误差小于或等于 ±6mm。

(1) GPS 滑坡变形监测网。

变形监测系统一般由基准点、工作点与变形监测点构成。GPS 滑坡变形监测网含下述 3 类网点。①基准点:位置固定或变化小的点,作为监测网的坐标基准和分析比较变形量的依据。基准点通常埋设在稳固的基岩上,或设在变形范围以外,要求尽可能稳定并便于长期保存。②工作点:测量中直接使用基准点不方便或不合理,这时就要利用一些过渡点,这些过渡点称为工作点,将其埋设在被观测对象附近,并要求在观测期间内保持稳定。③变形监测点:位于滑坡、高边坡或者建筑物及地基上,能反映监测对象变形的测点。

(2) GPS 监测网的坐标基准。

GPS 测量得到的基线向量属于 WGS 84 坐标系的三维平差坐标,而在工程实际中所使用的数据和图件一般是基于国家大地坐标系或地方坐标系的平面坐标。因此,首先必须明确 GPS 监测网采用的坐标系统和起算数据,这就是所谓的基准问题。GPS 监测网的基准设计包括位置基准、尺度基准和方位基准。位置基准一般可由更高级的 GPS 基准站的坐标给定,也可选择已有的城市控制点的坐标确定。

(3) 监测工作的实施。

首先要根据地质勘察的资料,在滑坡、库岸变形的特征部位,且满足 GPS 观测条件的地点建立基座的水泥监测桩,形成含前述 3 类变形监测网。GPS 滑坡变形监测采用同步图形扩展方式,这是在进行 GPS 监测时最常用的方式。把多台接收机放在不同的流动站上进行同步观测,完成一个同步网的观测后,再把其中的几台接收机移动至下一组测站。在 2 组观测之间,即 2 个同步图形之间有一些公共点相连,直到布满全网。这种布网方式作业方法简单,图形强度较好,扩展速度较快,故在实际工作中得到广泛应用。目前,在万州、巫山与奉节等地基本上每隔 2 个月开展一次 GPS 测量,雨季时应视需要进行加密监测。

2) 基于遥感技术的滑坡变形监测

遥感技术使区域滑坡灾害观测的信息更加全面、客观,并实现了从传统的平面观测到立体三维的观测。在滑坡监测中应用遥感技术的思路是:①应用高分辨率和多波段遥感图像研究滑坡体几何形态;②应用干涉雷达技术研究滑坡的变形和运动规律。地质灾害的形成与多种地质因素有关,需要广泛开展地质、地理和水文等多学科的研究,需要处理大量数据,所以必须借助先进的科技手段,才能有效地开展研究工作。运用遥感技术,开展对航空飞机图片、卫星图片资料的分析并结合重点地质单元的调查,可以对三峡库区的基本地质环境、山地灾害分布及库岸的形状做出评定。遥感有多种平台,可利用 TM 影像和 SPOT 影像来研究库区岸坡植被、水系等环境因素的分布与变化情况,以辅助分析确定库区危险库岸段。遥感技术的应用大大提高了预报精度,拓宽了研究尺度范围。

3) 基于 GIS 的滑坡监测预警系统

GIS 地理信息系统是一种采集、存储、管理、分析、显示与应用地理信息的计算机系统,是分析和处理海量地理数据的通用技术。滑坡监测预警 GIS 系统以大比例尺电子地图作为工作用图,可以任意缩放、漫游、自动查找地图目标,并与数据库相关联。该系统为管理各种工程地质、水文地质资料,地质灾害监测网和监测数据,数据分析与结果显示以及群测群防工作提供了一个有效的平台,进而为滑坡稳定性的研究打下很好的基础。根据前述功能的要求,该系统可以输出多种表达数据处理及空间分析结果的图形、图表与三维模拟图等可视化结果。

4)监测数据分析流程

数据分析流程基本上有如下3个方面。

(1)整个监测系统获得的数据,包括自动传输与流动观测的数据,经过校正核实确认无误后,即可存入当地地质环境监测站基础数据库。

(2)基于地理信息系统的地质灾害分析管理软件可以进行统计分析、时间序列分析、地表位移矢量图分析、滑坡的深度-位移曲线分析以及位移-降雨量分析等。

(3)所获得的滑坡变形时间变化曲线及其二维平面分布图像的结果,可用于开展进一步的滑坡稳定性分析研究。

4. 监测预警规定的制定和管理体制建设

2007年10月三峡库区地质灾害防治工作领导小组办公室提出《三峡库区地质灾害防治崩塌滑坡专业监测预警工作职责及相关工作程序的暂行规定》,内容如下。

第一条　为了切实加强三峡库区专业监测预警工作,建立并明确专业监测预警工作的职责及工作程序,建立专业监测预警工作责任的约束机制,力争对库区可能发生的滑坡险情及灾害能及时准确地进行预警,保护受滑坡威胁的库区居民生命财产安全,努力将灾害损失降低到最低程度。依据《中华人民共和国突发事件应对法》《地质灾害防治条例》《国家突发地质灾害应急预案》和有关规定,结合三峡库区地质灾害防治滑坡专业监测预警的具体情况,制定本规定。

第二条　承担三峡库区地质灾害专业监测预警工作的单位(以下简称专业监测单位),应遵守本规定。三峡库区群测群防监测预警的有关工作程序,参照本规定实施。

第三条　三峡库区地质灾害险情级别的划分。根据《中华人民共和国突发事件应对法》和《国家突发地质灾害应急预案》之规定,将三峡库区地质灾害险情级别划分特大型地质灾害险情(Ⅰ级)、大型地质灾害险情(Ⅱ级)、中型地质灾害险情(Ⅲ级)、小型地质灾害险情(Ⅳ级)。

第四条　三峡库区地质灾害预警级别的划分。按照《中华人民共和国突发事件应对法》预警级别的规定,将地质灾害监测预警按变形破坏的发展阶段、变形速度、发生概率和可能发生的时间排序分为4级:注意级、警示级、警戒级、警报级。将上述4级分别以蓝色、黄色、橙色、红色予以标示。

第五条　预警级别划分的参照标准。对三峡库区地质灾害预警级别的判定,应根据每个滑坡的具体情况,参照三峡库区地质灾害防治工作领导小组办公室下发的《三峡库区滑坡灾害预警预报手册》,结合实际情况进行具体的认定。其中对橙色预警尤其是红色预警要特别慎重。

第六条　预警会商、预警级别判定、预警级别发布及相关工作程序。

第七条　特殊情况下的红色预警。由于库区滑坡在强降雨和库水涨落作用下,具有较强的突发性。因此,在突发险情即将发生来不及上报、请示、会商的情况下,现场监测人员(专业监测人员、群测群防监测人员等)应果断报警,立即动员险区内的人员撤离,避免造成人员伤亡。若滑坡下滑入江可能造成涌浪灾害,应立即通知海事和航运部门。

第八条　预警级别的降低和预警警报的解除。

第九条　专业监测单位应努力提高对承担进行专业监测的滑坡变形破坏的预警预报水平。

第十条　对地质灾害监测预警实施责任追究制。对于由于玩忽职守造成工作失误而未能及时预警预报(人为责任造成的未报、漏报)而导致滑坡失稳未能及时防范应对而造成灾害的事件,要追究单位法人和有关监测人员的责任。对于在依据不足条件下轻率地提出临灾(临滑)预警(人为责任造成的错报)并人为造成一定损失的,也要追究单位法人和有关监测人员的责任。对上述情况的责任追究,视情节轻重,由三峡库区地质灾害防治工作领导小组办公室或两省市三峡库区地质灾害防治工作领导小组办公室建议省级以上人民政府自然资源主管部门收缴、吊销或降低其相关资质证书,在一定时间内不得承担相应的工作;终止其监测合同并追究其合同违约责任。

第十一条　对于库区新产生的或不在专业监测范围内的突发的地质灾害险情,专业监测单位应积极主动进行应急监测预警,发现险情及时上报,主动为库区防灾减灾作出贡献。

第十二条 本规定自下发之日起实施。

二、群测群防监测体系

群测群防监测体系是以地方政府自然资源行政管理为基础,由地方政府建立的,行政主管负责、广大群众参与的滑坡监测预警体系。群测群防体系与专业监测体系相辅相成、互为补充,共同发挥作用。三峡库区是滑坡地质灾害多发区域,三峡工程的修建对整个库区的生态环境系统产生了深刻的影响,滑坡体的稳定性也发生了相应的变化。由于专业监测费用相对昂贵,专业监测点不可能遍布所有监测区域以及多变的滑区,为此,必须进行群测群防监测。三峡库区已有3028处滑坡实施了群测群防监测,建立了一整套完整的群测群防监测体系和规章制度,对滑坡进行了准确、实时、成功的预报。

(一)群测群防监测体系的构成

群测群防监测体系由群测群防监测的选点及监测网点的布设原则、监测内容与方法和监测预警系统的构成与建立3个模块构成,如图2-3所示。

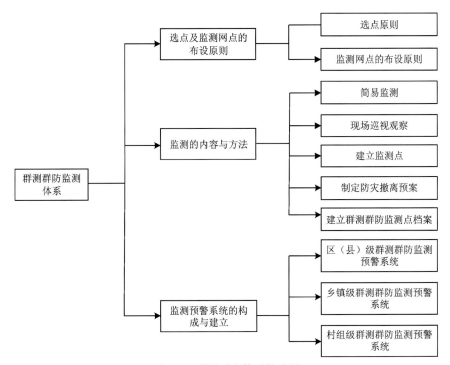

图2-3 群测群防体系构成图

(二)群测群防监测体系的内容

1.监测选点及监测网点的布设原则

1)选点原则

(1)对规划为二期和三期搬迁的滑坡,其中涉水且体积大于$100\times10^4\,\mathrm{m}^3$、失稳后对航运构成较大威胁的或对支流构成断流壅水威胁的滑坡体,同时实施专业监测预警和群测群防监测预警。

（2）凡符合三期规划条件进入三期规划（涉水或位于移民迁建区及复建设施区）的稳定性评价为潜在不稳定，认为属于隐患，今后有可能对库区移民、复建设施、复建公路及长江航运等保护对象构成威胁，经分析论证后，三期规划定为可以暂不进行工程治理或搬迁，进行监测预警防范的滑坡，纳入群测群防监测（包括其中实施专业监测的滑坡）。

（3）凡稳定性评价为较差的库岸，认为属于存在隐患的，今后有可能对保护对象构成威胁，目前虽不考虑工程治理或搬迁处理，但为避免蓄水后突发滑坡对居民生命财产和复建设施造成危害，三期规划为监测预警的库岸，纳入三期群测群防监测。

2) 监测网点的布设原则

（1）滑坡周界圈定。

用截面 15cm×15cm、长 15cm 的混凝土桩进行圈定，标桩埋设位置应距滑坡边界 10m，埋设在滑坡边界的外侧，桩间距基本控制为 100m，用红油漆进行编号。

（2）裂缝监测点布置。

布设地面裂缝监测点时，先按裂缝的长度划分 3 种类型：小于 10m、10～50m、大于 50m。小于 10m 的裂缝布置 1 处监测点；10～50m 的裂缝布置 2 处监测点，间距 5～20m；大于 50m 的裂缝监测点布置间距为 15～30m。地面裂缝监测标桩采用截面 10cm×10cm、长 150cm 的木桩，或者直径为 10cm 的圆木桩。测桩位置距裂缝 50cm 左右，桩顶用水泥钉确定测定位置。埋设采用夯入法。大于 50m 的断续裂缝，每一裂缝段均应至少设一处监测点。裂缝密集带的监测标桩应设在密集带两侧边界裂缝的外侧，距裂缝 1～2m 处。

布设房屋裂缝监测点时，房屋墙壁和地面裂缝测量采用水泥钉或红油漆，墙壁裂缝配合粘贴横封裂缝的纸条，裂缝两侧的测点距裂缝 10cm 左右为宜。横封裂缝纸条宽 5cm，长 20cm 为宜。

（3）堰塘水体和水井水位监测。

堰塘水体应放置木制水位尺监测水位变化，水井水位监测应在井口用红油漆标注固定的测量位置。

（4）泉水流量、浑浊度监测。

泉水流量采用容积法进行监测，用水桶、水盆量测。观察泉水是否有变浑浊或突然断流、增大等现象。

2. 监测的内容和方法

1) 简易监测

采用卷尺、钢直尺等为主要测量工具，建立简易观测标、桩、点，对滑坡和库岸等地面裂缝和其建筑物裂缝进行定期（或加密）测量、记录。对其上水体（堰塘）、水井和泉点进行水位、流量的简易量测和记录。

2) 现场巡视观察

对滑坡、库岸的宏观变形形迹（如地裂缝，建筑物变裂，地面塌陷、下沉、鼓起等）与短临前兆（地声、地下水异常、动物异常等）等进行巡视调查记录。按照预先设置好的巡视观察路线，巡查地表有无新增裂缝、洼地、鼓丘等地面变形迹象；有无新增房屋开裂、歪斜等建筑物变形迹象；有无新增树木歪斜、倾倒等迹象；有无泉水井水浑浊、流量增大或减少等变化迹象；有无岸坡变形、塌滑现象。总之，巡查滑坡的变形形迹和变形破坏前兆特征。

3) 建立监测点

（1）对选定观测的地表裂缝，在选定的地点建立简易监测标桩（木桩）、编号、拍摄数码照片。

（2）对选定观测的建筑物裂缝，在裂缝两侧建立监测标记（水泥钉、红油漆点等）、编号、拍摄数码照片。

（3）对选定的监测堰塘，树立木制标尺监测水位，用红油漆编号，拍摄数码照片。

（4）对选定观测的井泉建立监测标志，用红油漆实地编号，拍摄数码照片。

(5)对滑坡边界(前缘、后缘、侧边界)用小型混凝土桩实地圈定。

(6)现场确定宏观巡查路线,对巡查路线上的观察点和地段,在实地用红油漆标注。

(7)对每一群测群防监测点设立2处告示牌(1m×1.5m的木制告示牌),告示牌应立在居民区或路口,将群测群防监测点名、边界、撤离路线、预警信号等告示于上。

(8)将上述建点情况填入《三峡库区地质灾害监测预警群测群防监测点布置表》中(该表为指挥部制定专用表格)。

(9)配置相应的监测工具、装备和用具。

(10)群测群防建点工作由湖北省和重庆市组织实施,具体工作由区(县)级地质环境监测站负责完成。由原进行监测预警调查的专业地质队参加,进行现场布置监测点并现场布置撤离路线。

4)制定防灾撤离预案

(1)防灾撤离预案的内容。

地质灾害防灾撤离预案的编制和实施,对减轻地质灾害损失,特别是减少人员伤亡十分重要。三期地质灾害群测群防监测滑坡防灾撤离预案以具体滑坡隐患点的监测和避险措施为主,主要包括4个方面:地质灾害监测预防重点地段及主要地质灾害危险点的威胁对象、范围;主要地质灾害危险点的监测、预防责任人、监测方式、监测周期、手段、联系方式;主要地质灾害危险点的预警信号或方式、人员疏散撤离、财产转移路线、顺序。

(2)防灾撤离预案的制定。

三期地质灾害群测群防监测滑坡的防灾撤离预案由区(县)级地质环境监测站负责制定,专业地质队协助区(县)级地质环境监测站工作,确定地质灾害点的威胁对象、范围,监测点及现场布置撤离路线;区(县)级地质环境监测站负责主要地质灾害危险点的监测预防责任人的联系方式、预警方式及预警信号、人员疏散撤离及财产转移路线、顺序等相关内容;区(县)级地质环境监测站将制定好的防灾撤离预案报政府主管部门审批。

(3)防灾撤离预案的落实。

区县级、乡镇级、村组级监测领导小组,分级具体负责防灾撤离预案的落实工作。

区(县)级地质环境监测站向乡镇级、村组级监测领导小组提供群测群防监测地质灾害监测点的防灾撤离预案。

乡镇级及村组级监测领导小组向主要地质灾害点威胁范围内的居民进行防灾预案撤离的宣传教育工作,险情发生时按照撤离预案执行,以便安全、有序地撤离。

5)建立群测群防监测点档案

(1)群测群防监测点建档要求应符合《建设工程文件归档整理规范(GB/T 50328—2001)》的有关规定。

(2)应由专人对群测群防的原始资料、中间资料、成果资料(报告)、质量管理资料及电子资料进行收集、清理、登记。

(3)归档文件必须经过严格检查,纸质材料字迹工整,用碳素、蓝黑墨水书写;图纸必须符合国家标准,图文清晰,纸质优良;各类电子资料应按照信息化的要求鉴别、整理,进行标准化处理,统一图件、表格、照片、文档等的电子格式,刻录光盘,并加以必要说明及分类与编号。

(4)资料立卷:按照实施程序及形成单位对汇交资料组卷。

(5)资料编目:归档文件应依据分类方案和编号顺序编制归档文件目录,全面揭示归档文件的全貌,利于检索与借阅。

(6)资料装盒:使用国家统一标准的目录、卷皮、卷盒;卷内目录、纸制文件、卷内备考表的规格统一为A4(297mm×210mm)的纸张,并且要用激光打印,脊背规格与卷盒、卷夹的长度和厚度相同,规格为300mm×20(30、40、50、60)mm;除有特殊要求外,档案所用各种表格、档案盒、内容规格应统一(具体规格以国家制定的有关标准为准)。

(7)资料入库：设立标准专用的资料库房；纸质资料（含光盘、软盘等存储介质）分类分柜（分架）存放；资料库应防火、防盗、防尘、防潮、防虫、防鼠，配备通风、去湿、恒温设备；光盘存放要防磁化，并定期检查、拷贝。

3. 监测预警体系的构成与建立

群测群防监测预警系统分为区（县）、乡镇、村组3级。

1）区（县）级群测群防监测预警体系

(1)区（县）级领导小组及办公室的建立。区（县）级群测群防监测体系由区（县）政府组建区（县）级地质灾害防治工作领导小组，下设办公室负责日常工作。领导小组由区（县）长或分管副区（县）长任组长，国土资源局长任副组长。

(2)区（县）级地质环境监测站的建立。区（县）级地质环境监测站由区（县）国土主管部门组建，为其下设行政事业单位。

(3)区（县）级地质环境监测站的设施。区（县）级地质环境监测站的能力建设，由指挥部统一配置，主要配置的是计算机、图文处理和监测方面的设备，使之与其承担的监测工作任务相适应。

(4)区（县）级地质环境监测站计算机网络建设。区（县）级地质环境监测站计算机网络建设，主要进行计算机局域网和广域网的建设，二期监测预警工程实施中由三峡库区地质灾害防治工作指挥部建设完成。

(5)区（县）级监测滑坡现场监测人员的选定。区（县）级监测的滑坡为该区（县）境内的较重大灾害点，对于所监测的每个滑坡，应就地挑选2~3名有一定文化程度、责任心强的当地居民作为该滑坡现场监测人员，由区（县）监测站进行培训后进行现场监测，由区（县）监测站对这些滑坡的监测统一管理。

2）乡镇级群测群防监测预警体系

(1)乡镇级领导小组的建立。乡镇级领导小组由乡镇政府组建，由乡（镇）长或分管副乡（镇）长出任组长，乡镇土管所所长任副组长，负责日常工作。

(2)乡镇级监测滑坡现场监测人员的选定。乡镇级监测的滑坡是该乡镇境内的重要灾害点。对于所监测的每个滑坡，应就地挑选2名有一定文化程度、责任心强的当地居民作为该滑坡的现场监测人员，由区（县）监测站进行培训后上岗进行现场监测，由乡镇领导小组对乡镇监测进行管理。

3）村组级群测群防监测预警体系

(1)村组级监测小组的建立。村组级监测小组由村组长负责组建并分别出任正、副组长，负责日常工作。

(2)村组级监测滑坡现场监测人员的选定。对每个村组级监测的滑坡，应就地挑选2名有一定文化程度、责任心强的当地村民作为该滑坡的现场监测人员，由区（县）监测站培训后上岗进行现场监测，由村组长进行监测管理。

三、信息系统

信息系统主要由地质灾害防治数据库和网络化信息管理系统构成。建立基于分布式数据采集、网络化信息处理的地质灾害数据库和信息分级管理系统，以及地理信息系统（GIS）的减灾防灾系统和预警指挥系统，实现对库区地质灾害的监测预警，为各级政府有效地组织防灾减灾行动提供决策支持。三峡库区地质灾害防治信息系统在地理信息系统支持下将基础地理数据与专业数据集成、融合，将所获得的库区相关信息定位在统一地理空间上，通过获取库区灾害点、居民地、农用地、村镇、环保等目标在时间上的连续观测影像，对比地物的时空变化状况，再经过应用模型分析，得出比较量化的分析结果，提取地物的变化趋势信息，建立库区地质灾害的三维视景时空动态模型，包括灾害破坏过程的仿真推演等。使政府的管理和技术部门在真实三维环境中，得到库区建设和环境治理过程直观详细的可靠数据。

2001年,在前期滑坡监测预规划期间,建立了现代化三峡库区数据传输系统,开发完成了预警系统并投入运行,二期滑坡监测预警规划初步建立了网络系统、数据库系统和决策支持系统并投入运行。开发了一套集崩滑地质灾害防治和库岸防治等基础数据的采集、存储、建库、管理、检索、图形编制、空间模型分析、综合分析评价、成果图形生成及输出和信息发布为一体的三峡库区地质灾害防治信息系统,为全库区地质灾害防治管理提供信息应用平台。三期滑坡监测预警规划初步建立了应急预警指挥系统并进行了试运行,对库区地质灾害信息系统、网络系统进行了必需的补充和扩充。在后续滑坡监测预警规划中建设了应急监测系统,完善了三峡库区地质灾害防治信息系统。

信息系统功能是在地质灾害防治服务体系及数据体系支持下,面向业务管理提供各类信息服务。信息服务对象主要为与库区地质灾害防治有关的各级管理人员、专业技术人员及社会公众。地质灾害防治信息系统由信息目录管理、信息查询及统计分析、地质灾害防治一张图、空间分析、灾害体三维可视化分析、动态监测、遥感监测、专题图形编绘、办公及档案管理等子系统构成(图2-4)。

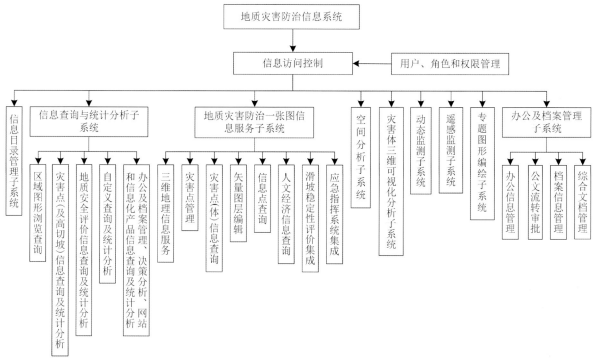

图2-4 信息系统构成图

四、预警预报体系

滑坡预警预报是在地质灾害稳定性评价、危险性区划、风险性评估所获成果的基础上,根据气象、库水位变化、人类工程活动、灾害监测等信息,建立滑坡预警预报模型,对滑坡进行预测,对可能造成的灾情进行预评估的科学研究过程。

(一)预警预报模型

滑坡预警预报模型主要有空间预测、时间预报、涌浪预报、塌岸预测、灾害预评估5类模型,具体组成如图2-5所示。

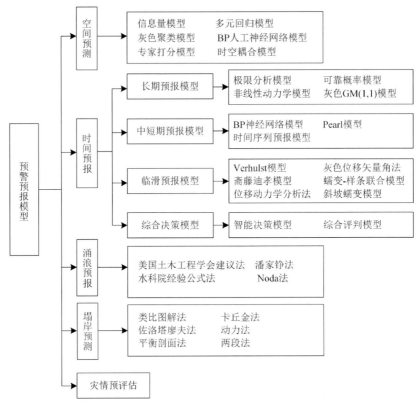

图 2-5 预警预报模型组成图

(二)预警预报体系的构成

三峡库区滑坡预警预报体系由区域-移民新城区滑坡预警预报、单体滑坡预警预报、涌浪预测、塌岸预测、灾情预评估 5 个模块组成,预警预报构成如图 2-6 所示。

(三)预警预报体系的内容

1.区域-移民新城区滑坡预警预报

在滑坡灾害危险性区划获得成果的基础上,根据易发性分区及近期气象、库水位变化、遥感等信息及相应的数学模型,对指定区域进行时空耦合危险性预测,划分滑坡灾害预警区。

2.单体滑坡预警预报

通过对遥感监测、GNSS 监测、地面及地下综合监测、视频监测及群测群防数据挖掘结果,对滑坡监测判据进行提取、分类及管理。对不同斜坡结构类型、物质组成、破坏机理以及不同诱发因素作用下的滑坡体进行分类,研究已有预警预报模型对于不同类型滑坡体及不同诱发因素的适用性。利用动态监测数据对滑坡体变形趋势和临滑破坏时间进行实时预测及综合预报。

3.涌浪预测

库岸边坡失稳,当滑坡体急剧进入水库中,将产生涌浪,并以入水点为源点向上下游推进。滑坡体

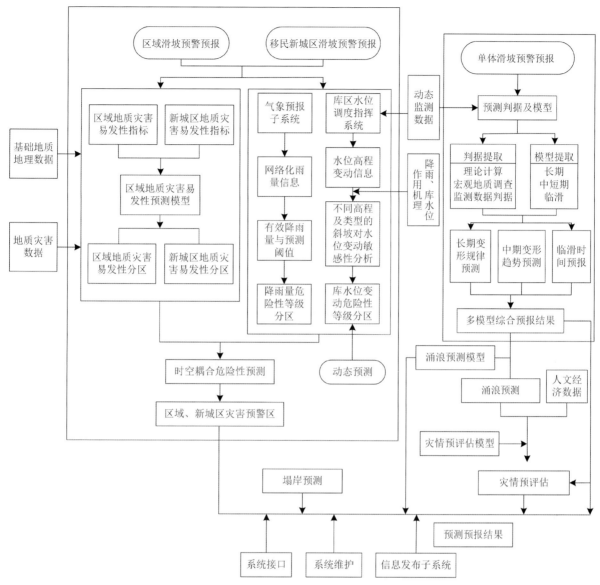

图 2-6 预警预报体系构成图

急剧进入水库产生涌浪的大小是判断滑坡滑动对大坝等水工建筑物、航运以及工农业生产等人类活动影响大小的重要因素。涌浪高度除受滑速、失稳、体积、水深等重要因素的影响外,波浪的形成还要受水库地形、库面宽度、滑坡过程的持续时间以及滑坡体的长度等因素的影响,关系十分复杂。各种涌浪计算模型难以充分考虑种种控制性因素,均对复杂的控制环境做了相应的简化,因而难以做出准确的计算。尽管如此,通过涌浪估算,可以获得边坡一旦失稳且以一定的速度滑入库中所产生的涌浪高度。常用的涌浪预测方法主要有美国土木工程学会建议法、水科院经验公式法、潘家铮法、Noda 法等(王延平,2005)。

4. 塌岸预测

塌岸预测是在大量地质调查和总结分析塌岸变形破坏模式和机制的基础上,判别岸坡在水库蓄水运行期间可能发生破坏的范围和规模,以便为库岸的防护设计提供充分的依据。塌岸预测是一项复杂的系统工程,不同类型的水库,不同的塌岸地质条件,其塌岸模式、塌岸预测参数和适用的塌岸宽度预测模型方法也会因此而不尽相同。现今预测水库塌岸或水库边岸再造范围和规模的方法主要有类比图解法、卡丘金法、佐洛塔廖夫法、平衡剖面法、动力法、两段法等(葛华,2006;彭仕雄、陈卫东,2014)。

5. 灾情预评估

灾情预评估是对库区滑坡直接影响及灾害发生后涌浪破坏范围内可能影响的居民(户、人口)、土地、房屋、单位、公路、桥梁、高压线、通信等各类重大设施具体情况和影响程度及可能造成的财产损失等进行预测性评价,辅助编制滑坡危害范围及可能受损重大设施分布图。它的用途除了为减灾决策和防治工程提供依据外,还可以对库区经济发展规划、城市建设规划以及土地资源合理开发利用等提供参考依据(金晓媚、刘金韬,1998)。

五、三峡库区滑坡监测预警科学研究

三峡工程论证阶段,国家在"七五""八五"期间开展了三峡库区滑坡灾害调查、评价和研究工作,在国家重大科技攻关项目中设立了课题进行库区滑坡灾害研究。1999年和2000年,自然资源部分别设立了"地质灾害监测工程科学技术试验(示范)区"和"长江三峡地质灾害监测与预报"2个专项研究。2002—2013年,先后完成了三峡库区二期"三峡库区滑坡塌岸防治专题研究"和三期"三峡库区三期地质灾害防治重大科学技术研究"共11个专题55个项目的科学研究,提高了对库区滑坡灾害的认识水平,解决了库区滑坡灾害规模性集中工程治理、监测预警、信息化等工作中遇到的科学难题和技术瓶颈,取得了丰硕的研究成果,在滑坡灾害防治诸多方面取得了创新,培养了一大批地质灾害防治人才。

(一)前期滑坡监测预警试验研究

1. "七五"国家科技攻关计划

1980年,为从地质、地震方面进一步深入研究论证三峡工程的可行性,优化工程设计方案,提高工程的经济、环境效益,并推动有关科学理论的发展,中华人民共和国国家计划委员会(简称国家计委)、中华人民共和国国家科学技术委员会(简称国家科委)在"七五"国家重点科技攻关项目"长江三峡工程重大科学技术问题研究"中,设立了"长江三峡工程重大地质与地震问题研究"课题,着重对下列几个问题进行攻关研究:坝区及外围地壳稳定性研究,坝基和高边坡岩体工程问题研究,水库诱发地震研究,库岸稳定性研究和水库环境地质评价与预测。依次构成了课题的1~5个专题,每个专题之下又根据研究工作内容分列若干个子题(共25个)。各专、子题都规定了明确的攻关目标,制订了具体的研究工作计划。

课题主要完成了以下几个方面内容的研究:长江三峡工程区域稳定性研究;长江三峡工程库区水库诱发地震研究;三峡工程库区拟迁城市新址环境地质研究;长江三峡工程前期论证阶段库岸稳定性研究,包括1998年自然资源部《地质灾害监测工程科学技术试验(示范)区》项目和2000年自然资源部科技专项计划《长江三峡地质灾害监测与预报》。

其中长江三峡工程库岸稳定性研究专题划分5个子专题:①新滩滑坡和链子崖危岩体稳定性分析、监测和防治方案研究;②三峡工程水库区岸坡类型划分及稳定性评价和预测;③三峡工程库岸典型大型滑坡体形成条件、破坏机制和稳定性研究;④三峡库岸顺层高陡斜坡段变形破坏机制及稳定性预测;⑤三峡库岸稳定性综合评价预测。

2. "八五"国家科技攻关计划

国家科委在"八五"国家科技攻关计划"长江三峡工程重大科学技术问题研究"中,设立了"三峡工程地质与地震及长江沿岸重点地段环境地质问题研究"课题,对下列问题进行攻关研究:①三峡工程水库移民及开发的环境地质研究;②三峡名胜古迹旅游资源地质环境保护研究;③三峡工程坝基岩体利用深化研究;④三峡工程地壳稳定性与水库诱发地震问题深化研究;⑤三峡工程库区重大危险性滑坡监测预报及减灾对策研究;⑥长江沿岸重点地段重大环境地质问题研究,分别依次构成课题的1~6个专题,每个专题之下根据研究工作内容分列若干个子题(共23个)。

3. 三峡库区地质灾害监测工程试验示范区研究

1998年10月,自然资源部长江三峡链子崖危岩体和黄腊石滑坡地质灾害防治工程指挥部向自然资源部国际合作与科技司申报了《地质灾害监测工程科学技术试验(示范)区》。11月24日确定项目监测试验(示范)研究选区为长江三峡库区(链子崖至巴东库段)。1998年11月,三峡库区地质灾害防治工作指挥部编制完成了《长江三峡库区地质灾害监测工程试验研究设计》,经自然资源部科技司批准实施。试验(示范)区项目研究内容如下:①三峡库区崩塌滑坡地质灾害GPS监测试验研究。包括:提出了全库区GPS监测网布设方案;建立了链子崖至巴东库段GPS监测网,并投入运行;完成了库区崩滑地质灾害监测GPS技术论证报告。②重大地质灾害(链子崖、黄腊石、黄土坡)综合监测示范研究。包括:完善了链子崖危岩体和黄腊石滑坡综合监测单体网,并总结经验,提出了不同条件下监测手段优选方案与工作程序;完成了巴东新城区崩滑地质灾害综合监测网设计方案和其中一个综合监测单体网的建设,并实施了监测工作;提出了库区崩滑地质灾害综合监测单体网建设方案。③崩塌滑坡地质灾害信息系统与防治决策支持系统研究。包括:基于GIS的环境地质信息系统(GGIS);基于GGIS的崩滑地质灾害区域评价与危险性区划系统;崩滑地质灾害变形预测预警系统;崩滑地质灾害治理方案辅助设计系统;基于网络的地质灾害预测预报信息发布系统。

(二)二期滑坡监测预警科学研究

2002—2006年,自然资源部组织完成了三峡库区二期滑坡监测预警科学研究。二期科研主要针对三峡工程二期蓄水(坝前水位135m)涉及库区滑坡防治面临的重大科技问题,兼顾及175m蓄水后所面临的重大科技问题。因此,二期科研已考虑到水库复活型滑坡和水库新生型滑坡的问题。在二期科研中,开展了"三峡库区水库复活型滑坡形成机理和预测评价研究""三峡库区水库新生型滑坡形成机理与预测评价研究"。

1. 三峡库区水库复活型滑坡形成机理和预测评价研究

研究探明了水对滑体及滑带物理、化学及力学作用机理;建立了滑坡在水库水位升降和降雨等主要外因的影响下滑坡变形及稳定的数学、物理仿真方法;研究库区典型水库复活型滑坡变形及失稳机理;提出了三峡库区典型滑坡复活的判据,并对三峡库区滑坡复活进行了预测。

2. 三峡库区水库新生型滑坡形成机理与预测评价研究

(1)从区域地质条件及局部构造分析的角度重点研究了三峡库区库岸破坏的过程及控制因素,明确了新生型滑坡产生的地质条件。

(2)对水库新生型滑坡的主要动力条件水库蓄水及降雨对滑坡的作用进行了研究。

(3)对三峡库区岩土的物理力学性能进行归纳、总结,提出了新生型滑坡抗剪强度参数的确定方法和三峡库区岩体软化系数分布规律。

(4)开发研制了室内人工降雨、水位控制、液压起降等控制系统,非饱和土壤水分、多物理量、非接触位移量等测试系统的大型滑坡模型试验系统(全部实现自动控制)。并以水库新生型滑坡千将坪岩质顺层滑坡为典型,依据相似理论,对三峡库区水库新生型滑坡机理进行了初步探讨,得出了与实际情况相符的结论。

(5)对三峡库区典型水库新生型滑坡机理进行了深入研究,并建立了一套用于研究水库新生型滑坡机理的理论与方法。包括自主开发的程序和商用程序,其中自主开发的程序包括:三维极限平衡分析方法、非连续变形分析(DDA)、基于变形分析的斜坡稳定性分析方法。

(6)提出了水库新生型滑坡的预测评价方法,进行了三峡水库蓄水后库区新生型滑坡危险性分区。

(三)三期滑坡监测预警科学研究

1. 三峡库区水库蓄水后重大复活型滑坡空间预测评价研究

1)初步提出了水库复活型滑坡的4种分类

依据库水位及降雨诱发滑坡的机理、滑面形态、滑体透水性、滑体表面形态初步提出了滑坡4种基本类型:

(1)动水压力型。该类型滑坡的基本特点是滑带(面)上陡下缓,库水位骤降主要发生在促滑段,滑体渗透性差或有隔水层,库水位下降时在滑坡促滑段产生动水压力,增大下滑力,降低滑坡稳定性。如:树坪滑坡、朱家店滑坡等。

(2)浮托减重型。该类型滑坡的基本特点是滑带前部平缓,形成阻滑段,起到抗滑作用,库水位上升时淹没滑坡抗滑段产生浮托力,减小滑坡抗滑力,降低滑坡稳定性。如:木鱼包滑坡、谭家河滑坡、三门洞滑坡等。

(3)侵蚀型。该类型滑坡的特点是滑坡前缘阻滑段位于库水波动和库水位升降范围,且该部位滑坡地表形态陡峭,滑体物质松软,在库水长期波动和库水位下降时对滑坡表面产生冲刷、侵蚀,滑体逐渐坍塌,导致滑坡稳定性降低。如:李家湾滑坡、新峡沟滑坡、竹林湾滑坡等。

(4)暴雨型。该类型滑坡的特点是滑坡被库水淹没范围小或滑体物质透水性较强等,库水升降对滑坡影响不明显,而强降雨时雨水在滑坡体中不易排走,产生较大渗流作用,对滑坡稳定产生不利影响。如:大坪滑坡、淌里滑坡、白鹤坪崩滑体、黄莲树滑坡、大面滑坡等。上述4种基本类型又可以相互叠加。

2)对库区滑坡力学参数建库并进行了统计分析研究

在三峡库区地质环境分区的基础上收集大量的样本数据,并运用不同统计理论分别对滑体、滑带、滑床的力学参数的分布特征进行初步统计。结果表明,三峡库区各地层滑带土抗剪强度参数一般均能接受正态分布或对数正态分布,并按岩土参数统计方法获得了各类岩层灾害点滑带参数的取值区间、均值、方差、变异系数等。

3)对库区复活型滑坡在叠加降雨条件下的力学机制进行了研究并编制了计算程序

针对目前滑坡成灾降雨过程确定方法忽略了不同地质结构和地层岩性的斜坡成灾条件存在差异的不足,开展不同类型地质结构的水库复活型滑坡在降雨条件下推力与抗力的变化规律及诱发滑坡的降雨过程定量描述方法研究。编制了降雨引起滑坡失稳的成灾降雨过程计算程序基础框架,将计算结果与前人结果进行对比,说明了计算程序基础框架是合理的。

4)提出了库水和降雨条件下非饱和土土质岸坡稳定性计算方法

针对库水与降雨作用下三峡库区岸坡渗流场和应力场发生变化的现状,提出了库水变化和降雨入渗影响下的非饱和土质库岸边坡渗流、应力、稳定性分析方法。建立了基于水、气、热三相传输的耦合数学模型,该模型不仅反映了水、气、热各自的传输规律,也描述了各相间的耦合作用机制。提出了三维严格极限平衡的整体分析法。

5)开展了物理模型试验研究

完成了二维、三维物理模型试验。采用联合二维大、小型物理模型试验平台,辅助数值模拟方法。开展了三个方面的研究:自主研发了一套能够模拟降雨库水作用的小型滑坡模型试验系统;开展了两套试验方案的相似材料配合比研究;进行了降雨、库水作用下三种典型滑坡的渗流、变形等物理和数值模拟研究。着力解决了模型侧限和绕渗的关键技术难题,提出数值与模型互馈验证优化模型试验材料参数的思路。

6)开展了水库复活型滑坡的稳定性计算评价研究与复活判据研究

完成了数值模拟及稳定性计算。以三类典型滑坡为基础,每类滑坡通过数值方法揭示了库水和降雨对滑坡渗流场及稳定性的影响规律,确定了每类滑坡不同工况的危险性排序,完成了重大复活型滑坡的稳定性计算和评价,并确定了其复活判据。提出了以工况条件为复活判据方法,具有简单直观明了的特色优势。

7)建立了三峡库区地质灾害防治信息系统和预警指挥系统

建立了三峡库区地质灾害防治信息系统和预警指挥系统,该系统具有对各类海量数据的存储、检索、查询,统计分析,灾害评估,稳定性评价和预警指挥等多种功能。可查询单体滑坡的各类信息,对滑坡的变形进行时序对比及三维可视化展示。

2. 三峡库区水库蓄水后重大新生型滑坡空间预测评价研究

1)开展了水库新生型滑坡成生力学机理研究
(1)开展了滑带土轴流变试验及模型研究。
(2)进行了水-岩相互作用理论与方法研究。

在模型理论方面:在渗流场——应力场耦合分析模型中,对渗流的两种力学效应——渗透静水压力和渗透动水压力统一加以考虑,有别于通常只按有效应力原理(忽视了动水压力作用)的经典方法。

在数值求解方面:用双场迭代解法实现耦合模型的数值求解和软件开发,以同时求解以下的双重非线性。

2)开展水库新生型滑坡变形破坏演化机制模型研究

研究了在库水作用下顺层岸坡的变形破坏演化机制模式类型:滑移——拉裂型破坏、滑移——剪断型破坏、滑移——弯曲型破坏、滑移——压致拉裂破坏。

3)综合提出了水库新生型滑坡诱发机制分类
4)提出了水库新生型滑坡空间预测方法和预测判据

根据滑坡边界条件、地质结构、地质环境等情况,结合降雨入渗和水库水位变动及其耦合条件下的滑坡稳定性定量分析研究,初步建立三峡库区水库型涉水滑坡机理及判据,初步提出形成适合水库蓄水后新生型滑坡空间预测的方法。

5)对库区新生型滑坡易发点逐个进行了具体位置预测评价及成图

确定三峡水库蓄水后重大新生型滑坡易发点的具体空间位置,初步预测和评价库区水库蓄水后的重大新生型滑坡,初步编制新生型滑坡预测评价图。

(四)后期滑坡监测预警科学研究

为了完成已持续研究了10年的水库型滑坡预警预报,在后规科研中,三峡库区地质灾害防治工作指挥部提出了以下三个研究项目:三峡库区重大水库复活型滑坡形成机理、预警判据及单体滑坡产出位置复活工况条件预测评价研究;蓄水初期通过控制消落期库水位下降速率以小变形提高涉水滑坡稳定性的变形控制机理研究;三峡库区重大新生型滑坡形成机理及全库区产出位置空间预测评价。

第三节 三峡库区滑坡监测预警成效

针对三峡库区的滑坡地质灾害,三峡库区滑坡监测预警体系自2003年6月份开始实施,对库区

3000多处滑坡灾害进行群测群防监测预警,并对250多处风险性较大的重点滑坡灾害进行了专业监测,取得了卓有成效的成果。在三峡库区滑坡监测预警体系运行的近10年期间,三峡库区虽不断有滑坡发生,如重庆云阳凉水井滑坡,湖北秭归白家包滑坡、白水河滑坡、卧沙溪滑坡、八字门滑坡等,但由于及时监测预警,均未造成人员伤亡和财产损失。可见,三峡库区滑坡监测预警体系发挥了重大的作用。

一、监测预警工程成效

1. 监测预警实现了17年库区三峡库区地质灾害零死亡

三峡库区二期、三期已建的滑坡监测预警体系已覆盖了原规定的三峡库区范围(蓄水淹没影响区和移民迁建区)。二期、三期已实施监测预警的崩塌、滑坡和库岸共计3049处(崩塌、滑坡2964处,稳定性差的库岸85处),分布于库区两省(市)所在26个区(县)的224个乡镇,涉及57.7万人。纳入监测预警项目的地质灾害隐患点全部都实施了群测群防,并对其中风险较大的、对库区人民生命财产安全构成严重威胁的255处地质灾害(崩塌、滑坡251处,库岸4段)重点实施了专业监测。自2003年三峡水库进行135m蓄水以来,库区滑坡监测成功预警了525处滑坡地质灾害险情,应急转移搬迁了1.5万人,有效地保护了库区人民生命财产和长江航运的安全。据统计,三峡库区二期、三期滑坡灾害防治期间(2003—2015年),监测发现465处滑坡的变形迹象,并成功预警,使5.7万余人成功避险。自2003年三峡库区滑坡监测预警体系建设运行以来,经受住了三峡水库135m、156m、175m蓄水和12次30m的大幅度水位波动,以及2014年"8·31"暴雨和2017年秋汛久雨等极端天气的严峻考验,实现了连续17年地质灾害"零伤亡",切实保护了库区人民的安全。

2. 依据专业监测工作,编写并发布了国内第一本专业监测技术规范

在三峡库区二期、三期滑坡灾害防治期间,三峡库区地质灾害防治指挥部制订了三峡库区滑坡监测预警工作技术要求,并在专业监测工作实施中不断完善,最后形成地质矿产行业标准规范《崩塌·滑坡·泥石流监测规程》(DZ/T 0223—2004),后又出了《崩塌·滑坡·泥石流监测规范》(DZ/T 0021—2006),为专业监测技术的发展起到重要的作用。

3. 建立了完善的群测群防体系,为全国监测预警工作提供了示范

三峡库区26个区(县)级地质环境监测站的建立完成后,各区(县)自然资源管理部门以区(县)级地质环境监测站为依托,相继逐步建立和完善了辖区的滑坡地质灾害群测群防体系,已经建成了群测群防的监测网络,重点完成了库区范围内3936处滑坡实施群测群防监测预警,水库139m水位蓄水以来,库区群测群防监测成功预警了971起滑坡险情,避险撤离群众近3万人,取得了显著的防灾减灾效果。

监测预警工作在三峡库区防灾减灾工作中成效显著,自开展监测预警工作中就实现了连续17年无地质灾害造成的人员死亡事故。监测预警工作的成绩得益于三峡库区监测预警工作中建立的完善的监测预警体系。该体系已在全国推广,并在全国地质灾害监测预警工作中取得显著的成效。

4. 信息系统与预警指挥系统大大提高了日常地质灾害防治业务管理效率

(1)提高了地质灾害防治数据采集效率及数据质量。
(2)提高了地质灾害防治工程的管理效率。
(3)地质灾害防治一张图成为地质灾害业务管理不可或缺的工具。
(4)提高了办公管理及档案管理效率。

5. 信息系统与预警指挥系统有效地支持了滑坡灾害防治的分析决策

2011年6月,凉水井滑坡出现变形,相关部门采取封航措施以保证航运安全。但封航严重地影响了江中航运,每天损失3000余万元。而且,正值旅游旺季,给到三峡旅游的大量中外游客带来很多不便。是继续封航还是采取其他措施,中央及自然资源部领导对此十分关切。三峡库区地质灾害防治工作指挥部紧急组织力量,部署应急监测,并调用信息化建设成果,组织远程会商,将现场单兵系统传回的信息及系统中存储的历史信息同时显示在视频上,供专家及领导分析,为地质灾害分析决策提供有效的支撑,最终根据专家意见解除了封航令。除此之外,信息化建设成果在树坪、猴子石、玉皇阁、藕塘等滑坡的灾害发现、鉴别、综合评估、应急响应、应急处置中都发挥十分重要的作用,取得显著成效。

6. 信息系统与预警指挥系统为滑坡灾害防治研究提供了新的方法及软件工具

滑坡灾害发生、发展是一般结构性问题,系统所建数据仓库及所提供的联机分析处理及数据挖掘工具可从不同角度对滑坡灾害大数据进行分析,挖掘其内在规律,因而,在滑坡灾害防治决策分析领域有着广泛应用前景。如:在对树坪、白水河等滑坡与库水位下降及降雨关系研究中,挖掘了滑坡位移时间与库水位下降及降雨时间的滞后关系。由于基于大数据挖掘,依据充足,所获结果与实际情况吻合度高,所获成果可作为滑坡预警判据使用。信息化建设成果为滑坡灾害机理、预警预报的研究提供了新的科学的分析方法及分析工具。

7. 典型案例

(1) 2006年,一位新华社记者向中央反映,称三峡大坝上游十公里范围内两岸有9个滑坡,如果发生变形破坏,滑体冲入水库,引起涌浪,将严重危及正在大坝下施工的2000余职工的安全,建议对其进行治理。如果对这9个滑坡进行治理,费用十分庞大。自然资源部领导紧急召见三峡库区防灾工作指挥部领导及相关技术人员,研究应对方案。在自然资源部,三峡库区地质灾害防治工作指挥部人员利用信息化建设成果,一一调出各滑坡监测曲线,通过对监测信息分析,认为各滑坡均未出现明显变形,而且,即使发生变形,也不可能9个滑坡同时变形,滑坡动态均在指挥部及相关监测单位掌控之中,大坝施工是安全的。这为领导决策提供了有力的科学依据,得到了部主管领导的肯定。

(2) 2006年,另一位新华社记者向中央反映,称秭归卡子湾滑坡上还住有1200多村民,生命安全受到危险,需要即刻搬迁。为此,自然资源部又紧急召见三峡库区地质灾害防治工作指挥部领导及相关技术人员,研究应对方案。在自然资源部,三峡库区地质灾害防治工作指挥部人员调出该滑坡的相关信息,并进行分析。指出该滑坡是一巨型滑坡,当前未见明显变形,村民居住位置系在阻滑体上,至少在近些年内是安全的,不必搬迁。又一次为领导决策提供支撑。

(3) 2011年6月,凉水井滑坡出现变形,相关部门采取封航措施以保证航运安全。但封航严重地影响江中航运,每天损失3000余万元。而且,正值旅游旺季,对到三峡旅游的大量中外游客带来很多不便,是继续封航还是采取其他措施,中央及国土部领导对此十分关切。三峡库区地质灾害防治工作指挥部紧急组织力量,部署应急监测,并调用信息化建设成果,组织远程会商,将现场单兵系统传回的信息及系统中存储的历史信息同时显示在视频上,供专家及领导分析,为地质灾害分析决策提供有效的支撑。最终根据专家意见解除了封航令。

(4) 2011年,在泥儿湾滑坡出现险情时,利用灾害评估软件,对灾害影响区的居民及财产、建筑设施等实时进行统计分析,为领导决策提供了依据。

除此之外,信息化建设成果在树坪滑坡、猴子石滑坡、玉皇阁滑坡、藕塘滑坡等灾害发现、鉴别、综合评估、应急响应、应急处置中都发挥十分重要的作用,取得显著成效。

二、监测预警社会、经济效益

(1)通过监测预警工作掌握了地质灾害的发生规律,对库区地质灾害进行有效的防治,极大地减少了地质灾害造成的人员伤亡,从而减轻了库区移民和居民对地质灾害的恐惧感,增强了对地质灾害防御的心理稳定程度,增强了库区移民稳定和社会稳定程度。

(2)加强了库区居民和全国人民地质灾害防范的意识。灾害意识是人们对灾害的感觉、了解、认识等心理反应。灾害意识直接制约与影响着灾民在灾害条件下的思维方式、价值取向和行为倾向,取决于人在灾害面前采取什么样的态度,制约着人们的行为方式和生活方式。三峡库区是地质灾害多发地区,人们对地质灾害的认识程度。直接影响着人在地质灾害发生前后的行为方式。对地质灾害的科学认识,有助于人们采取有效的预防措施,有助于人们在地质灾害发生时采取有力的救助方式,以减轻地质灾害造成的损失。此外,参与库区地质灾害防治工程建设的有全国绝大多数省份的地质队伍和建设队伍,他们的亲力亲为在全国范围内也是一种很好的宣传。

(3)信息系统与预警指挥系统经济效益显著。①软件价值评估。软件价值评估是依据一定的评估方法,对软件"客观价值"作出的在一定条件(包括时间、制度、市场等)约束下的判断,软件产品价值评估是对软件开发成果的肯定。库区滑坡灾害防治信息化开发的软件成果,于2012年2月经北京北方亚事资产评估有限责任公司北京无形资产开发研究中心评估,总价值为7 985.87万元。②推广应用价值评估。在全国地质灾害防治信息化建设中,各级节点系统总体架构及标准化体系建设、基础设施建设、数据体系建设、信息服务体系建设、安全防护体系建设基本上都是在库区研究及建设成果基础上进行建设,库区开发的大部分应用系统大都直接安装在全国各级节点系统中。一个省级节点从启动到基本完成系统建设,投入运行,周期一般为1~2年,较之独立开发建设,至少提前两年,建设投资至少节约800万元。同时,有力地推动了全国滑坡灾害防治信息化建设,支持滑坡地质灾害防治工作的开展,在产生较好经济价值的同时,产生了很好的社会效益。

三、监测预警创新成果

1. GPS监测创新性成果

将GPS引进三峡库区地质灾害监测预警,自主研发了具国际先进水平的软件,克服库区高山峡谷星况不良的条件,使GPS真正得以广泛应用,极大地提升了我国监测预警的能力和水平。

2. 滑坡综合立体监测创新性成果

滑坡体推力监测系统的研制成果填补了一项空白,在国内外具首创性,取得了专利,经国家发改委批准,在三峡库区二期地灾防治中试验性使用,2003年投入了17个推力监测孔,监测效果良好。三期监测预警中大量推广,实施了247个推力监测孔。首次完整系统地设计并规范了滑坡综合立体监测网,编制了专业监测网设计的技术要求、地质灾害专业监测预警工程监测仪器的主要技术指标、地质灾害专业监测预警工程施工及仪器安装技术要求,具有规范性,并在国内首次编制了《崩塌滑坡专业监测手册》(试行)。

3. 滑坡预警预报创新性成果

在国内首次编制了《三峡库区滑坡灾害预警预报手册》和《三峡库区地质灾害防治滑坡专业监测预警工作职责及相关工作程序的暂行规定》,并下发使用和施行。首次全面、系统地设计了滑坡应急监测系统和地质灾害监测预警指挥系统,为突发地质灾害险情应急决策提供了技术支撑,具有意义重大的创新性。

4. 群测群防监测预警创新成果

首次明确提出地质灾害监测预警以群测群防为主体并纳入我国《地质灾害防治条例》，规定了由县级人民政府组建县、乡、村3级群测群防体系，并纳入了我国《地质灾害防治条例》，制定了群测群防监测预警的技术要求和规范，规范了群测群防监测预警职能和管理职能。

5. 信息系统与预警指挥系统建设成果

"地灾防治系统"建设中，采用当前国内外先进技术，提出了许多新思路，进行大量探索、创新。系统应用软件全部自主开发，是一个具有完全自主知识产权，立足于三峡，适用于全国地质灾害防治的信息化产品。

第二篇

三峡库区滑坡监测

第三章 专业监测

专业监测是指由政府或企业专门投入经费,委托专业部门,主要针对那些严重威胁城镇、矿区、交通干线、重大工程安全的地质灾害,采用专业技术方法及仪器设备进行的地质灾害监测工作(中国地质环境监测院,2015)。

通过滑坡专业监测可以具体了解和掌握滑坡体的演变过程,及时捕捉滑坡灾害的特征信息,为滑坡的正确分析评价、预警预报及治理工程等提供可靠资料和科学依据。因此,专业监测既是滑坡调查、研究和防治工程的重要组成部分,同时也是滑坡地质灾害预警预报信息获取的一种有效手段(佘小年,2007)。

专业监测包括监测内容、监测方法、监测仪器、监测数据、监测模型和监测设计6个方面,下面分别对其进行具体阐述。

第一节 监测内容

滑坡监测的内容,分为变形监测、相关因素监测和宏观前兆监测,是指可以监测的影响或诱发滑坡形成的各种环境因素。

对于影响滑坡形成的控制因素,国内许多学者都对此进行过研究,田正国、程温鸣等(2013)研究分析认为三峡库区地质灾害类型以滑坡、崩塌为主,其发育受地层岩性、地质构造、谷坡地貌、坡体结构等地质因素的控制,是发育的内因。朱立峰(2019)的研究表明,滑坡群的形成主要受控于地质构造、地形地貌、坡体结构、岩土工程性质、地下水等因素,以滑坡几何特征、坡体结构、地下水等内在因素影响尤为显著。滕超、王雷等(2018)认为岩体的变形破坏方式和过程与其承受的应力状态及其变化有关,经过监测表明了滑坡体应力状态是影响滑坡变形发展的主导因素。韦垚飞(2017)分析了地下水对滑坡稳定性的影响作用,得出滑坡的稳定性主要受到地下水对其动态和静态的影响。

通过对滑坡监测资料和相关科研成果的总结与分析,本节将重点从应力场、渗流场两个方面介绍控制因素,从降雨、库水位、人类工程活动3个方面介绍诱发因素。正确分析各种因素对滑坡稳定性的影响作用,是滑坡稳定性评价的基础工作之一,可为预测滑坡变形破坏的发生、发展、演化趋势以及为制定有效的防治措施提供依据,对三峡库区及其他类似滑坡的研究具有重要的指导意义。

(一)滑坡变形监测

1. 位移监测

1)相对位移监测

相对位移监测是指通过使用专业的仪器监测滑坡的三维(X、Y、Z)位移量、位移方向与位移速率,是测量滑坡体上重点变形部位的点与点之间相对位移变化的一种常用的变形监测方法,主要用于监测滑坡体上及其边缘处发生较大相对位移。地表相对位移监测的主要方法包括机械测量法、伸缩计法、全站仪测量、数字化近景摄影和激光位移监测（孙洋，2009）。

2）绝对位移监测

绝对位移监测是通过使用专业监测仪器对滑坡重点变形部位裂缝、滑动面（带）等两侧点与点之间的相对位移量（包括张开、闭合、错动、抬升、下沉等）进行监测，是指测量滑坡体上的测点相对于其外部的某一个（或多个）固定基准点的三维坐标，从而得出测点的三维变形位移量、位移方向与变形速率等。

2. 倾斜监测

倾斜监测是指地面倾斜监测和地下（钻孔）倾斜监测，监测滑坡的倾角变化与倾倒、倾摆变形方向及切层蠕滑。

3. 与滑坡变形有关的物理量监测

1）应力场

应力场，即滑坡体内的应力分布和状态，它不仅是认识滑坡发生机理的基础，也是对滑坡稳定性监测的重要因素。滑坡的变形和滑动取决于坡体的应力分布和岩土的强度特征，而应力分布又与坡形、坡高以及坡体的物质组成和分布有关。由于构成自然滑坡的物质及其结构构造的多样性、复杂性、不均质性和各向异性，至今要准确了解各种滑坡应力状态还比较困难，已有的研究多是对均质滑坡进行的，关于非均质滑坡的应力状态的实验和分析，不论是模型试验还是计算机模拟，也有不少人研究，但由于坡体结构复杂和参数选取困难，仍在探索中（易武等，2011）。

滑坡的失稳滑动，从某种意义上说是作用于滑坡这一系统的下滑力超过了滑床的抗滑力的结果。下滑力是指滑坡体上的堆积物在重力作用下，在滑坡面上产生一个沿主滑方向的力。根据下滑力的变化情况来判断滑坡稳定性，当下滑力在一定的范围内上下波动时，表明滑坡处于基本稳定状态。当下滑力出现异常、超出范围内的最大值时，滑坡可能出现变形，处于欠稳定乃至不稳定状态（杨明明等，2019）。

2）渗流场

地下水在岩石空隙中的运动称为渗流，岩石体中发生渗流的区域则称为渗流场。在渗流场中，主要表现为含水量对岩石体的影响以及地下水的赋存和运移对滑坡稳定性产生的影响。

（1）含水量。

含水量不仅影响着岩石体的强度和变形参数的大小，而且影响到岩石体的变形破坏机制，从而影响滑坡的稳定性。随着含水量的增加，泥岩的弹性模量及峰值强度均急剧降低，且峰值强度对应的应变值有随之增大的趋势。同时，在干燥或较少含水量情况下，岩石体表现为脆性和剪切破坏，具有明显的应变软化特性，且随着含水量的增加，峰值强度后岩石体主要为塑性破坏，应变软化特性不明显。

（2）地下水。

地下水的赋存和运移是对滑坡稳定性产生影响的主要因素之一。地下水对滑坡稳定性的影响可总结为两个方面：地下水使岩土的抗滑能力下降，使滑坡的硬度和韧度都严重减弱，抗剪强度下降；地下水使滑坡的土层内部水压力增大，造成滑坡稳定性下降（韦垚飞，2017）。

根据不同的特性，地下水在流动过程中或者静止状态下对于滑坡造成的作用分为物理的、化学的和力学的3种作用。①物理作用。地下水对滑坡造成的物理作用主要是滑坡土体吸收水分，使土体变得潮湿、泥化。滑坡的滑动带一侧受到地下水的作用影响，剪应力增大变强，受地下水浸泡变软的泥土形成滑体，与原有土体形成剪切运动，向下滑走。山坡土体受地下水的浸泡之后，土质变软，滑动带就会降低高度，形成剪切运动，造成大面积下滑现象，形成滑坡。②化学作用。地下水对滑坡造成的化学作用主要是，土体长期受到地下水的浸泡，与空气结合，受到风、雨、雪等自然现象的影响，水和土体之间的岩石产生了土质溶解、溶蚀等化学反应，使岩土体力学性能下降，土体的内聚力和密度下降，土体的内部结构发生变化，从而导致滑坡产生。地下水对土体形成的化学作用力是要经过比较长一段时间才能显现出来的,通过长时间的化学作用,改变岩土体结构和化学成分。③力学作用地下水对滑坡造成的力学上的作用主要是,地下水处在静态和动态时,水压力对岩土体造成的影响。岩土体本身有孔隙、裂隙,在受到水压力的作用后,裂缝会变大,扭曲变形,降低岩土体的抗压强度、抗剪强度。地下水在松散土体、软弱夹层或破碎的岩体中运动时,产生的水压力可将岩土体中的细粒物质携带到岩土体外,形成潜蚀破坏,易于形成滑坡。

二、相关因素监测

1. 降雨

降雨对滑坡的诱发作用是最主要也是最普遍的一种外界触发因素。降雨对滑坡稳定性影响巨大,降雨期间滑坡的活动往往发生显著的增大现象,且随着降雨过程的变化和发展,滑坡的活动性也会发生相应的变化。降雨除了产生坡面径流之外,还有相当一部分雨水渗入坡体中。降雨渗透到隔水层顶面时,将在这里聚集,并使这里的物质软化甚至泥化,降低摩阻力,形成滑动面或滑动带。当降雨入渗坡体后,一方面,使滑坡体物质,尤其是滑带土软化,抗剪强度降低,从而降低坡体的稳定性,这种影响一般又称作软化效应。黏性土在水的浸泡下其吸附水膜厚度显著增大,从而使其抗剪强度大大降低,使得滑坡的稳定性降低。另一方面,使滑坡体原来处于干燥或非饱和状态的土体饱水,坡体的重度由原来的天然重度变为饱和重度,相当于使滑体的总体质量增加,增加了下滑力,从而降低坡体的稳定性。除此之外,雨水也会加速岩土体的风化侵蚀作用,对滑坡的稳定性产生不利的影响。

三峡地区多年降雨量均在 1000mm 以上,降雨较充沛,降雨持续时间的长短和降雨量的多少是降雨对三峡地区滑坡影响的关键。如 1982 年秭归香溪滑坡、云阳滑坡,1986 年秭归马家坝滑坡、奉节县生基包滑坡都是在降雨较多的 5~10 月之间发生的,并且均是发生在持续性降雨期间或者降雨后的一段时间内,充分地证明了降雨是滑坡发生的重要诱发因素。

2. 库水位

库水位通常是指在监测时水库水面到基准面的高差。库水位是随季节的变化而变动的,而库水位的变动又会导致坡体内地下水位的变动,并由此影响滑坡的稳定性(许强,2014)。我国大部分地区在季风气候影响之下都有明显的旱季、雨季之分,雨季多集中在 7~9 月或 5—10 月,通常全年降雨量的一多半出现在雨季,因而库水位会发生明显的涨落。在水库蓄水期间或正常运营期间,库水位上涨时,岸坡中的地下水水位亦会抬升,扩大了地下水水位的浸泡范围,增加了孔隙水的压力,降低了潜在滑动面的摩阻力或滑动带的抗剪强度,对滑坡的稳定造成了不利影响(刘光代等,2008)。当库水位急剧下降时,由于地下水排泄较慢,从而产生较大水头落差,增大了滑坡的动水压力和滑坡体的下滑力,加上库水向下的拖曳作用,会导致滑坡加速变形。同时,库水位的下降会对滑坡产生卸荷作用,从而在边坡裂隙中产生水锤效应,这对滑坡的稳定是极其不利的,如果地质条件适宜,将会诱发滑坡。

库水位的升降是三峡库区滑坡复活的重要诱发因素。例如秭归县树坪滑坡、巴东焦家湾滑坡、万州塘角村滑坡 1 号都是由于库水位的下降产生了方向指向滑坡外的动水压力,使得滑坡稳定性降低;秭归县木鱼包滑坡、谭家河滑坡、万州花园养鸡场滑坡是由于库水位的变动产生了浮托减重作用,库水位上升使得浮托作用增加,滑坡稳定性降低。

3. 人类工程活动

人类工程活动主要是与滑坡的形成、活动有关的人类工程活动,包括洞掘、削坡、加载、爆破、震动,以及高山湖、水库或渠道渗漏、溃决等,并据以分析其对滑坡与稳定性的影响。随着经济建设的发展,人类工程活动对滑坡稳定性的影响将日趋显著。在山区建设中,尤其是在山区铁路和公路建设中,采空塌陷诱发滑坡的现象发生在矿区,尤以煤矿区多见。采空塌陷本来是矿区必然发生的现象,但若具备了其他适合的地形、地质条件,则可能演化成滑坡。大规模爆破也可诱发滑坡,爆破产生的强大附加力,使山体上原已接近临界稳定状态的斜坡发生滑动,由于爆破还造成岩土体松动,破坏滑带,减小抗滑力使得滑坡发生(刘光代等,2008)。

三峡库区对滑坡稳定性产生影响的人类工程活动主要包括采矿、修建公路、基坑开挖等。这些工程活动使得坡脚抗滑强度降低,工程建筑物加载、排水不畅软化软弱夹层;水库蓄水、放水时产生的压力作用等均可能导致滑坡的发生。例如,重庆施家梁滑坡发育的主要原因是在修公路时,挖断了坡脚岩层,使得坡脚岩层失去了支撑上部岩层的作用;重庆王家坡、龙门浩滑坡的发生是修建公路时填方加载过度所导致的;秭归县香溪马槽岭滑坡的主要诱因是生活废水、工业废水及地表水渗入。千将坪滑坡发生的主要诱因则是三峡水库蓄水。因此,在滑坡易发区域,如何合理利用地质环境条件开展人类工程活动,对维持斜坡稳定作用显著。

三、宏观前兆监测

(1)宏观形变。包括滑坡变形破坏前常常出现的地表裂缝和前缘岩土体局部坍塌、鼓胀、剪出以及建筑物或地面的破坏等。测量其产出部位、变形量及变形速率。

(2)宏观地声。监听在滑坡变形破坏前常常发出的宏观地声、激起发声地段。

(3)动物异常观察。观察滑坡变形破坏前其上动物(鸡、狗、牛、羊等)常常出现的异常活动现象。

(4)地表水和地下水宏观异常。监测滑坡地段地表水、地下水水位突变(上升或下降)或水量突变(增大或减小),泉水突然消失、增大、浑浊、突然出现新泉等。

第二节 监测方法

滑坡的监测方法是指为获取表征滑坡体某一特定监测要素的各项指标,所使用的监测手段和行为的统称。专业监测方法的选择根据监测量的差异而不同。本书在对滑坡监测内容分类的基础上,将专业监测方法归纳为地表变形监测方法(绝对地表位移监测和相对地表位移监测)、深部位移监测方法(相对位移监测)、应力应变监测方法、地表地下水监测方法和其他监测方法五大类。在同一类监测方法中,往往存在多种手段可供选择,应力求在满足精度要求的前提下,做到方法实用、经济,获取信息快速、可靠,同时要求监测设施易于保护、长久利用,总之,能较好地处理精度、速度、经费三者的关系。

通过对滑坡体进行监测可以了解和掌握滑坡体变形破坏的规律及其发展趋势,及时预报灾害发生的时间、空间和强度,避免人员伤亡,减少经济损失,为区域经济发展和建设提供资料,促进经济建设顺利进行,具有十分重要的意义(刘锦程,2012)。

一、地表变形监测方法

变形监测就是利用专用的仪器和方法对变形体的变形现象进行持续观测,对变形体变形形态的分析和发展态势进行预测等的各项工作。变形监测包括建立变形监测网,进行水平位移、沉降、倾斜、裂缝、挠度、摆动和振动等监测。而地表形变监测,顾名思义,其监测对象专门针对地表,在本书中则指专对滑坡地表的监测。地表变形监测方法又分为绝对地表位移监测和相对地表位移监测。

在绝对地表位移监测方面,地表变形监测方法有常规大地测量法、GPS测量法、近景摄影测量法、InSAR监测法和激光雷达监测法等。

1. 常规大地测量法

大地测量是为建立和维持测绘基准与测绘系统而进行的确定位置、地球形状、重力场及其随时间和空间变化的测绘活动。大地测量法是在变形边坡地区设置观测桩、站、网，在变形边坡以外的稳定地段设置固定站点进行观测。

常规大地测量法包括两方向或三方向前方交会法、双边距离交会法、视准线法、小角法、测距法、几何水准和精密三角高程测量法等（张志英等，2006）。

主要特点包括：①不仅能测定相对位移，而且能测定绝对位移；②不仅能对重点部位进行高精度监测，而且还能进行全面监测以了解滑体的总体变形情况；③不存在量程限制，即无论滑体处于何种变形阶段，均能取得监测数据，所以能够了解到滑体的全过程变形状态。

主要缺陷：①受气候影响较大，特别是雨天难以观测；②自动化程度不高，目前国内基本上仍处于人工观测的人工操作阶段。

2. GPS 测量法

利用 GPS 接收机在某一时刻同时接收 3 颗（或 3 颗以上）的 GPS 卫星信号，用户利用这些信息测量出测站点至 3 颗（或 3 颗以上）GPS 卫星的距离，并计算出该时刻 GPS 卫星的三维坐标，根据距离交会原理解算出测站点的三维坐标。然而，由于卫星和接收机的时钟误差，GPS 卫星定位测量应至少对 4 颗卫星的观测来进行定位计算。GPS 测量法可实现与大地测量法相同的监测内容。

特点：①全球全天候定位。GPS 卫星的数目众多，且分布均匀，保证了地球上任何时间至少可以同时观测到 4 颗 GPS 卫星，确保实现全球全天候连续的定位服务（除打雷闪电不宜观测外）。②测量精度较高。实践证明，GPS 相对定位精度在 50km 以内可达 $10\sim6$m；$100\sim500$km 以内精度可达 $10\sim7$m。在 $300\sim1500$m 工程精密定位中，1h 以上观测时解其平面位置误差小于 1mm。③观测时间短。随着 GPS 系统的不断完善，软件的不断更新，目前 20km 以内相对静态定位仅需 $15\sim20$min；采取实时动态定位模式时，每站观测仅需几秒钟。④GPS 测量法能同时测出滑坡的三维位移量以及速率。⑤测站间无须通视。GPS 测量只要求测站上方开阔，不要求测站之间相互通视，无须建造站标。

3. 近景摄影测量法

近景摄影测量是指利用对物距不大于 300m 的目标物摄取的立体像对进行的摄影测量。近景摄影测量法是用地面摄影经纬仪，在不同的时间内，对边坡进行摄影测量，适用于大面积边坡的移动测量。测量精度主要取决于 y 距（又称纵距）及摄影经纬仪的焦距。一般来说，纵距越小，精度越高，焦距越长，精度越高。

将仪器安置在 2 个不同位置的测点上，同时对滑坡监测点摄影，构成立体图像，利用立体坐标仪量测图像上各测点的三维坐标。

特点：①周期性重复摄影方便，外业工作简便。②获得的图像是滑坡变形的真实记录，可随时进行比较。③可以测定多点在某一瞬间的空间位置。④精度不及常规测量法，设站受地形限制，内业工作量大。

4. InSAR 监测法

合成孔径雷达（SAR）是 20 世纪 50 年代末研制成功的一种微波传感器，也是微波传感器中发展最为迅速和有效的传感器之一。60 年代末出现了新兴的交叉学科合成孔径雷达干涉技术 InSAR，通过 2 次或多次平行观测或 2 幅天线同时观测，获取地面同一地物的复图像对，并得到该地区的 SAR 影响干涉像对，进而获得其三维信息。利用一些特殊的数据处理方法（如干涉配准等）和几何转换来获取数字高程模型或探测地表形变（张志英等，2006）。

合成孔径雷达干涉测量(Interferometric Synthetic Aperture Radar,InSAR)技术是现代对地观测技术与空间大地测量技术综合发展的集中体现,已成为国际上地质灾害、地质环境变化监测与防治工作的重要技术手段。

1) D-InSAR 技术

D-InSAR 技术的主要步骤包括主从影像的输入以及配准、平地效应的去除、去除地形相位得到差分相位和相位解缠等。D-InSAR 技术根据所用影像数一般有 3 种方法去除地形相位:一是选取基线距为零的干涉图像对,可以直接得到沿视线方向的形变信息;二是使用目标发生形变前后的两景 SAR 影像生成包含有形变的干涉图,然后去除该地区对应的外部数字高程模型(Digital Elevation Model,DEM)模拟的地形相位得到地表形变信息,该方法无需对地形相位解缠,但不是所有地区都有现势性好的 DEM;三是利用形变前的两景影像与形变后的一景影像生成地形和地形-形变对,从地形-形变对相位中去除地形的相位数据,即可得到地表形变相位(廖明生等,2012)。

2) 时间序列 InSAR 技术

PS-InSAR 技术是利用多景相同地区的 SAR 影像,通过统计分析所用影像的幅度和相位信息,识别出不受时间和空间去相干影响的永久散射体(PS点)。这些永久散射体点构成了一个"天然的 GPS 格网",通过对格网点进行时空滤波,分离出空间相关、时间不相关的大气效应,然后对分离出的大气相位进行插值拟合研究区域的大气效应贡献值,达到估计并去除大气效应值,提高形变监测精度的目的(廖明生等,2012)。

PS-InSAR 技术主要是基于高分辨率的 PS 点来进行形变反演的,而 SBAS 技术则主要是研究低分辨率、大尺度上的形变(谢韬,2018)。SBAS 技术的基本原理就是将 D-InSAR 得到的形变信息作为观测量,基于最小二乘法则来获取高精度的时间序列形变信息(Casu 等,2006)。SBAS 技术数据处理中我们要设定最优的时间和空间阈值,以达到一直时间和空间失相干的影响,在阈值范围内,所有的 SAR 影像自由组合成不同的集合,每个集合里的形变信息均可以通过最小二乘法则进行计算,减弱解缠误差和大气延迟误差的影响,得到时间序列形变量,最后再利用奇异值分解法或者其他约束条件将不同集合联合起来求解得到整个时段内的时间序列形变信息。

InSAR 技术的特点:①该技术特别适于解决大面积滑坡灾害的监测预警。②精度可以达到毫米量级。③处理过程比较迅速,且相对经济。

5. 激光雷达监测法

激光雷达(Light Detection and Ranging,LiDAR),是以发射激光束探测目标的位置、速度等特征量的雷达系统。其工作原理是向目标发射探测信号(激光束),然后将接收到从目标反射回来的信号(目标回波)与发射信号进行比较,作适当处理后,就可获得目标的有关信息,如目标距离、方位、高度、速度、姿态甚至形状等参数,从而对滑坡体进行探测、跟踪和识别。它由激光发射机、光学接收机、转台和信息处理系统等组成,激光器将电脉冲变成光脉冲发射出去,光接收机再把从目标反射回来的光脉冲还原成电脉冲,送到显示器。

LiDAR 系统包括一个单束窄带激光器和一个接收系统。激光器产生并发射一束光脉冲,打在物体上并反射回来,最终被接收器所接收。接收器准确地测量光脉冲从发射到被反射回的传播时间。因为光脉冲以光速传播,所以接收器总会在下一个脉冲发出之前收到前一个被反射回的脉冲。鉴于光速是已知的,传播时间即可被转换为对距离的测量。结合激光器的高度,激光扫描角度,从 GPS 得到的激光器的位置和从 INS 得到的激光发射方向,就可以准确地计算出每一个地面光斑的坐标 X,Y,Z。激光束发射的频率可以从每秒几个脉冲到每秒几万个脉冲(张彦禄等,2010)。

激光雷达的工作原理与雷达非常相近,即由雷达发射系统发送一个信号,经目标反射后被接收系统收集,通过测量反射光的运行时间而确定目标的距离。激光打到地面的树木、道路、桥梁和建筑物上,引起散射,一部分光波会被反射到激光雷达的接收器上,根据激光测距原理计算,就得到从激光雷达到目标点的距离,脉冲激光不断地扫描目标物,就可以得到目标物上全部目标点的数据,用此数据进行成像处理后,就可得到精确的三维立体图像。至于目标的径向速度,可以由反射激光的多普勒频移来确定,也可以测量两个或多个距离,并计算其变化率而求得速度,这也是直接探测型雷达的基本工作原理。

激光雷达监测法特点:①激光雷达通过位置、距离、角度等观测数据直接获取对象表面点三维坐标,对地面的探测能力有着强大的优势;②具有空间与时间分辨率高、动态探测范围大、能够部分穿越树林遮挡、直接获取真实地表的高精度三维信息等特点,是快速获取高精度地形信息的全新手段;③相对于其他遥感手段,激光雷达遥感技术的最大优势在于可以快速、直接并精确地探测到真实的地表及地面的高程信息,是一种直接获取地形表面模型的有效手段;④基于激光雷达数据提取高精度DEM往往也受到一些因素的限制,如激光点数据的特点、地面状况及非地面点过滤算法适应性。

在相对地表位移监测方面,地表变形监测方法有地面倾斜法和测缝法。

6. 地面倾斜法

地面倾斜法主要使用倾斜仪测量地面倾斜。原理是利用结构物产生的倾斜变形,通过安装支架传递给倾斜传感器。传感器内装有电解液和导电触点,当传感器发生倾斜变化时,电解液的液面始终处于水平,但液面相对触点的部位发生了改变,也同时引起了输出电量的改变。倾斜仪随结构物的倾斜变形量与输出的电量呈对应关系,以此可测出被测结构物的倾斜角度,同时它的测量值可显示出以零点为基准值的倾斜角变化的正负方向。

使用地面倾斜仪等监测滑坡地表倾斜变化及其方向具有精度高、易操作的特点。

7. 测缝法

除了地裂缝以外,滑坡等灾害也存在裂缝特征。出现崩滑的坡体表面通常会含有大量的裂缝,裂缝会呈现出特定的规律性。如:滑坡坡体通常会含有大量的拉张裂缝,裂缝、裂隙将坡体切割开,极易出现贯通的现象,从而使滑坡体脱离山体。扇形张裂缝通常位于滑坡体舌部、中部或前部。在压力的影响下,滑坡体前部的裂缝方向通常是与滑移方向垂直的,为鼓胀裂缝。剪切裂缝通常位于滑坡体的中部两侧,呈羽毛的形状。拉张裂缝通常位于滑坡体上部,且裂缝呈弧形。对裂缝的测量通常能直接反映灾害的发展情况。测缝法主要分为以下几种方法。

(1)简易监测法:在滑坡裂缝、滑面、软弱面两侧设标记或埋桩(混凝土桩、石桩等)、插筋(钢筋、木筋等),或在裂缝、滑面、软弱带上贴水泥砂浆片、玻璃片等,用钢尺定时量测其变化(张开、闭合、位错、下沉等)。此法简便易行,投入快,成本低,易于普及,直观性强,但精度稍差。

(2)机测法:使用双向或三相测缝计、收敛计、伸缩计等仪器定时量测滑坡裂缝、滑面、软弱面两侧设标记或埋桩的变化(张开、闭合、位错、下沉等)。特点:监测对象和监测内容同简易监测法,成果资料直观可靠,精度高。

(3)电测法:使用电感调频式位移计、多功能频率测试仪和位移自动巡回监测系统等监测滑坡变形。监测对象和监测内容同简易监测法。该法以传感器的电性特征或频率变化来表征裂缝、滑面、软弱带的变形情况,精度高,自动化,数据采集快,可远距离有线传输,并将数据电子化。但对监测环境(气象等)有一定的选择性。

二、深部位移监测方法

深部位移监测是指利用专门的仪器对灾害体深部的变形特征进行量测,以获得灾害体深部,特别是滑带的变形情况,是用于了解灾害体整体变形特征的重要方法。深部位移监测方法以滑坡变形相对位移监测方法为主。

(1)深部横向位移监测法:使用钻孔倾斜仪监测滑坡内任一深度滑面、软弱面的倾斜变形,反求其横向(水平)位移,以及滑面、软弱带的位置、厚度、变形速率等。该方法精度高,资料可靠,测读方便,易保护。因量程有限,故当变形加剧、变形量过大时,常无法监测。

(2)斜测法:利用地下倾斜仪、多点倒锤仪直接测量在平硐内和竖井中不同深度崩滑面与软弱带的变形情况。精度高,效果好,但是成本相对较高。

(3)测缝法(人工测、自动测、遥测):基本同地表测缝法,还常用多点位移计、井壁位移计等。特点基本同地表测缝法。人工测在平硐、竖井中进行;自动测和遥测将仪器埋设于地下。精度高,效果好,缺点是仪器易受地下水、气等的影响和危害。

(4)重锤法:利用重锤、极坐标盘、坐标仪、水平位错计等在平硐和竖井中监测滑面与软弱带上部相对于下部岩体的水平位移。直观,可靠,精度高,但仪器受地下水、气等的影响和危害。

(5)沉降法:使用下沉仪、收敛仪、静力水准仪、水管倾斜仪等在平硐内监测滑面(带)上部相对于下部的垂向变形情况,以及软弱面、软弱带垂向收敛变化等。直观、可靠,精度高,但仪器受地下水、气等的影响和危害。

三、应力应变监测方法

物体由于外因(受力、湿度、温度场变化等)而变形时,在物体内各部分之间产生相互作用的内力,单位面积上的内力称为应力。物体在受到外力作用下会产生一定的变形,变形的程度称应变。

应力应变场监测是地质灾害监测的传统方法,通常是在钻孔、平硐、竖井内埋设压磁式和振弦式等电学传感器元件制成应力应变传感器监测滑坡内不同深度应力与应变情况,可以直接反映灾害体的受力情况。主要方法有应变片电测法和光纤光栅法。

1. 应变片电测法

应变片电测法是用电阻应变计测量结构的表面应变,再根据应变-应力关系确定构件表面应力状态的一种试验应力分析方法。测量时,将电阻应变片粘贴在零件被测点的表面。当零件在载荷作用下产生应变时,电阻应变计发生相应的电阻变化,用应变仪测出这个变化,即可以计算被测点的应变和应力。电阻应变片法是一种在技术上非常成熟的表面应力逐点测量方法,测量精度和灵敏度高,量程大,尺寸小,技术成熟,应用广泛,缺点是只能测量构件表面的应变,不能测量构件内部应变,不能进行3D应变测量。应变计测出的应变值是应变计栅长度范围内的平均应变值,且由于属于电测法,一个应变片需有两根导线构成测量回路,并且需要采取特殊的措施增强系统的抗电磁干扰能力。

2. 光纤光栅法

该方法属于光学测试技术范畴,在应用上有独特的技术优势。光纤光栅传感器以光纤作为信号载体,一方面,传感器体积小、重量轻,容易满足被测结构件对狭小空间的安装需求;另一方面,在使用传感器密集的地方,例如一架飞行器,它所需要使用的传感器超过100个,从尺寸和质量上进行比较,几乎没有其他传感器可以与光纤光栅传感器相媲美。

同时该方法属于光学测量方法,抗电磁干扰,适合用于长距离信号传输。另外光学信号入射和反射线的输入输出回路仅为一根直径0.25mm的光纤,能够极大地简化测试系统结构。理论上,一根光纤上可以连续制作几十个传感器(被测对象变形越小,可以连续制作的传感器也越多),便于构成分布式传感系统。

四、地表地下水监测方法

水的作用对崩塌、滑坡、泥石流等灾害有重大的影响,大气降水是滑坡、泥石流致灾的最主要外因,大量研究证实地下水水位和库水位的变化与地质灾害的发生有密切关系。因此,监测目标区域的水文特征,以便于研究降雨量、降雨强度、降雨过程和地下水动态的关系及其对地质灾害的影响,是地质灾害监测的重要任务之一。

1. 降雨监测法

降雨量监测获取的是一次降雨过程的降雨量和降雨强度,表征了降雨的多寡和降雨的强度。一般情况下,强降雨和持续降雨会对滑坡和泥石流等地质灾害产生较大影响,但作用的机理与过程并不相同。强降雨表现为强烈的坡面冲刷,动水压力作用,时间短,速度快;而持续降雨过程表现为降雨入渗至灾害体内部,引起地下水水位升高或饱水度增大,静水压力增加,水岩作用加强,时间较长,速度较慢。

雨量计是检测降雨量大小的重要气象仪器设备,雨量计的精确与否对于正确评估地质灾害危险、进行灾害预警,以及政府部门及时下发抗灾抢险的指令、减少灾害带来的损失、切实维护人身和财产安全,起着至关重要的作用。

2. 孔隙水压力监测法

降雨之所以诱发地质灾害,主要是由于雨水渗入灾害体内部,产生了容重增加、润滑、流动、孔隙水压等各种作用,例如降低了滑带处的抗剪切强度及滑床面的摩擦阻力,使得滑带处产生剪切破坏,滑体失稳而引起滑坡,当滑带处的孔隙水饱和后,滑体受到向上的"浮力",滑体对滑床的正压力减小,同时,由于滑床上部的水分增加,加大了滑体质量,使得下滑力增加,引起各处的剪切应力及拉应力增大,从而造成滑坡。人们试图通过对降雨量和降雨强度的监测来提高地质灾害预报的准确性,但是雨水入渗有一定的滞后性,由于地表径流条件和灾害体内土体结构的不同,使得入渗到灾害体深部的入渗量不同,所以,根据降雨量的大小,只能粗略地估计灾害体内部的水分含量变化。

孔隙水的正压力值反映了测量探头至饱和层上界限的水柱高度,也就是测量探头至饱和层上界限水柱的厚度,而孔隙水的负压值的变化则反映了土体内水分含量的变化规律。所以孔隙水压力是判断暴雨和连续降雨滑坡可能性的关键参数。孔隙水压力监测系统通过埋设于钻孔内不同深度的监测探头感知不同层面的地下水压力以及温度变化。通过长期对地下水压力的观测分析,可以为地质灾害特别是滑坡的预测提供依据。地下水压力的突变也可以作为判断地质灾害体突变的依据。

3. 水位监测法

水位监测可以获取地下水水位和库水位变化信息,库水位的降低使库岸边坡中的水分发生渗流,并且边坡失去原有水的托浮力,导致灾害易发。

4. 含水量监测法

土壤含水量会影响到其抗剪强度,并且也是泥石流形成的重要因素。土壤水分传感器可以采用FRD频域反射或TDR时域反射技术。FDR以电磁脉冲理论为基础,按照介质中电磁波的传播频率,能够对土壤介电常数进行推算,进而将土壤含水量计算出来。其测量原理是:传感器对外发射特定频率的电磁波,探针中的电磁波传播到底部后会反射回来,此时探头会存在一定的电压,这是由电磁波往返传播而形成的。土壤含水量的高低会影响土壤的介电常数,根据水分和探针电压的公式,能够推算出含水量,进而实现含水量检测的目的。

5. 水质动态监测法

监测滑坡内及周边地下水、地表水化学成分的变化情况,分析其与滑坡变形的相关关系。分析内容一般为:总固形物,总硬度,暂时硬度,pH,侵蚀性 CO_2、Ca^{2+}、Mg^{2+}、Na^+、K^+、HCO_3^-、SO_4^{2-}、Cl^-、耗氧量等,并根据地质环境条件增减监测内容。

五、其他监测方法

1. 气象监测法

监测气温、湿度等,必要时监测风速,分析其与滑坡形成、变形的关系。

2. 地震监测法

监测滑坡内及外围地震强度、发震时间、震中位置、震源深度、地震烈度等,评价地震作用对滑坡形成、变形和稳定性的影响。

地震可由地震仪所测量,其基本原理是利用一件悬挂的重物的惯性,地震发生时地面震动而它保持不动。由地震仪记录下来的震动是一条具有不同起伏幅度的曲线,称为地震谱。

曲线起伏幅度与地震波引起地面震动的振幅相对应,它标志着地震的强烈程度。从地震谱可以清楚地辨别出各类震波的效应。纵波与横波到达同一地震台的时间差即时差,它与震中离地震台的距离成正比,离震中越远,时差越大。由此规律即可求出震中离地震台的距离,即震中距。

3. 地声发射监测法

监测岩音频度(单位时间内声发射事件次数)、大事件(单位时间内振幅较大的声发射时间次数)、岩音能率(单位时间内声发射释放能量的相对累计值),用以判断岩质滑坡变形情况的稳定情况。灵敏度高,操作简便,能实现有线自动巡回、自动检测。

声发射与微震信号的特征取决于震源性质、所经岩体性质及监测点到震源的距离等。基本参数与岩体的稳定状态密切相关,基本上反映了岩体的破坏现状。事件率和频率等的变化反映岩体变形和破坏过程;振幅分布与能率大小则主要反映岩体变形和破坏范围;事件变化率和能率变化反映了岩体状态的变化速度。岩体处于稳定状态时,事件率等参数很低,且变化不大,一旦受外界干扰,岩体开始发生破坏,微震活动随之增加,事件率等参数也相应升高,发生冲击地压之前,微震活动增加得更为明显,而在邻近发生冲击地压时,微震活动频数反而减小。岩体内部应力重新趋于平衡状态时,其数值又随之降低(此为岩体破坏规律)。

若在监测体周围以一定的网布置一定数量的传感器组成传感器阵列,当监测体内出现声发射与微震时,传感器即可将其拾取并将这种震动的物理量转换为电压量或电荷量,通过多点同步采集测定各传感器接收到该信号的时刻,连同各传感器坐标及所测波速代入方程组求解即可确定声发射与微震源的时空参数,达到定位的目的。

第三节　监测仪器

一、监测仪器选择规范

1. 监测仪器工作需求

滑坡监测工作主要目的是监测坡体的长期稳定性。滑坡监测仪器是为了监测影响滑坡稳定性因素而生产的仪器,应当满足以下 5 个工作需求:①监测仪器和设施的布置,应明确监测目的,紧密结合工程实际,突出重点,兼顾全面,相关项目统筹安排,配合布置。应保证具有在恶劣气候条件下仍能进行重要项目的监测。②仪器设备要耐久、可靠、实用、有效,力求先进和便于实现自动化监测。③仪器的安装和埋设必须及时,必须按设计要求精心施工,应保证边坡安全监测和滑坡预警获得必要的监测成果,并应做好仪器的保护;埋设完工后,及时做好初期测读并绘制竣工图,填写考证表,存档备查。④仪器监测严格按照规程规范和设计要求进行,相关监测项目力求同时监测;针对不同监测阶段,突出重点进行监测;发现异常,立即复测;做到监测连续、数据可靠、记录真实、注记齐全、整理及时,一旦发现问题,及时上报。⑤仪器监测应与宏观地质调查相结合。

2. 监测仪器要求

由于野外工程实践的监测仪器所处的环境条件十分恶劣,有的暴露在100～200m的高边坡上,有的又要深埋在200～300m的基岩中,有的长期在潮湿的廊道或水下工作,有的要在-30～50℃的交变温度场中工作。一般地说,仪器一旦埋进去就无法修理和更换,甚至观测人员都难以到达仪器布设的地方。因此,对仪器除了技术性能和功能符合使用要求外,通常设计制造要满足以下要求:①高可靠性。设计要周密,要采用高品质的元器件和材料制造,并要严格地进行质量控制,保证仪器埋设后完好率在95%以上。②长期稳定性好。零漂、时漂、温漂满足设计和使用所规定的要求,一般有效使用寿命在10年以上。③精度较高。必须满足监测实际需要的精度,有较高的分辨率和灵敏度,有较好的直线性和重复性,观测数据不受长距离测量和环境温度变化的影响,如果有影响所产生的测值误差应易于消除。仪器的综合误差一般应控制在2‰F.S.以内。④耐恶劣环境性。可在温度-20～60℃、湿度95%的条件下长期连续运行,设计有防雷击和过载冲击保护装置,耐酸、耐减、防腐蚀。⑤密封耐压性良好。防潮密封性良好,绝缘度满足要求,在水下工作要能承受设计规定耐水压能力。⑥操作简单。埋设、安装、操作方便,容易测读,最好是直接数显。中等文化水平的人员经过短期培训就应能独立使用。并且能遥测,自动监测系统容易配置。⑦结构牢固。能够耐受运输时的振动以及在工地现场埋设安装可能遭受的碰撞、倾倒。⑧维修要求不高。选用通用易购的元器件,便于检修和定时更换,局部故障容易排除。⑨适于加工。埋设安装时与工程施工干扰要小,能够顺利安装的可能性要大,不需要交流电源和特殊的影响施工的手段。⑩费用低廉。包括仪器购价、维修费用和施工费用、配套的仪表,传输信号的电缆等直接和间接费用应尽可能低。

3. 监测仪器选择原则

滑坡监测仪器众多,不同的监测仪器适应不同的监测要素或监测内容。在工程设计阶段选择仪器时,应当考虑到以下5个原则:①应事先对仪器的条件和使用历史有比较详细的了解。这些应包括仪器正常运行过的最长年限和使用环境、仪器事故率、准确度和精度的变化范围等性能记载资料。②根据滑坡变形从蠕变、匀速、加速、临滑等变形阶段选择仪器。一般蠕变阶段仪器精度高,加速临滑阶段则需仪器量程大。③要有可靠的、能保证仪器工作性能的制造厂家。主要根据该厂仪器产品在各种使用条件下的完好率和保证期两个条件来判别。④仪器必须有足够的准确性,而且耐久性、可重复使用性和校正的一致性应具有足够的可靠性。不可过分注重仪器的外观,要看其内芯的好坏,如弦式仪器的关键是弦的质量、组装工艺水平和弦的密封,电阻式仪器的关键是电阻丝的质量和绝缘保证。⑤必须根据工程形态的预测结果、物理量的变化范围、使用条件和使用年限,确定仪器类型和型号技术指标。

二、地表变形监测仪器

1. GPS接收机

GPS地表变形测量是通过地面GPS接收系统,对所接收到的GPS信号进行变换、放大和处理,以便测量出 GPS 信号从卫星到接收机天线的传播时间,实时地计算出测站的三维位置,进一步分析计算地表变形。GPS 系统包括三大部分:空间部分——GPS 卫星星座;地面控制部分——地面监控系统;GPS 信号接收系统。

运用 GPS 地表监测信息可绘制出滑坡体的累计位移-时间关系图、变形速率曲线图等,进而反映变形总体趋势,为滑坡监测提供科学依据。目前还可进行连续观测,即在多个监测点上安装 GPS 接收机(图 3-1),不间断地进行全天候自动监测,并通过通信设备将数据传回室内,进行处理后,可实时反映滑坡体的变形信息(易武等,2011)。

图 3-1　GPS 接收机

GPS 接收机(图 3-1)的应用较广泛,在三峡库区滑坡监测中大多数都采用了 GPS 测量进行监测,且监测结果较为可靠。目前,在实际监测工作中,采用人工 GPS 监测与自动 GPS 监测相结合的方式对库区滑坡进行监测。

2. 水准仪和全站仪

水准仪用于水准测量,水准测量又名几何水准测量,是用水准仪和水准尺测定地面上两点间高差的方法。在地面两点间安置水准仪,观测竖立在两点上的水准标尺,按尺上读数推算两点间的高差。水准仪按其精度可分为 DS 0.5、DS 1、DS 2、DS 3 和 DS 10 五个等级。DS 3 级(如图 3-2a)和 DS 10 级水准仪又称为普通水准仪,用于中国国家三等、四等水准及普通水准测量,S 0.5 级和 S 1 级水准仪称为精密水准仪,用于中国国家一等、二等精密水准测量。

图 3-2　水准仪 a 和全站仪 b

将水准仪按结构分为微倾水准仪、自动安平水准仪、激光水准仪和数字水准仪(又称电子水准仪)。

全站仪,又称全站型电子测距仪,是一种可同时进行角度和距离测量,并能处理观测数据、显示测量结果的电子仪器(图 3-2b)。全站仪是由电子测角、电子测距、电子计算和数据存储单元等组成的三维坐标测量系统,测量结果能自动显示,并能与外围设备交换信息的多功能测量仪器。用电磁波测距仪(即全站仪)代替光学视距经纬仪,使得测程更大、测量时间更短、精度更高。目前,全站仪也在往信息智能化方向发展,出现了能自动跟踪、观测和记录数据的智能型全站仪,也称为测量机器人。

利用水准仪和全站仪等的大地测量方法监测滑坡具有精度高、易操作、速度较快等优势,但是工作强度较大且受地形通视和气候条件限制,可用于滑坡体的不同变形阶段的地表三维位移监测。

通过水准仪和全站仪进行的大地测量方法在三峡库区滑坡监测中很常见。

3. 地面倾斜仪

通过放置在基岩或建筑物表面,用于测定某一点转动量,或某一点相对于另一点位移量的仪器称倾斜仪。地面倾斜仪(图 3-3)适用于长期安装在混凝土大坝、面板坝、土石坝等水工建筑物,以及工民用建筑、道路、桥梁、隧道、路基、土建基坑等测量其倾斜变化量,方便实现测量数据的自动化采集。常用的倾斜仪有水准管式倾斜仪、气泡式倾斜仪和固定摆式倾斜仪。

图 3-3　地面倾斜仪

地面倾斜仪(图 3-3)可监测滑坡地表倾斜变化及其方向,需人工测读,具有易操作、精度高、数据直观等特点,同时由于其测程大,测度工作强度也会较大。该仪器适用于倾倒和角变化的滑坡,特别是岩质滑坡的变形监测,不适用于顺层滑坡的变形监测。

三、应力应变监测仪器

1. 应力计

为观测岩体应力(初始应力和二次应力)及其变化,需布设岩体应力观测仪器,该仪器系观测垂直于钻孔平面内一维、二维或三维应力变化。一般一个钻孔为一个测点。目前用来测量岩体应力的传感器有钢弦式、电阻应变片式、电容式和压磁式等。压磁式和电容式可满足在同一个钻孔中进行多点应力变化的测量。

电容式传感器主要有由地矿部壳应力研究所研制的 RYC-2 型中等灵敏度的钻孔应变应力计等,用于垂直钻孔平面内二维应力变化的监测。压磁式传感器主要有由中国地震局地壳应力研究所研制的 YJ-81 型和 YJ-92 型压磁式应力计,可进行二维或三维应力测量,用于应力变化监测时,每个钻孔只能安装一个传感器,该仪器已应用于地壳应力变化的长期监测,具有长期稳定的性能。

钻孔应力计是一种特殊结构的振弦传感器,主要用来测量煤矿预留煤柱应力的变化,或用来测量基坑岩体或土基础在开挖前后应力的变化情况。图 3-4 为数显示钻孔应力传感器,采用一体化应变传感器,内置变送器,信号可远距离测量,进行定点区域性监测,具有体积小、易于技术实施与操作方便等特点,可进行连续监测记录,也可多个传感器组合在一起测量不同深度下的应力变化。

图 3-4 钻孔应力传感器

通过应力计监测滑坡时,可将其埋设于钻孔、平硐、竖井内,监测滑坡内不同深部的应力应变情况,也可将其埋设于地表,监测地表部岩土体应力变化情况。应力计适用于不同滑坡体的各受力阶段监测。

2. 锚索测力计

预应力锚索监测采用测力计,用于岩土工程的荷载或集中力观测的传感器,称为测力计。在岩土工程中采用预应力锚杆加固时,为了观测预应力锚固效果和预应力荷载的形成与变化,采用锚杆测力计;在观测承载桩和支撑柱(架)的荷载时,也可使用此种测力计。目前常用的测力计有轮辐式测力计,环式测力计和液压式测力计 3 种,另外,按所采用的传感器不同,有差动电阻式、钢弦式和电阻应变片式等数种测力计。图 3-5 为 VWA 型振弦式锚索测力计,该测力计由测力钢筒、保护外护筒、振弦式应变计、引出电缆等组成。VWA 型振式弦锚索测力计可监测水工结构物及其他混凝土结构物、岩石边坡、桥梁等预应力的锚固状态,并可同步测量埋设点的温度。

锚索测力计适用于预应力治理的滑坡体,掌握预应力锚索的工作状态和加固效果,具有精度高、性能可靠、易保护、易携带等特点,并且可以通过人工测量与自动测量相结合的方式进行各类滑坡的监测,缺点是仪器的安装受锚索施工的影响。

3. 光纤光栅应变传感器

光纤光栅应变传感器(图 3-6)通常是将光纤光栅附着在某一弹性体上,同时进行保护封装。反射光的波长对温度、应力和应变非常敏感,当弹性体受到压力时,光纤光栅与弹性体一起发生应变,导致光纤光栅反射光的峰值波长漂移,通过对波长漂移量的度量来实现对温度、应力和应变的感测。

当滑坡内部应力发生变化时,通过光栅解调器检测出波长的变化即应力变化,之后输入到计算机进行数据分析处理,最后得到滑坡受到压力的分布状况,根据监测对象内部变化情况,判断其是否会滑动,起到预测作用。

光纤光栅应变传感器以光纤作为信号载体,具有抗电磁干扰、性能稳定、传感器体积小、质量轻以及能远距离遥控监测和传输等优点。

图 3-5　振弦式锚索测力计　　　　　　　　图 3-6　光纤光栅应变传感器

四、深部变形监测仪器

1. 测斜仪

测斜仪是一种通过测定钻孔倾斜角从而求得水平向位移的原位监测仪器，可以对地下一定深度范围内的位移进行监测。目前测斜仪一般有两种，分为滑动式测斜仪和固定式测斜仪。滑动式测斜仪监测的原理是根据内装伺服系统受重力影响的结果，测试测管轴线与铅垂线之间的夹角，从而计算出钻孔内各个测点的水平位移与倾斜曲线。在常规型测斜仪难以测读或无法测读的地方，可以使用固定式测斜仪。把测斜仪固定在测斜管内某个固定位置，用遥测的方法可测该位置倾角的连续变化。当需要了解沿深度整个钻孔的水平位置的变化情况，可以在测斜管中固定一串传感器进行观测。

图 3-7 为数显测斜仪，主要用于测量石坝、面板坝、边坡、路基、基坑、岩体滑坡及大型建筑、土体内部变形水平位移物倾斜度。该仪器配合测斜管可反复使用，并可方便实现倾斜测量的自动化。

测斜仪可监测滑坡内任意深度滑面、软弱面的倾斜变形，反求其横向或水平向位移，以及滑面、软弱带的位置、厚度、变形速率等。具有精度高、资料可靠、测读方便、易保护等特点。但又因其量程有限，故当变形加剧、变形量过大时，常无法监测。

在三峡库区滑坡监测中，测斜仪适用于所有滑坡变形监测，特别适用于变形缓慢、匀速变形阶段的监测。测斜仪是滑坡深部变形监测的主要和重要仪器。

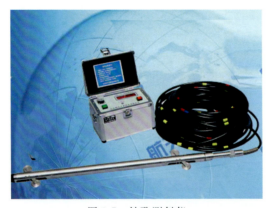

图 3-7　钻孔测斜仪

2. 位移计

位移计适用于长期测量岩土体伸缩缝的开合度，亦可用于测量土坝、土堤、边坡等结构物的位移、沉陷、应变、滑移，并可同步测量埋设点的温度。现有的位移计包括引张线式水平位移计、多点位移计和差动电阻式土位移计等。

图 3-8 为 VWD 型振弦式位移计,由万向节、不锈钢护管、二级机械负放大机构、观测电缆、振弦及激振电磁线圈等组成,其规格和主要技术参数见表 3-1。当被测结构物发生位移变形时将会通过多点位移计的锚头带动测杆,测杆再拉动位移计的拉杆产生位移变形。位移计拉杆的位移变形传递给振弦转变成振弦应力的变化,从而改变振弦的振动频率。电磁线圈激振振弦并测量其振动频率,频率信号经电缆传输至读数装置,即可测出被测结构物的变形量。

图 3-8 VWD 型振弦式多点位移计

位移计具有精度高、数据可靠等特点,但其传感器易受地下水浸湿、锈蚀,一般用于竖井内多层堆积物和水平钻孔内多余裂缝的相对位移,主要用于初期变形阶段。

表 3-1 VWD 型振弦式位移计规格及主要技术参数

规格代号	VWD-20	VWD-50	VWD-100
测量范围/mm	0～20	0～50	0～100
灵敏度 k/mm/F	≤0.01	≤0.02	≤0.04
测量精度/F.S.	±0.1%	±0.1%	±0.1%
温度测量范围/℃	−40～+150	−40～+150	−40～+150
温度测量精度/℃	±0.5	±0.5	±0.5
仪器外径/mm	30.5	30.5	30.5
仪器长度/mm	300	340	400
耐水压/MPa	≥1	≥1	≥1
绝缘电阻/MΩ	≥50	≥50	≥50

五、地表地下水监测仪器

1. 雨量计

降雨是滑坡形成和变形的主要环境因素,因此在一般情况下均应进行以降雨为主的气象监测。滑坡的发生数量、规模与年、月雨量,特别是持续过程降水、暴雨量等关系明显。降雨对滑坡形成作用主要是通过补给地下水、土壤水、增大岩土体容重、减少滑动面摩擦力,从而增加滑坡灾害发生的可能性。强降雨的分布区域决定滑坡的群发区,同时还是引起江水上升的直接原因。雨量计是一种水文、气象观测仪器,用来测量一段时间内某地区的自然降水量的仪器。常见的有翻斗式、称重式和虹吸式 3 种。

翻斗式雨量计是由感应器及信号记录器组成的遥测雨量仪器,感应器由盛水器、上翻斗、计量翻斗、计数翻斗、干簧开关等构成(图 3-9);记录器由计数器、记录笔、自记钟、控制线路板等构成。其工作原理:雨水由最上端的盛水口进入盛水器,落入接水漏斗,经漏斗口流入翻斗,当积水量达到一定高度(如 0.1mm)时,翻斗失去平衡翻倒。而每一次翻斗倾倒,都使开关接通电路,向记录器输送一个脉冲信号,记录器控制自记笔将雨量记录下来,如此往复即可将降雨过程测量下来。

雨量计在三峡库区的滑坡监测中是必不可少的仪器之一,可进行人工测量,也可自动测量,安装简单且精度高,适用于所有滑坡体的各变形阶段的监测。

2. 水位计

库水位的变化会影响滑坡的稳定性,采用水位计实时监测库水位变化过程。水位计分不同的类型,包括浮子式水位计、光纤水位计、压力式水位计、接触式水位计和声波式水位计(图 3-10)。

通过水位计监测与库区的地表水位、流速和流量等,分析地表水变化与滑坡变形的关系。适用于受三峡水库水位影响的滑坡体的各变形阶段监测。

3. 孔隙水压力计

孔隙水压力计,又称为渗压计,用于测量岩土体内部孔隙水压力或渗透压力(图 3-11)。其传感器形式多样,一般分为竖管式、水管式、气压式和电测式四大类。电测式又依传感器不同分为差动电阻式、钢弦式、电阻应变片式和压阻式等。国内常采用差动电阻式或钢弦式孔隙水压力计,电阻应变片式在日本应用较多,气压式孔隙水压力计在美国和英国应用很广泛(刘欢迎,2004)。

振弦式孔隙水压力计具有二次密封性能,适用于填筑法施工安装,能长期埋设在水工建筑物或其他建筑物地基内,测量结构物地基内的孔隙(渗透)水压力,并可同步测量埋设点的温度。

孔隙水压力计能进行自动测量,可实现连续观测,适用于所有受地下水影响的滑坡体的各变形阶段监测。

图 3-9　翻斗式雨量计

图 3-10　声波式水位计

图 3-11　孔隙水压力计

4. 地下水动态自动监测仪

地下水对滑坡形成有两个方面的作用:一是使滑动带岩土体含水量增高,塑性变形加强,渗透压力增加,或者导致软弱夹层软化,从而降低滑动面的抗滑力;二是使岩土体容重增大,或产生潜蚀作用,从而增大了滑体的下滑力。随着下滑力的增大,抗滑力降低,滑体平衡状态打破,导致滑坡发生。

图 3-12 为地下水动态自动监测仪,它能对地下水的水位和水温的动态变化进行连续、长期自动监测。可广泛应用于水文地质、环境地质、地质灾害预警预报、环境保护、水资源管理、地热井的监测、水利、矿区水文等领域(史云等,2006)。仪器包含以下几个部分:主机、复合式水位水温探头(G 系列包含 GSM 通信系统)。监测仪的主机、复合式水位水温探头及信号传输电缆为

图 3-12　地下水动态自动监测仪(据张磊,2013)

一个整体,仪器的探头放入水下,主机在水面以上,通过信号传输电缆与探头连接。监测仪主机通过RS-232通信接口连接计算机或GSM通信。

通过地下水动态自动监测仪掌握库区滑坡的地下水变化规律,进行它与滑坡变形的相关分析。当滑坡形成和变形破坏与地下水具有相关性,且在雨季或地表水、库水位抬升时滑坡内具有地下水活动时,应予以监测。

六、其他监测仪器

1. 声发射仪

岩体产生结构破坏的不同阶段,声发射特征(如频度、幅度、能量等)也发生变化。岩体声发射监测仪就是对其动态进行监测,即检测岩体声发射参数,并根据其变化规律判断岩体变形破坏发展趋势,预报岩体的失稳。监测岩音频度、大事件、岩音能率,用以判断岩质滑坡变形情况和稳定情况。

声发射仪灵敏度高,操作简便,能实现有线自动巡回、自动检测。适用于岩质滑坡加速变形、邻近崩塌阶段的监测,不适用于土质滑坡的监测。

2. 地震仪

记录地震波的仪器称为地震仪,它能客观而及时地将地面的振动记录下来。地震影响滑坡的变形和稳定性等,但我国设有专门的地震台网,故应以收集资料为主。

第四节 监测数据

一、监测数据采集

进行监测数据采集时,应注重及时、全面、准确。针对不同的监测仪器设备,监测数据采集可分人工、半自动、全自动3种形式。

人工采集:指全程由专业工作人员完成,观测人员测读记录并记录在专用表格中。记录后及时分析比较,如发现读数异常,应重测。如使用全站仪和地面倾斜仪等进行滑坡监测时,需人工进行仪器的测量及数据采集。进行人工采集时工作强度一般会较大。

半自动采集:指人工操作仪器,由记录器记录原始数据后自动上传至处理终端后,以作分析。如GPS接收器、多点位移计、应力计、锚索测力计、测斜仪等。

全自动采集:无需人工参与,借助测量控制单元(MCU)控制测量仪表按规定的频次直接读取原始监测数据并通过传输设备最终上传至用户终端,以作分析。如光纤光栅应变传感器、雨量计、地下水动态自动监测仪器均可实现自动化采集与遥测。

概括来说,数据采集工作基本要求为真实性、可靠性、系统性、及时连续性、完整性,但由于全自动监测仪器造价昂贵,目前无法做到普及使用,专业观测人员在数据采集的工作中扮演了重要角色,人工参与程度高同时意味着有更多的人为因素干扰,操作人员必须按照观测要求及程序准确操作,分析和判读监测数据的可信度。

二、监测数据预处理

在滑坡预警预报中,监测数据的可靠性检验是准确预报的核心。各种监测仪器的寿命是有限的,监测仪器在长期的工作中也会产生这样或那样的毛病,为此必须对已埋的各种监测仪器进行定期的诊断,可以修复的进行修复,不可修复的进行剔除,对不可逆的误差进行排除,可逆的误差进行处理。为此,必须对监测数据进行可靠性检验与误差处理,"去伪存真",只有这样才能准确地进行预警预报和安全监控,否则将可能得出错误的结论。

监测系统的每一环节出了问题,都会给监测资料带来误差,观测仪器的率定、埋设安装、维护、电缆接头牵引、二次仪表、电源、接线、元件等每一个环节都会给测量值带来误差;自动化系统中,采集系统、传输系统、数据处理系统所有的硬件和软件,任何一个环节出了问题都会给测值带来误差。

在测量中,一般将观测值的误差分为3类:粗差(或过失误差)、偶然误差(随机噪声)和系统误差(王穗辉,2007)。了解了误差来源,就需要验证检验原始监测数据的可靠性,通常我们采取逻辑分析方法来检验原始监测数据的可靠性,检验内容如下:①作业方法是否符合规定;②监测仪器性能是否稳定、正常;③各项测量数据物理意义是否合理,是否超过实际物理限值和仪器限值,检验结果是否在有限差以内;④是否符合一致性、同步性等原则。

前三条检验内容相对来说容易理解,利用先验知识可以去除原始数据中的粗差,并能标识出可能为偶然误差和系统误差的数据,在这种前提下,第四条的数据一致性原则和同步性原则分析就显得格外重要。

监测数据的一致性原则表现为同一边界条件、同一岩体结构、同一外荷作用下、同一部位测值变形趋势的一致性,数据量级也接近;若出现异常,则考虑是仪器本身的误差,还是所在处结构的变异,发现此问题时必须首先对仪器测值进行一致性分析,剔除测值误差。监测数据的同步性原则表现为在同一部位,使用不同的监测手段(含外部变形、深部变形、锚索应力、锚杆应力等)在某种特殊荷载(如开挖爆破)作用下,在同一时间间隔内,变形和应力的增量均应同步变化。滑坡监测(同一部位)各相邻测点由于变形机制的一致,其变化趋势都有十分密切的关系,可以利用上述一致性和同步性作相关性分析,去除偶然误差,保证监测数据的可靠性。

下面分别对每种误差进行介绍并说明如何处理。

1. 粗差

粗差,也称过失误差,一般是由观测人员过失或自动化系统的故障引起的。例如:GPS观测值中的周跳现象、仪器损坏等。粗差实际是错误的数据,这类误差必须要被剔除。可通过选权迭代法和数据探测法进行粗差监测,再将其剔除。选权迭代法算法的原理是把含粗差的测量观测值看作选自相同期望异常大的方差母体的子样本,它的基本思想是先用最小二乘方法进行平差,得到第一组的残差,在每一次经过平差处理后,依据计算出的残差和与之相关的其他部分参数,按照事先选取的权函数,推导出下一次计算中观测数据的相对应的权。包含粗差的那段路线的观测数据的权将会越来越小,直到最后趋于零。

2. 系统误差

系统误差是在相同的观测条件下作一系列的观测,而观测误差在大小、符号上表现出系统性,系统误差的表现形式可分为常量性的系统误差、渐变性的系统误差、周期性的系统误差。例如:钢尺量距时存在系统性的尺长改正误差,测距仪的固定误差等。

系统误差的检验比较复杂,通常它是由监测仪器本身引起或者和物理因素有关,如检测仪器本身引起在使用前缺乏必要的校正,都可以产生系统误差。若确定存在系统误差时,数据需被剔除或调整其计算参数或废弃该仪器;在线监控不做数据处理,在线监控的数据检验仅检验自动化系统故障和人工测读错误而产生的误差。

3. 偶然误差

偶然误差,也称随机误差,它是在相同的观测条件下作一系列的观测,由许多客观的、偶然的、不确定的因素作用引起的,观测误差在大小、符号上表现出偶然性。例如:仪器测角时的照准误差,测量读数时的估读小数误差等。

偶然误差的存在往往会影响数据分析的精度,为了提高数据的精度,通常采用滤波的方法对数据进行预处理。滤波是在给定的某种准则下对数据的最优估计,常见的滤波方法有 Kalman 滤波、修匀法、傅里叶分析、中值滤波、卷积滤波和小波滤波等。

总之,在滑坡监测中,由于变形量等数据可能本身就较小,临近于测量误差的边缘,为了区分变形与误差,提取变形特征,必须设法消除较大误差(超限误差)、提高测量精度,从而尽可能地减少观测误差对变形分析的影响。

三、监测数据集成

由于监测数据的多源性、多态性、多时相等特点,数据集成把不同来源、格式、特点、性质的监测数据有机地集中在一起,使之有利于后续监测数据的分析和共享(解鹏飞等,2016)。

传统数据集成的难点可以概括为以下 3 个方面(陈跃国等,2004)。

(1)异构性:指集成前的监测数据来源不一,数据模型异构,给集成带来很大困难。这些异构性主要表现在:数据语义、相同语义数据的表达形式和数据源的使用环境等。

(2)分布性:监测数据源是异地分布的,需要通过网络传输数据,这就存在网络传输的性能和安全性等问题。

(3)自治性:各个数据源有很强的自治性,它们可以在不通知集成系统的前提下改变自身的结构和数据,给数据集成系统提出挑战。传统的数据集成方法主要分为两类:模式集成方法和数据复制方法,有的是将两者进行结合,称综合性集成方法。

数据库管理系统(Data Base Management System,DBMS)是用户的应用程序和数据库中数据间的一个接口。数据库管理系统包括描述数据库、建立数据库、使用数据库,对数据库进行维护的语言,系统运行、控制程序对数据库的运行进行管理和调度,以及对数据库生成、原始装入、统计、维护、故障排除等一系列的服务程序。

利用数据库管理系统技术建立的监测资料管理系统,有资料处理和资料解释两个既有继承关系,又有一定独立性的子系统组成,并有与资料库结合的成套的应用软件系统。系统具有以下功能:①各种监测资料以及相关资料的采集、存储、关联、更改、检索和管理;②监测资料的处理;③监测资料的分析解释。

滑坡监测数据的集成主要步骤如下。

(1)建立监测数据库。根据监测资料类别分别建立相应的监测数据库。包括基础空间数据库、滑坡特征数据库和专业监测数据库等。

(2)建立数据处理系统。可采用相应的数据处理软件包,也可以手工进行数据处理:误差消除、统计分析、曲线绘制(拟合、平滑、滤波)等。

(3)根据预警预报的需要,按小时、日、旬、月、季、半年或年,分门别类地绘制各类监测曲线,编制图件以供分析。

四、监测数据分析

不同监测仪器获得的监测数据内容特点均有差异，需要将监测仪器转换成特定的数据类型，其计算分析方法也不同。根据不同的监测项目和所用不同的仪器监测所得到的结果及所反映的物理量变化大小与规律，绘制成果图表进行分析，主要包括以下3种。

1) 基本监测信息分析

基本监测信息分析将地表(整体)形变、深部位移渗压、地下水水位、降雨等监测信息随时间变化情况及深部位移沿测斜孔深度的分布以图形方式显示出来。

2) 监测信息的关联分析

监测信息的关联分析包括不同监测项目之间的关联分析和相同监测项目的空间关联分析，如降雨与库水位、降雨与地下水水位、地下水水位与渗压、地下水水压与变形等之间的关联分析。系统可根据需要(如选择特定的时间段)绘制相应的图件和报表，分析这些项目的关系变化规律。

3) 预测分析

预测分析主要是综合各种影响因素对滑动带的变形作回归分析，绘制其未来的变形曲线，为滑坡的预警预报提供依据。

在进行监测数据的分析时，常用到的分析方法主要分为以下4类(许强等，2015)。

1) 常规分析方法

由于常规分析方法具有原理简单、结果直观、能快速反映出问题等优点，在工程中得到广泛的应用。监测资料分析常用到的常规分析方法主要有以下4个。

(1) 比较法。通过对比分析检验监测物理量值的大小及其变化规律是否合理，或建筑物和构筑物所处的状态是否稳定的方法称比较法。比较法通常有监测值与技术警戒值相比较，监测物理量的相互对比，监测成果与理论的或试验的成果(或曲线)相对照。工程实践中则常与作图法、特征统计法和回归分析法等配合使用，即通过对所得图形、主要特征值或回归分析等配合使用。

(2) 作图法。根据分析的要求，画出相应的过程曲线图、相关图、分布图以及综合过程曲线图等。由图可直观地了解和分析观测值的变化大小和规律，影响观测值的荷载因素和其对观测值的影响程度，观测值有无异常。①对绝对位移监测资料应编制水平位移、垂向位移矢量图及累计水平位移、垂向位移矢量图，以及上述两种位移叠加在一起(合位移)的综合性分析图，位移(某一监测点或多监测点水平位移、垂向位移等)历时曲线图。相对位移监测，编制相对位移分布图、相对位移历时曲线图等。②对地面倾斜监测资料应编制地面倾斜分布图、倾斜历时曲线图。地下倾斜监测，编制钻孔等地下位移与深度关系曲线图、变化值与深度关系曲线图及位移历时曲线图等。③对声发射等物理量监测资料等应编制地声(噪声)总量与地应力、地温等历时曲线图和分布图等。④对地表水、地下水、库水等监测资料应编制地表水位、流量历时曲线图，地下水水位历时曲线图，库水位历时曲线图、土体含水量历时曲线图、孔隙水压力历时曲线图、泉水流量历时曲线图等。⑤对气象监测资料应编制降雨历时曲线图、气温历时曲线图、蒸发量历时曲线图，以及不同降雨强度等值线图等。⑥为了进行相关分析，还应重点编制:滑坡变形位移量(包括绝对和相对)与降雨量变化关系曲线图，变形位移量与库水(或地下水水位)变化关系曲线图;倾斜位移量(包括地表和地下)与降雨量变化关系曲线图，倾斜位移量与库水(或地下水水位)变化关系曲线图;滑坡区地下水水位、土体含水量、降雨量变化关系曲线图，泉水流量与降雨量变化关系曲线图，地表水水位、流量与降雨量变化关系曲线图等。

(3) 特征值统计法。可用于揭示监测物理量变化规律特点的数值称特征值，借助对特征值的统计与比较辨识监测物理量的变化规律是否合理，并得出分析结论的方法称为特征值统计法。岩土工程常用的特征值一般是监测物理量的最大值和最小值，变化趋势和变幅，地层变形趋于稳定所需的时间，以及出现最大值和最小值的工况、部位和方向等。

(4)测值影响因素分析法。在监测资料分析中，事先收集整理爆破松动、开挖施工、塌方失稳、空间效应、时间效应、各类不良地质条件、地下水作用、灌浆、预应力锚索加固等各种因素对测值的影响，掌握它们对测值影响的规律，综合分析，往往有助于对监测资料的规律性、相关因素和产生原因的认识及解释。

2)数值计算方法

此类方法有统计分析方法、有限元分析法、反分析法等。

3)数学物理模型分析方法

此类方法有统计分析模型、确定性模型和混合性模型等。

4)应用某一领域专业知识和理论的专业性理论法

此类方法有滑坡预测的斋腾法，边坡和地下工程中常用的岩体结构分析法(块体理论分析法)等。

在实际的监测成果分析过程中为了更深刻地透析监测数据，往往是多种分析方法综合使用。

第五节　监测模型

一、地质模型

滑坡基本地质模型，就是依据滑坡性状，将工程地质条件中主要的特征地质内容(或称要素)和变形破坏状况，经过综合分析，进行抽象和概化，以一种简洁的模式表示。建立滑坡地质模型的主要目的在于把握斜坡变形破坏的基本规律和主控因素，建立科学的斜坡变形破坏地质模型体系，为力学模型、监测模型建立及稳定性评价与预测奠定基础，以模式类型宏观反映斜坡稳定势态、变形趋势及破坏方式。

滑坡地质情况与类型千变万化，滑坡基本地质模型的建立必须有一套科学方法。从本质上或机制上把握反映滑坡活动的各种要素的地位与作用，从中选出最能全面反映(表征)滑坡活动特点的主要因素，作为建模的基本要素，将其进行科学组合，形成基本地质模型体系。晏鄂川论滑坡基本地质模型(晏鄂川等，2004)，对滑坡的发育状况和地质特征，抓住滑体组构特征、动力成因、变形运动特征和发育阶段(展开)这4个控制性因素的实际表现，组合建立滑坡基本地质模型。下面对这4个控制性因素进行一般说明。

组构特征：指滑体的岩石组成和地质构造类型，先将其按照岩石组成分为岩质和土质，再根据构造类型细分为岩质顺层、岩质切层、土质土床和土质岩床。

动力成因：将滑坡的动力成因分为天然和人为。天然动力成因包括地震、冲刷、降雨和崩坡积；人为动力成因包括爆破、切脚、水库蓄水和加载。

变形运动特征：滑坡的变形运动特征按照滑体运动速度可划分为渐进和剧动两种；按照动力学机制可分为推移和牵引两种。将滑体的运动速度和力学机制进行组合，可将滑坡的变形运动特征分为渐进推移、剧动推移、渐进牵引和剧动牵引四种。

发育阶段：滑坡的发育阶段可分为孕育(蠕滑)期、滑动期和滑后期。

本书采取晏鄂川论文中的这种方法来进行基本地质模型的构建，其构建要点如图3-13所示。然而图3-13只是建立了一个滑坡基本地质模型体系框图，对于野外各个具体的滑坡，需考虑对其影响较大的一些突出敏感性特征，具体问题具体分析，使得后续监测更有针对性。具体地质模型的建立过程如下。

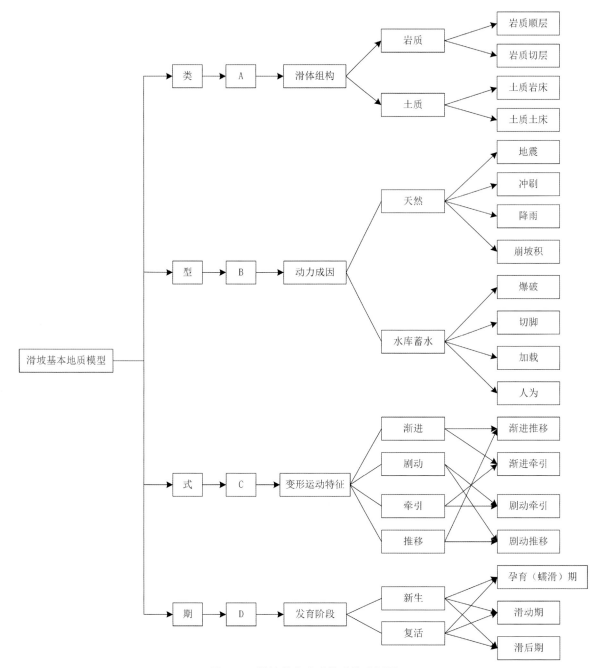

图 3-13 滑坡基本地质模型体系框图

(1)滑坡形态。对滑坡形态研究主要过程是在定性分析的基础上,利用地质学、地球物理学以及计算机科学理论刻画其平面和剖面性状,包括滑坡体、滑动带、滑动面、滑床、滑坡壁等,其中最主要的是滑动面的形态特征刻画。这个过程要求我们建立起整个滑坡的地质模型框架。

(2)物质组成。在物质组成研究上主要是对其层次变化和物理力学性状进行定性与定量的综合把握,一般来讲,岩土体越坚硬其抗变能力越强,则滑坡的稳定性越好,确定滑坡的物质组成对于滑坡稳定性分析有重要意义。在进行物质组成刻画时尤其要注意的是软弱面(包括泥岩、页岩、含煤层等)特征、滑带土性状特征及水库型滑坡的岩土体渗透特性。这部分工作要在搭建的基本框架上填充滑坡体的"血肉"。

(3)滑坡结构。在结构研究方面,以定性与定量分析为基础,确定滑坡滑动的主导面或优势结构面,特别要注意滑动面的连通性、分层性和有无分区、分段性等。这部分要刻画出滑坡体的范围。

（4）动力因素。对动力因素研究上主要是分析其时间、空间、强度分布及其变化情况，包括滑坡的应力场、渗流场，以及降雨、库水位等影响因素的作用分析。确定该滑坡主要的影响因素和作用规律，是之后进行滑坡预警预报的关键前提。对于水库型滑坡，要注意其库水位变化对滑坡体的影响，对于降雨型滑坡主要关注降雨过程变化。这一步是确定滑坡的主要影响因素。

（5）滑坡形变方向。在滑坡变形运动方面研究其变形性质与强度，确定滑体各个部分的形变累积位移、方向、速率和强度。这一部分对于预测滑坡可能的变形破坏方式，破坏时间、范围、强度具有至关重要的意义。

（6）发育阶段。在滑坡发育阶段方面，要详细了解其发育历史和稳定状况以及促使其阶段转化的主要因素，可以利用已有资料，加上历史遥感影像的辅助，调查滑坡从开始滑动到目前状态的完整的过程。这一部分也可以用来预测滑坡之后的发展状态。

滑坡基本地质模型的建立是滑坡灾害的力学模型构建、监测、预报、预警的基础工作，对重大滑坡工程建设具有重要的促进作用。

二、力学模型

滑坡力学模型是指根据滑坡的变形运动特征、几何特性等，将其力学关系抽象出来进行表达，把这种对应关系表达出来的模型就是滑坡力学模型。在科学研究和工程实践中，建立滑坡的力学模型对滑坡稳定性评价和防治具有重大的意义。根据不同类型滑坡变形运动特征以及初始变形部位的不同，可将滑坡划分为牵引式滑坡、推移式滑坡和复合式滑坡。

滑坡发生的本质是其力学系统的平衡状态被打破，由原来的平衡状态转变为另一种平衡状态的过程。滑坡产生的原因主要为两个方面：一方面是剪切应力的增大，另一方面是岩土体抗剪强度的降低，或两者的结合。而所谓滑坡机理，是指一定地质条件下的岩体或者土体斜坡，在各种因素作用下，发生变形、破坏、滑动，直至停止的全过程，其涵盖了各种因素和地质条件相互作用的量变与质变过程。不同类型滑坡力学成因机制也存在差异，本书从不同类型滑坡变形运动特征以及初始变形部位的不同建立滑坡的力学模型。

（1）牵引式滑坡的滑动是由于斜坡下部受冲刷或人工开挖坡脚，前部滑体首先失稳产生蠕动，前部滑体因失去平衡而发生主动土压破裂，造成滑坡体由下至上逐步发生主动土压破裂。因此，前部滑体的大主应力 σ_1 是该区段土体自重力（γh），小主应力 σ_3 为水平压应力。由于 σ_3 的减小而产生主动土压破坏，破裂面与大主应力 σ_1 的夹角为 $45°-\varphi/2$，破裂面与水平面的夹角 $\alpha_1 = 45°+\varphi/2$，φ 为前部滑体土体的内摩擦角。而随着变形的逐步发展，前缘滑体后缘支撑削弱甚至临空，前部滑体后缘以后的滑体也产生变形失稳而出现新的滑动，其破坏同样是发生主动土压破裂，后部滑体的大主应力 σ_1 也是该区段土体自重力（γh），小主应力 σ_3 为水平压应力。由于 σ_1 的减小而产生主动土压破坏，破裂面与大主应力 σ_1 的夹角为 $45°-\varphi_1/2$，破裂面与水平面的夹角 $\alpha_1 = 45°+\varphi_1/2$，$\varphi_1$ 为被牵引区土体的内摩擦角，受力状态见图 3-14。

牵引式滑坡变形破坏模式为：自然条件下，斜坡处在稳定或略高于极限平衡状态，坡脚是重要的阻滑段，在降雨的持续作用及库区库水对前缘冲刷、库水位升降等不利工况下，致使斜坡前缘临空高度增加，抗滑力逐渐减小，导致斜坡前缘产生变形，坡面产生裂缝。产生的牵引变形裂缝为地下水下渗提供了通道，持续降雨形成的地表水也可通过裂缝下渗到斜坡的更深部，这样将导致：软化潜在滑动面，滑动面物理力学参数降低，抗滑能力下降，滑体容重增加，下滑力随之也增加；还会产生静动水压力，使下滑力增加，抗滑力降低。综合不利条件，导致滑坡前缘滑体失稳，随着变形的逐步发展，前缘滑体后缘支撑削弱甚至临空，前缘滑体后缘以后的坡体也产生变形失稳而出现新的滑动，从而导致前缘滑体首先滑动，之后斜坡体逐步向后向上发展，滑坡前缘变形将对其后部坡体产生牵引效应，使得关键阻滑段缺失，

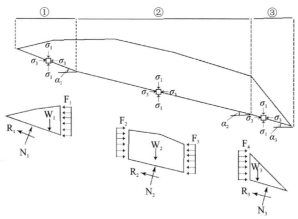

图 3-14 牵引式滑坡三段式受力状态
①.主动段；②主滑段；③抗滑段

支撑削弱甚至临空，进而使中后部坡体产生应力集中效应，潜在滑动面变形而产生应力损伤，导致后部滑体变形；随着变形逐步向后向上发展，形成受前缘阻滑段渐变式牵引变形控制、中后段逐步变形破坏的链式传递过程，表现为后退式渐进破坏模式（图 3-15）。

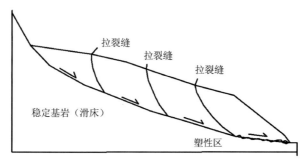

图 3-15 牵引式滑坡变形破坏模式

(2)推移式滑坡：滑坡后缘由于加载效应或降雨浸泡作用等造成坡体应力调整、坡体松弛，地表水渗入软化滑带，主滑段首先失稳产生蠕动，主动段因失去侧向支撑而发生主动土压破裂。因此，主动段的最大主应力 σ_1 是该段土体的重力，最小主应力 σ_3 为水平压应力。由于 σ_3 的减小而产生主动土压破坏，破裂面与最大主应力 σ_1 的夹角为 $45°-\varphi_3/2$，σ_3 为主动段土体的内摩擦角，破裂面与水平面的夹角 $\alpha_1=45°+\varphi_3/2$。主滑段一般属于纯剪切受力，即受平行滑面的下滑力与滑床的阻滑力构成的一对力偶作用，派生出主压应力 σ_1 和主张应力 σ_3，从而形成一组压扭面和一组张扭面，当滑坡位移较大时，在滑动带的上、下形成剪切光滑面，并常有擦痕；压扭面也光滑，但倾角比主滑面陡。抗滑段受来自主滑段和主动段的滑坡推力，因此其最大主应力 σ_1 平行于主滑段滑面，最小主应力 σ_3 与 σ_1 垂直，因而形成被动土压破裂面。该面与大主应力 σ_1 的夹角为 $45°-\varphi_1/2$。该新生破裂面与水平面的夹角 $\alpha_1=45°-\varphi_1/2-\alpha_2$，$\sigma_2$ 为主滑面与水平面的夹角，σ_3 为地表反翘的剪出口。不过受地层结构和临空条件控制，剪出口常有多条；受力状态见图 3-16。

推移式滑坡变形破坏模式如下。

推移式滑坡由于后缘危岩体常年崩塌及人类活动（采煤、修建房屋等）导致后缘大量堆载，后缘张开，裂缝发育，后缘滑体荷载不断积累，岩土体在斜坡上的下滑力逐渐达到并超过其抗滑力，触发了滑坡的变形，引起后部失稳始滑；后部失稳始滑而推动前部滑动，后缘变形滑体朝滑坡中部压缩变形，是一个逐渐加载的过程，滑坡后缘滑动带向下扩展，随着塑性区的扩大，应力集中范围向前部扩大，并逐渐向前缘积累，局部产生鼓胀裂缝。变形具有由后至前传递的特征，而前缘较平缓的滑坡区域有效地阻挡了后缘所传递的变形量；但当前缘滑体所提供的抗滑力不足以维持后缘所施加的下滑力时，滑动面由上至下逐渐贯通，从而导致滑坡的整体失稳破坏，形成后部加载、中前部挤压变形、滑带剪断贯通、整体变形失稳的变形破坏过程，表现为前进式渐进破坏模式(图3-17)。

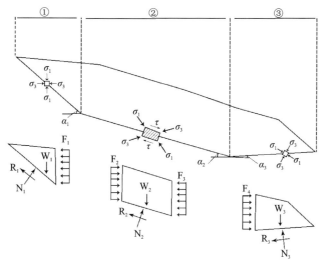

图3-16　推移式滑坡三段式受力状态
①.主动段；②主滑段；③抗滑段

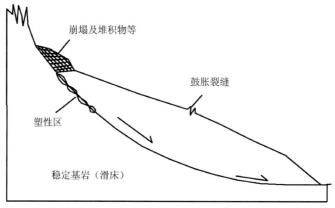

图3-17　推移式滑坡变形破坏模式

(3)复合式滑坡：复合式滑坡由于斜坡前部受库水位冲刷或人工开挖坡脚，前缘滑体因失去平衡而发生主动土压破裂，造成滑坡局部滑动，因此前缘滑体大主应力 σ_1 是该区段土体自重力(γh)，小主应力 σ_3 为水平压应力，产生主动土压破坏，破裂面与大主应力 σ_1 的夹角为 $45°-\varphi/2$，破裂面与水平面的夹角 $\alpha_1 = 45°+\varphi/2$，φ 为前缘土体的内摩擦角。滑坡后缘危岩体持续发生自然崩塌及人类活动(采煤、修建房屋等)导致滑坡后缘滑坡体竖直向荷载不断增加，导致后缘滑坡体失去平衡而发生主动土压破裂，此区段的大主应力 σ_1 也是该区段土体自重力(γh)，小主应力 σ_3 为水平压应力，破裂面与大主应力 σ_1 的夹角为 $45°-\varphi_1/2$，破裂面与水平面的夹角 $\alpha_1 = 45°+\varphi_1/2$，$\varphi_1$ 为后缘滑坡体土体的内摩擦角。随着前缘滑体和后缘滑体失稳始滑，一方面中间主滑段受到后缘滑坡体逐渐加载，另一方面失去了前缘滑坡体的阻滑作用；使得滑坡受力变得复杂，首先主滑段受自身平行滑面的下滑力与滑面的阻滑力构成的一对力偶作用，其次受来自后缘滑体的滑坡推力；因此，由多重作用派生出最大主应力(主压应力) σ_1 和小主应力(主张应力) σ_3，受力状态见图3-18。

复合式滑坡变形破坏模式如下。

复合式滑坡同时具有牵引式滑坡和推移式滑坡的特点。自然条件下，斜坡坡脚是重要的阻滑段，坡脚的开挖及库水位对前缘冲刷、库水位升降等不利工况下，致使斜坡前缘临空高度增加，抗滑力逐渐减

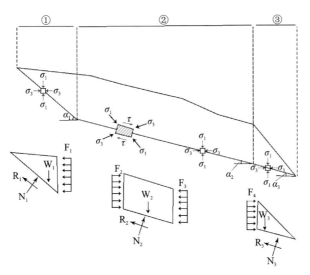

图 3-18 复合式滑坡三段式受力状态
①.主动段；②.主滑段；③.抗滑段

小,导致斜坡前缘产生变形,坡面产生裂缝;产生的牵引变形裂缝为地下水下渗提供了通道,持续降雨形成的地表水也可通过裂缝下渗到斜坡的更深部,这些不利条件综合导致前缘滑体失稳,前缘滑体变形破坏,前缘滑体后缘支撑削弱甚至临空,前缘滑体后缘以后的滑体阻滑作用减弱而产生变形;另外,滑坡后缘危岩体常年崩塌及人类活动(采煤、修建房屋等)导致后缘大量堆载,后缘张开裂缝发育,后缘滑体荷载不断积累,岩土体在斜坡上的下滑力逐渐达到并超过其抗滑力,引起后部失稳始滑而推动前部滑动,后缘变形滑体朝滑坡中部压缩变形,是一个逐渐加载的过程,产生鼓胀裂缝;总之,滑坡前缘受冲刷或开挖变陡造成坡脚附近应力集中,坡体应力调整,下部坡体变形滑动,关键阻滑段缺失而对滑坡中间段支撑减弱;滑坡中间段滑带多是地质上已存在的相对软弱带(面),受水软化而强度降低,承受不了后缘滑坡体逐渐加载产生的下滑力而发生变形,出现塑性区,随着塑性区的扩大,滑坡中间段向下蠕动,当整个滑动面空间贯通时,滑坡就开始整体滑移。最终,形成前部牵引、后部加载、中部滑带剪断贯通、最终整体滑移失稳的变形破坏模式,即复合式滑坡破坏模式,见图 3-19。

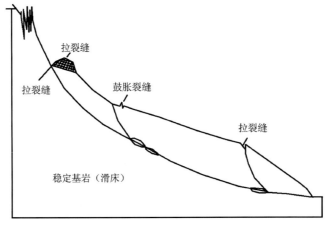

图 3-19 复合式滑坡变形破坏模式

三、监测模型

滑坡监测模型主要包括滑坡监测内容、监测仪器、监测精度的基本要求、监测点位的布置原则、观测周期的确定。滑坡的监测模型是滑坡监测系统布设以及有效进行监测的前提，是整个滑坡监测工程的核心。监测数据的获取决定了监测预警的及时和有效程度，从而决定了对滑坡所处安全状态的定位的准确程度，好的滑坡监测数据可以有效降低滑坡地质灾害造成的损失。而监测数据获取的有效性又取决于监测系统布设的有效性。目前，大部分滑坡的监测系统的确定都是基于工程地质分析，即在根据地质调查资料对滑坡可能的运动变化趋势做初步预测的基础上确定滑坡的监测系统布置。本书以滑坡的地质模型和力学模型为依据，通过其初步预测坡体的可能的变形运动特征和破坏方式，建立起三峡库区滑坡监测模型，并根据该模型指导监测系统的布置，以期更有效地获取监测数据。

滑坡监测应根据不同滑坡基础地质条件和关键影响因素确定滑坡类型与变形破坏特征，确定不同类型的滑坡最合适的监测方法、监测内容、监测仪器、监测剖面及监测点的布置，以建立不同类型滑坡的监测模型。对于滑体结构而言，滑坡监测模型的侧重点为监测内容和监测方法，对于滑坡的动力成因，滑坡监测模型的侧重点为监测内容（包括产生滑坡的诱发因素），对于滑坡的变形运动特征，滑坡监测模型的侧重点为监测部位，对于不同的滑坡发育阶段，滑坡监测模型的侧重点为监测精度和监测周期。将以上几点滑坡的要素组合在一起就可确定该滑坡相应的监测内容、监测仪器、监测仪器精度要求、监测点位的布置原则和监测周期，这样就建立起了该种滑坡的监测模型，滑坡监测模型包括了滑坡监测的整个过程。

以下针对三峡库区主要的一些滑坡类型，根据其滑体组构、变形运动特征、动力成因和滑坡所处的发育阶段，提出了几点滑坡监测系统布置的基本原则。

(1)对于降雨型滑坡，滑坡监测的重点是降雨量、泉水流量（包括泉水水温）、地下水水位（包括地下水水温）监测。地下水水位监测分为深层地下水水位监测和浅层地下水水位监测，滑坡水位监测应以监测滑坡体的地下水水位为主，因此浅层地下水水位监测的数量应明显多于深层（至基岩）地下水水位监测的数量。对于布设有地表排水系统和地下排水系统的滑坡区，排水效果监测也是一项不可缺少的监测内容。

(2)对于水库蓄水型滑坡，应在最高库水位线附近布设地下水水位监测孔，地下水水位监测孔的孔底高程应低于相应水库库底或河床的高程，以便了解库水位的升降对滑坡地下水水位的影响。对于水库型滑坡，由于滑坡体的前缘受水的长期浸泡及库水位升降变化对滑坡前缘的冲掏，滑坡体的阻滑力下降，此时滑坡前缘变形量较大，因此，水库蓄水型滑坡一般表现为牵引式滑坡。其监测的重点一般为滑坡的中前缘。

(3)对于挖掘型滑坡，监测的重点是地表位移和深部位移，若挖掘时涉及放炮，则应进行必要的震动速度和震动加速度监测。

(4)对于浅层滑坡，由于滑坡体的厚度一般小于6m，滑坡位移监测一般侧重于地表位移监测，至于深部位移监测可以适当减少；对于厚层滑坡及巨厚层滑坡，由于滑坡厚度较大，因此除进行必要的地表位移监测外，应进行足够的深部位移监测，深部位移监测的成果是推算滑坡滑动面和确定滑坡整治方案的重要依据。

(5)对于岩质滑坡，滑坡监测的重点是裂缝和应力监测。位移监测应侧重于地表位移监测，深部位移监测仅布置在裂缝较为集中的部位。

(6)滑坡监测的精度，尤其是地表位移的监测精度应根据滑坡变形的不同阶段灵活加以掌握，当滑坡处于缓慢变形阶段时，其监测精度应满足相应的规范和规程要求，观测次数可适当少一些，当滑坡处于加速变形阶段尤其是处于临滑状态时，则监测精度应适当放宽，观测次数应有所增加，以便有更多的时间及时捕捉到滑坡的变形信息。

在滑坡基本地质模型的基础上，通过分析三峡库区滑坡的滑体组构、动力成因、变形运动特征和所处的发育阶段的特征，有针对性地对三峡库区滑坡各分类要素所对应的滑坡监测的内容、监测所使用的仪器及精度要求、监测点位布置原则及监测周期的选取进行研究和确定，可以提高三峡库区滑坡监测系统布置的效率和滑坡运动变形监测数据获取的有效性。

四、预报模型

滑坡预报模型是指根据滑坡演化规律、控制因素和主要诱发因素建立相应的预报模型。滑坡预报模型的建立可为重大国民经济开发规划提供可靠依据，是具体建筑物和建筑场地布置、选择无滑坡且不易产生新滑坡的安全地带所必要的。及时或超前的准确预报，可以最大限度地避免人身伤亡和财产损失，维护工程地质环境，保持非生物界的生态平衡，节省建设和防治加固投资。

滑坡演化规律分为区域规律和单体滑坡演化规律：滑坡区域规律根据实际地质调查得来，包括区域滑坡总数量、分布情况、规模等；单体滑坡演化规律分为初始变形阶段、等速变形阶段和加速变形阶段，其中加速变形阶段又可以具体划分为加速变形初始阶段、加速变形中期阶段和加速变形临滑阶段。滑坡控制因素和诱发因素在第三章第一节有详细描述：控制因素包括应力场、地层岩性、地下水、地质构造、地形地貌等；诱发因素包括降雨、库水位、土地利用、人类工程活动等，主要诱发因素需根据实际情况进行选择。

滑坡预报一般包括滑坡空间预测、时间预报和灾情损失预测3个方面，本书不涉及灾情损失预测方面的内容，因此本书中滑坡预报模型是只包括滑坡时间预报和空间预测两个方面的模型。

1. 滑坡时间预报

前人研究表明，滑坡的运动方式有3种：蠕动型、间歇蠕动型和一次滑动型，前二者通常不会造成较大的灾害，因此滑坡时间预警预报主要是针对一次滑动型，岩土体蠕变理论中应变（位移）-时间曲线的4个阶段（AB，BC，CD，DE），对应滑坡的变形破坏过程的4个阶段：长期预报、中期预报、短期预报和临滑预报。

长期预报是指斜坡处于初始变形阶段，尚未出现较明显位移变化时对斜坡未来稳定性演化趋势做出的一种预测。预报时间尺度一般应在1年以上，有时甚至上百年，在某些情况下（譬如雨季集中降雨的影响）也可为几个月。

中期预报是指斜坡处于稳定变形阶段而进行的险情预测和危害预测，预报时间尺度一般为数月。

短期预警预报是指滑坡已经表现出明显的肉眼可观察到的变形或破坏的变化时，对滑坡的短期内变形行为或破坏时间所做出的预警预报，时间尺度上一般对应于理想蠕变曲线等速蠕变阶段的后期及部分的加速蠕变阶段，其期限一般应在一个月之内。

临滑预警预报是指斜坡体的变形破坏现象发展到非常明显时对滑坡时间所作出的预警预报，时间尺度上对应于理想蠕变曲线的加速蠕变阶段的后期，其期限应在几天之内。

2. 滑坡空间预测

滑坡空间预警预报是指根据滑坡的区域规律及与控制因素和主要诱发因素的关系，利用空间预测模型预测滑坡灾害的空间范围，圈定滑坡敏感区，为预警预报提供明确的空间位置。从广义而言，滑坡的空间预警预报包括的内容十分广泛，最起码存在两个层次上的问题。

（1）应该测明哪些区域段较容易产生滑坡，哪些区域段较难产生滑坡，很明显它是基于自然地质环境的区域稳定性评价。

（2）应该测明滑坡的具体位置、范围、规模、稳定状态及演化趋势，即需要对滑坡的活动强度包括滑动速度和滑移距离和滑坡危害范围做出预警预报。

滑坡预报方法模型的研究从20世纪60年代日本学者斋藤提出的斋藤模型至今已有50余年的发展历史，这期间国内外众多学者不断探索研究，提出了众多滑坡预报模型。滑坡时间预报和空间预测，虽然预测的内容不同，但使用到的预报模型大多相同，因此，本书综合当前滑坡预报模型的研究现状将滑坡预报模型分为单因子预报模型、多因子预报模型和机器学习预报模型3类（表3-2）。

表 3-2　滑坡预报模型总结

（据李秀珍,2004;许春青,2011;黄发明,2017;谢金华,2018;郭雨非,2013综合）

	滑坡预报模型	基本特点	适用情况
单因子预报模型	斋藤模型 HOCK 模型 K.KAWAWURA 模型 苏爱军模型 Fukuzono 模型 Voight 模型	以蠕变理论为基础,建立了加速蠕变经验方程,其精度受到一定的限制	加速蠕变阶段
	蠕变样条联合模型	以蠕变理论为基础考虑了外动力因素	临滑预报
	滑体变形功率法	以滑体变形功率作为时间预报参数	临滑预报
	滑坡形变分析预报法	适用于黄土滑坡	中长期预报
	极限分析法	对刚性滑体建立相关平衡方程	长期预报
	灰色 GM(1,1)模型[传统 GM(1,1)模型、非等时序列的 GM(1,1)模型、新陈代谢 GM(1,1)模型、优化 GM(1,1)模型、逐步迭代法 GM(1,1)模型等]	模型预测精度取决于模型参数的取值,优化 GM(1,1)模型也适用于滑坡的中长期预报,逐步迭代 GM(1,1)模型计算精度较高	短期、临滑预报
	生物生长模型(Pearl 模型、Verhulst 模型、Verhulst 反函数模型)	在加速变形阶段精度较高	短期、临滑预报
	曲线回归模型 指数平滑法 卡尔曼滤波法 时间序列模型 马尔科夫链预测 模糊数学方法 泊松旋回法 动态跟踪法 斜坡蠕滑预报模型(GMDH 预报法) 梯度-正弦模型 正交多项式最佳逼近模型	多属于趋势预报和跟踪预报,当滑坡处于加速变形阶段时,可以较准确地预报剧滑时间	中长期预报
	灰色位移向量角法	主要适用于堆积层滑坡	短期、临滑预报
多因子预报模型	协同预测模型	预报滑动时间	临滑预报
	混沌模型	要求有较长时间的连续、完整的资料	
	集对分析模型	可以较好地处理滑坡的不稳定性	短期预报
	分形模型：R/S 分维大滑预报法、GP-分形预测模型、改进的变维分形模型	短期预测精度较高,改进的模型可以用于较少监测资料的滑坡预报	短期、临滑预报
	突变理论(尖点突变模型、灰色尖点突变模型)	预测滑动趋势与剧滑时间;物理意义明确,也可用于稳定分析	中短期预报
	动态分维跟踪预报模型	可动态预测坡体的最短安全期	中长期预报

续表 3-2

	滑坡预报模型		基本特点	适用情况
多因子预报模型	非线性动力学模型		当监测资料数据长度不足时,可采用此模型进行数据反演,得到足够的预测数据	滑坡各阶段预报
	确定性方法	SHALSTAB 模型 分布式斜坡稳定性模型 SINMAP STARWARS+PROBSTA 模型	在利用传统的斜坡破坏力学计算模型的基础上,结合相关的基础地理空间信息,对一定范围内滑坡发生的概率进行预测	适用于斜坡单元、大比例尺或者重点区域的小空间范围内的滑坡空间预测,很难在较大空间范围内进行应用
	模糊综合判别法		模糊综合评判法是一种数值分析方法,能够较好地处理定性评价问题	属于知识驱动模型,可用于选取多个影响因子的定性、定量的滑坡空间分布及危险性预测
	层次分析法		层次分析法可以把定性的信息进行量化,且充分考虑了专家经验,可以尽量减少由专家打分带来的主观性	
	信息量法		通过统计分析的方法进行评价,具有较高的客观性。其分析受到样本数量的约束,仅适用于有大量调查数据的研究区域	具有较高的客观性,其分析受到样本数量的约束,仅适用于有大量调查数据的研究区域
	逻辑回归模型		逻辑回归法假设简单,具有较强的实用性,且可以给出合理的解释	可以用作区域的滑坡预测,也可以预测单体滑坡的位移趋势
	CF 多元回归模型		准确程度取决于研究区获取的数据数量和精度以及关键影响因子的选取	可用于选取多个影响因子的定性、定量的滑坡空间分布及危险性预测
	证据权		证据权法的预测结果具有确定地质含义的地质单元,能够更加客观地揭示滑坡的空间分布规律,特别是斜坡系统固有的内部联系	可以适度地避免主观地选择证据和评价证据,用于区域滑坡灾害空间定量预测
	多元统计分析法		在影响因子明确且权重合理的情况下,利用多元统计分析法进行分析可得到令人满意的结果	只适合对影响因素明确的滑坡进行区域性预测
机器学习预报模型	决策树模型		计算复杂度不高,对中间缺失值不敏感,解释性强,在解释性方面甚至比线性回归更强,与传统的回归和分类方法相比,决策树更接近人的决策模式	可以对数据不是很完整的区域进行滑坡危险性预测
	支持向量机模型		SVM 是一种适用小样本学习方法,基本上不涉及概率测度及大数定律等,计算的复杂性不取决于样本空间的维数,算法简单,而且具有较好的"鲁棒性",泛化能力强	可以用作区域的滑坡预测,也可以预测单体滑坡的位移趋势

续表 3-2

	滑坡预报模型	基本特点	适用情况
机器学习预报模型	贝叶斯分类模型	通过对已分类的样本子集进行训练,学习归纳出分类函数,利用训练得到的分类器实现对未分类数据的分类	可用于选取多个影响因子的定性、定量的滑坡空间分布及危险性预测
	集成学习模型	集成方法是将几种机器学习技术组合成一个预测模型的元算法,以改进预测的效果	
	BP 神经网络模型	通过模拟大脑神经网络处理、记忆信息的方式进行信息处理,对于非线性过程有很好的适用性	对于滑坡位移的中长期、短期预测均有较为理想的结果;同样适合于区域滑坡易发性预测
	径向基神经网络模型		
	极限学习机模型(ELM)		
	人工神经网络模型(ANN)		
	长短记忆神经网络模型(LSTM)		

第六节　监测设计

滑坡监测设计需要了解滑坡区工程地质环境条件和滑坡成灾机理、演化过程,才能合理地、有侧重点地进行滑坡安全监测设计,不同的滑坡灾害应根据具体情况来实施监测设计。但根据已发生的滑坡地质灾害来看,大多数滑坡监测设计在设计目的、设计原则、设计条件和综合监测网设计上存在一定的规律。

一、监测设计目的

对于一个具体的滑坡,通过对其特征,如地形地貌、变形机理、地质环境、工程背景等来进行监测设计,选择可行的监测技术、方法,合理布置测点,是监测工作的重点之一。监测设计的目的包括如下几点(周勇,2012)。

(1)通过监测可及时掌握滑坡变形破坏的特征信息,分析其动态变化规律,进而正确评价其稳定性,预警预报滑坡灾害发生的空间、时间及规模,为防灾、减灾提供可靠的技术资料和科学依据。

(2)为修改设计和指导施工提供客观标准。

(3)为工程岩土体力学参数的反演分析提供资料。

(4)为掌握滑坡变形特征和规律提供资料,指导在滑坡发生严重变形条件下的应急处理。

二、监测设计原则

(1)目的明确、突出重点。滑坡监测以坡体稳定性为主,以变形监测(地表和深部)裂缝、位错为重点,同时应增设地下水水位观测。

(2)应选择可靠性和长期稳定性好的仪器。仪器在长期监测中具有防风、防雨、防潮、防震、防雷、防腐等与环境相适应的性能。仪器埋设操作简便,应具备快速且准确获得可靠监测资料的性能。

(3)控制滑坡体范围,选择重要监测断面和一般监测断面布设测线。通常顺滑坡方向布设2～4个观测断面。每个断面布置1～3条测线,用来揭示内部变形(深层水平位移)规律及确定潜在滑动面。当滑坡范围大且复杂时,断面及测点可酌情增加。

(4)确定重要监测断面。选择变形最大的主滑面为重要监测断面,选择方法以地质分析为主,并与理论计算、模型试验相结合。

(5)监测滑坡变形的全过程,即监测滑坡初始蠕变阶段、等速蠕变阶段、加速变形阶段、临滑变形阶段的变形。为此,监测最重要的是及时,即及时埋设、及时观测、及时整理分析监测资料和及时反馈监测信息。4个及时环节中任何一个环节的不及时,不仅会降低或失去监测工作的意义,甚至会给工程带来不可弥补的影响或对人民生命财产造成重大的损失。要实现监测的全过程,或利用已有洞室外预埋仪器,或施工开挖前完成必要的监测设施,开挖下一个边坡台阶前完成上一个台阶的监测设施。

(6)布置仪器力求少而精。仪器数量应在保证实际需要的前提下尽可能减少;采用的仪器应有满足滑坡性状要求的精度和量程,精度和量程应根据变形发展阶段、岩体的特性等确定;蠕变阶段应采用精度高、量程小的仪器,加速变形阶段、临滑变形阶段应采用大量程的仪器;土质边坡监测的仪器,精度要求可稍低,也可采用简易的仪器;坚硬岩体变形小,应采用精度高、量程小的仪器,半坚硬、软弱或破碎的岩体可采用精度较低、量程较大的仪器。

(7)滑坡监测应以仪器量测与群测群防相结合。仪器量测常以人工量测为主,重点部位少量进行自动化监测,即使进行自动化监测的仪表,仍应同时进行人工测量,以便做到确保重点,万无一失。

(8)避免或减少各种干扰(如爆破、车辆通行、出渣、打钻、偷盗、破坏等)。应尽量利用勘探洞、排水洞预埋仪器,进行监测,便于保护;应尽量采用抗干扰能力强的仪器;应加强仪器观测站、测孔孔口的保护,保护设施力求牢靠。

(9)监测设计应留有余地。监测过程中可能存在一些不确定的因素,如地质条件不十分清楚,随施工开挖可能发现一些地质缺陷、原设计时未估计到不稳定块体,即可能出现一些设计中未能考虑到的问题,那时,需要修改和补充设计。设计时应考虑到这种因素,在监测项目、仪器数量和经费概算上留有余地。届时,根据实际需要补充设计。

三、监测设计条件

滑坡监测在当前的技术和设备的基础上,必须能够确保安全的监测设计条件,监测设计条件的内容如下。

(1)滑坡监测仪器一般均布设在人烟稀少、道路陡峭的山坡。人工连续监测十分困难,选用无线电传输、光纤传输、卫星传输等进行自动化监测,以保证测值的连续性,了解滑坡变形的机制。

(2)科学地选择滑坡监测的方法和分析整体稳定性方法,充分利用已有的先进技术,避免将来滑坡所构成的危险。从观测仪器、数据传送和处理系统来讲,要有可靠性、精确性和测量数据采集速度的保证。在测量结果的记录、比较和评价以及远距离传送方面也要有一定的水平。

(3)建立正确的监测系统。监测滑坡从初始蠕变阶段、等速蠕变阶段、加速变形阶段和临滑变形阶段的全过程进行监测设计。通过对监测资料整理与分析,确定滑坡稳定性。滑坡稳定性分为稳定、基本稳定、潜在不稳定、不稳定4级。

(4)滑坡监测设在人烟稀少山区,仪器安装埋设保护,监测站保护,电缆引线保护必须设置牢固保护设施和防盗设施。

(5)滑坡治理监测:监测系统必须能查明滑坡稳定性是否与设计预测的一致。如果性态有很大的偏离,此时监测系统应能揭示各种现象,并将其与所有影响的参量联系起来,为工程校核和修改设计提供依据。

(6)对治理设计,通过监测参照设计确定的模型校核或修改设计。采用"后验"的监测准则,这要根据用统计方法对治理后观测结果所做的分析及其全面评价来确定。

(7)监测系统的有效性条件,应有标准的和及时的率定、检验、维护等保证措施。监测组织和监测工程的施工水平与质量是监测系统有效性的重要条件。

(8)监测预警,通过监测资料整理与分析进行监测预警(告示级、注意级、预警级、警报级四级)。

四、综合监测网设计

综合监测网是由不同功能的监测网、监测线(即监测断面)和监测点组成的三维立体监测体系,主要包括监测网型的布置、监测断面的布置和监测点的布置,具体设计如下。

1. 监测网型的布置

(1)十字型。纵向、横向测线构成"十"字形,测点布设在测线上。测线两端放在稳定的岩土体上并分别布设为测站点(放测量仪器)和照准点。在测站点上用大地测量法监测各测点的位移情况。这种网型适用于范围不大、平面狭窄、主要活动方向明显的滑坡。当设一条纵向测线和若干条横向测线,或设若干条纵向测线和一条横向测线时,网型变成"丰"字形、"卄"字形或"卅"字形等。

(2)方格型。在滑坡范围内,多条纵向、横向测线近直交。组成方格网,测点设在测线的交点上(也可加密布设在交点之间的测线上)。测站点、照准点布设同"十"字网型。这种网型测点分布的规律性强,且较均匀,监测精度高,适用于地质结构复杂滑坡或群体性滑坡。

(3)三角(或放射)型网。在滑坡外围稳定地段设测站点,自测站点按三角形或放射状布设若干条测线,在各测线终点设照准点,在测线交点或测线上设测点。在测站点用大地测量法等监测测点的位移情况。对测点进行三角交会法监测时,可不设照准点。这种网型测点分布的规律性差、不均匀,距测站近的测点的监测精度较高。

(4)任意型。在滑坡范围内布设若干测点,在外围稳定地段布设测站点,用三角交会法、GPS法等监测测点的位移情况。适用于自然条件和地形条件复杂的滑坡。

(5)多层型。除在地表布设测线、测点外,利用钻孔、干硐、竖井等地下工程布设测点,监测不同高程、层位坡体的变形情况。

2. 监测断面的布置

(1)监测断面是监测网的重要构成部分,每条监测断面要控制一个主要变形方向,监测断面原则上要求与勘察断面重合(或平行),同时应为稳定性计算断面。

(2)监测断面不完全依附于勘察断面,应具有轻巧灵活的特点,应根据崩滑体的不同变形块体和不同变形方位进行控制性布设。当变形具有2个以上方向时,监测断面亦应布设2条以上;当崩滑体发生旋转时,监测断面可呈扇形展布。在有条件的情况下,应照顾到崩滑体的群体性特征和次生复活特征,兼顾到主崩滑体以外的小型崩滑体及次生复活的崩滑体的监测。

(3)监测断面应充分利用勘察工程的钻孔、平硐、竖井布设深部监测,尽量构成立体监测断面。

(4)监测断面应以绝对位移监测为主体,在断面所经过的裂缝、滑带上布置相对位移监测其他监测,构成多手段、多参数、多层次的综合性立体监测断面,达到互相验证、校合、补充并可以进行综合分析评判的目的。断面两端要进入稳定岩土体并设置大地测量用的永久性水泥标桩,作为该断面的观测点和照准点。

(5)监测断面布设时,可适当照顾大地测量网的通视条件及测量网形(如方格网),但仍以地质目的为主,不可兼顾时应改变测量方法以适应监测断面。

(6)当滑坡在路基的一侧或路基从滑坡体上通过,应对路基两侧进行监测。

3. 监测点的布置

(1)监测点的布设首先应考虑勘察点的利用与对应。勘察点查明地质功能后,监测点则应表征其变形特征,这样有利于对崩滑机理的认识和变形特征的分析。同时利用钻孔或平硐、竖井进行深部变形监测。孔口建立大地测量标桩,构成绝对位移与相对位移联合监测,实现精准监测。

(2)监测点要尽量靠近监测断面,一般应尽可能控制在5m范围之内。若受通视条件限制或其他原因,亦可单独布点。

(3)每个监测点应有自己独立的监测功能和预报功能,应充分发挥每个监测点的功效。这就要求选点时应慎重,有的放矢,布设时应事先进行该点的功能分析及多点组合分析,力求达到最好的监测效果。

(4)若在构造物上布置监测点,同时应在其附近也布设一定数量、相同监测方法的监测点,以便对比分析。

(5)监测点不要求平均分布,对崩滑带,尤其是崩滑带深部变形监测,应尽可能布设。对地表变形剧烈地段和对整个崩滑体稳定性起关键作用的块体,应重点控制,适当增加监测点和监测手段,但对于崩滑体内变形较弱的块段也必须有监测点予以控制并具代表性。

(6)位于不动体的作为监测站和照准点绝对位移监测桩点选点时要慎重,要尽量避免因地质判断失误选在崩滑体或其他斜坡变形体上,同时应避开临空小陡崖和被深大裂隙切割的岩块,以消除卸荷变形和局部变形的影响。

第七节 案例分析:黄土坡滑坡——综合监测

黄土坡滑坡结构组成复杂,是一个大型复合古滑坡,由临江崩滑堆积体1号、临江崩滑堆积体2号、变电站滑坡和园艺场滑坡4个子滑坡组成。该滑坡发育于中三叠统巴东组第二段和第三段以泥岩、泥质粉砂岩、泥灰岩为主的易滑地层中,是一个多期次形成、结构复杂、由古滑坡体和崩滑堆积体组成的复合岩土混合型地质灾害体。虽然黄土坡滑坡上居民搬迁后,消除了滑坡滑动引起的直接危害,但黄土坡滑坡可能造成的涌浪对新县城及其对岸人民的生命财产安全以及长江航道的间接危害依然存在。

一、滑坡概况

黄土坡滑坡距巴东老城区2km,行政区划隶属巴东县信陵镇(图3-20),是三峡库区著名的特大型滑坡之一。曾常住人口18 000人,房屋和居民大多集中在180~350m高程的滑坡中、前部。滑坡的存在,严重威胁着居民的生命财产安全。已有研究成果认为,黄土坡滑坡一旦整体滑动,175m水位时,其涌浪高达70多米,将会造成不可估量的灾难。为了最大限度地降低风险,政府实施黄土坡滑坡上的居民整体搬迁工作,目前滑坡区常住人口已全部搬离,对遗留的建筑设施进行了拆除。但仍需要持续对该滑坡进行专业监测。

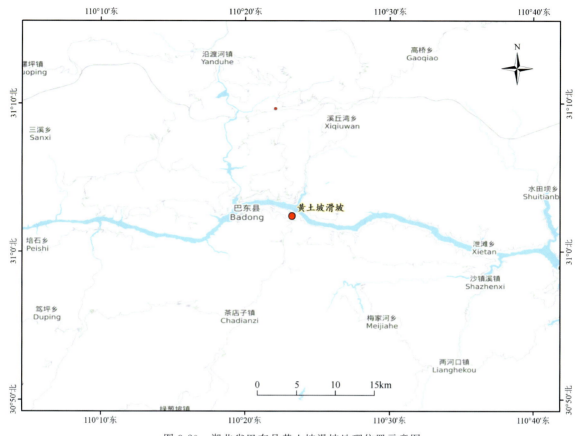

图 3-20 湖北省巴东县黄土坡滑坡地理位置示意图

(一)滑坡区环境地质条件

1. 地形地貌

巴东县属川鄂褶皱山地,总体地势北西高、南东低,高程 1800～2000m。黄土坡地区总体地势为南西高、北东低,高程 580～600m 为基岩山脊,受多次滑坡的影响,滑坡上存在多个坡度较缓的平台。其下部以三道沟为界大体可分为两个区段:三道沟以东和三道沟以西。

三道沟以东为一个两侧山脊夹持的凹形缓坡,东侧边缘沿金堂湾—自来水厂一线形成北东向外突的山脊,西侧邻近三道沟中为近南北向展布的山脊。此区段前缘高程100m左右,临江地带地形高陡,坡角30°～40°;高程100～180m 一线为坡角25°～35°的陡坡;高程190～230m 段,沿木器厂、林业局、巴东宾馆一带形成多级人工改造的零星缓坡平台;高程230～600m 地段坡面总体呈陡缓相间阶梯状,其间分布有二级滑坡平台,第一级平台高程285～310m,分布于巴中一带,台面东西长350m,南北宽约100m,南西侧地势较高,呈约10°向北东缓倾。第二级平台高程430～455m,分布于变电站至汽运公司一带,台面自南西向北东呈约8°缓倾,东西长370m,南北宽150m,其中部被三道沟上段切割,接近台面前缘的局部地段出现反倾地形。斜坡中上部高程500～525m、580～600m 段由于坡体坐滑形成两级走向近东西、高 20m 左右的陡坎。高程180～350m 区段为新城主要迁建地,建筑物密集。

三道沟以西地区总体为由南西向北东缓倾的斜坡,西侧边缘地带四道沟深切,其东侧沿恩施州石油仓库、汽车客运站一线形成近南北向外突的小山脊,向北东地势渐趋平缓,邻近三道沟处沿县粮食局、HZK12 号孔一线地形外突形成北北东向小山梁。该区段纵向上坡体呈上、下陡,中部缓的折线形。高程145m以下形成两级高10～20m的陡坎,其间高程85～105m为零星分布的人工缓坡平台。高程145～300m段地形总体较为平缓,为当地城镇居民主要居住区,分布有两级平台,第一级平台高程145～165m,分布于巴东县港务局一带,台面东西长280m,南北宽40～80m;第二级平台高程200～235m,分布于加油站—县体委一带,台面总体向北东缓倾,东西长400m,南北宽80～150m。高程300m以上地势较陡,坡角25°～35°,主要为当地村民居住地及耕植区。

2. 地层岩性

黄土坡地区出露的地层主要为中三叠统巴东组(T_2b)及第四系。各类成因的第四系松散堆积物广泛分布于高程600m以下二道沟至四道沟之间的坡体上,成因类型主要有崩滑堆积、残坡积-崩坡积、滑坡堆积等。测区主要出露巴东组第二段(T_2b^2)、巴东组第三段(T_2b^3)两个岩性段。松散堆积体主要包括崩滑堆积体,广泛分布于西起S60号泉—神农溪职业高中—长途汽车站一线,东至二道沟—巴东宾馆一线,高程250m以下坡段,岩性为碎(块)石土,土石比3∶7～4∶6,结构较松散,母岩成分主要为T_2b^3灰岩、白云岩、泥质灰岩、泥灰岩及钙质泥岩;残坡积-崩坡积堆积层主要分布于四道沟以西及二道沟以东坡度较缓地段,由碎石土、黏质或粉质黏土夹碎块石组成,碎块石成分主要取决于母岩,土石比3∶1～5∶1,结构较松散,一般厚度小于5m。滑坡堆积层主要分布于变电站滑坡体、园艺场滑坡体分布区,由滑移碎裂岩、碎(块)石土及滑带角砾土组成,其厚度及物质组成取决于滑坡规模及所处部位;还存在少量的泥石流堆积层、冲洪积层和人工堆积层。

3. 地质构造

黄土坡及其邻近地区的断层按走向可分为近东西向、近南北向、北东向及北西向断裂。巴东县新城区主要的褶皱构造为呈近东西向展布的官渡口复向斜,黄土坡地区位于官渡口复向斜南翼,主要发育一系列与之平行的次级小褶皱。节理裂隙发育主要受控于区域构造格局,其方向基本上与本区断裂及褶皱轴面一致。

4. 水文地质条件

根据地下水含水介质特征、水动力及补径排特征,可将黄土坡及其邻近地区的地下水分为碳酸盐岩岩溶水、碳酸盐岩夹碎屑岩裂隙岩溶水、碎屑岩裂隙水、松散堆积层孔隙水4类。碳酸盐岩岩溶水含水岩组的岩溶水径流、排泄对黄土坡地区斜坡稳定性无直接影响;碳酸盐岩夹碎屑岩裂隙岩溶水含水岩组上层滞水随季节变化明显,其水位的急剧变化对局部高陡坡体稳定性影响较大,对岸坡稳定性影响不大;碎屑岩裂隙水含水岩组的地下水径流、排泄对变电站滑坡、园艺场滑坡稳定性具有一定影响;松散堆积层孔隙水含水层组内地下水活动对库岸稳定影响明显。

(二)滑坡体特征及变形破坏模式

1. 滑坡体基本特征

黄土坡滑坡是由临江1号滑坡体(临江1号崩滑堆积体)、临江2号滑坡体(临江2号崩滑堆积体)、变电站滑坡和园艺场滑坡组成的大型复合古滑坡,其面积$135×10^4m^2$,体积$6934×10^4m^3$。黄土坡滑坡区位于二道沟与巴东港新码头之间,高程210～260m为厚度大的崩滑堆积体,即"临江崩滑堆积体"。以三道沟为界将其分隔为东、西两个崩滑堆积体,三道沟以西为临江1号崩滑堆积体,三道沟以东为临江2号崩滑堆积体。临江1号崩滑堆积体后缘高程250～290m,前缘直抵长江,西侧边界沿巴东港东侧至神农溪职业高中至加油站延至县医院一线,东侧边界为三道沟,后缘被园艺场滑坡覆盖。该段斜坡人工改造严重,建筑密集,除形成高程200～220m、230～240m二级较大的缓坡平台外,2～5m高的人工陡坎比比皆是。临江2号崩滑堆积体,高程210～250m,东侧边界沿二道沟西侧上延至巴东宾馆、县政府,西侧边界为三道沟东侧,后缘被变电站滑坡覆盖,与1号崩滑堆积体后缘连成一线,具有前缘薄、中后缘厚的特点,坡体南部发育有一级缓坡平台。滑坡受人工活动影响,185m以下见多级陡坎。园艺场滑坡位于黄土坡滑坡的后部偏西,后缘高程520m左右,呈圆弧形,西边界以四道沟为界,东侧超覆于变电站滑坡之上,滑坡边界清晰可见。变电站滑坡位于黄土坡滑坡的后部偏东处,大致位于二道沟和三道沟之间,高程600m左右,周界总体呈靴子形,后壁残留,高15～25m,前缘覆盖在临江1号、2号滑坡体上。滑坡平面示意图如图3-21所示。

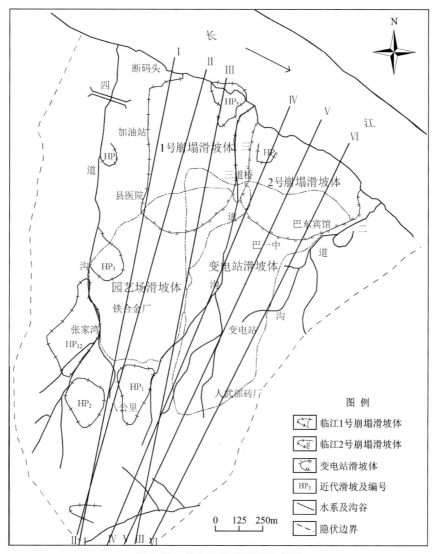

图3-21 黄土坡滑坡平面示意图

2. 变形破坏模式

临江1号崩滑堆积体非库水下降期,深层蠕动变形不明显。三道沟滑坡发生之后,临江1号崩滑堆积体前缘形成临空面,变形不断向后部及西侧扩展,出现牵引裂缝。临江2号崩滑堆积体非库水下降期变形主要发生在高程180m以下的区域,变形有逐渐向后扩展之势。综上所述,临江崩滑堆积体浅层变形破坏模式主要为:前缘陡坡的情况下,松散的地表堆积体,在库水和降雨的侵蚀作用下,其前缘易沿软弱层发生变形滑移,并牵引后部变形。

库水下降阶段,临江1号崩滑堆积体各个部分变形速率不同,主要表现为中部主轴部位变形位移速率大于两侧,前缘变形位移速率大于中后缘。地表与深部变形累计位移量相差不大,表明变形主要由深层变形引起。1号崩滑堆积体深层蠕动变形的影响因素主要是顺向坡,前缘坡形陡,由较松散的碎块石土组成,有多层软弱层,地下水水位与江水位变化同步,其形成的地质过程机制是在既有的坡体组成及结构和库水水位下降条件下,主要是受库水浸水软化、浮托作用产生牵引和降雨入渗的地下水作用产生推移的耦合效应(朱冬林等,2002;殷跃平等,2004)。1号崩滑堆积体滑带土中黏粒及粉粒含量较高,有亲水的黏质矿物成分和呈片状结构,是滑带土在库水下降作用下易饱水软化的重要条件;滑带土饱水后力学强度降低,是导致崩滑体蠕动变形的重要原因。

变电站滑坡和园艺场滑坡目前处于稳定状态,两者的变形破坏模式基本一致,只是园艺场滑坡破坏稍晚于变电站滑坡。由于临江1号、2号崩滑堆积体的变形破坏,使得变电站滑坡和园艺场滑坡中前部岩层崩滑殆尽,形成高陡的临空面,为滑坡的破坏形成了良好的发育环境,属于牵引式变形破坏模式,最终变电站滑坡前缘超覆于临江2号崩滑堆积体,园艺场滑坡前缘超覆于变电站滑坡和临江1号崩滑堆积体之上。

(三) 工程治理情况

2002年9月25日—2004年7月11日,湖北省地质灾害防治中心组织实施了巴东县黄土坡滑坡区滑坡与塌岸防治工程(以下简称"治理工程"),工程部位为黄土坡滑坡前缘涉水部位,治理措施主要包括削坡整形工程、锚杆格构及砌石护坡工程、护坡桩工程、三道沟填筑工程、地表排水及监测工程等,具体包括以下几个方面。

1. 塌岸治理工程

塌岸防治工程控制范围为崩滑堆积体前缘库水位变动带,东起二道沟西侧,西至四道沟东侧,前缘高程130m,后缘高程180m,防治范围约为19.224万 m^2。塌岸治理工程主要包括以下几个方面。

1)岸坡整形

为提高水位变动带岸坡的稳定性、保护护坡工程结构的整体性和完整性,对岸坡坡面局部不稳定块体和坡段进行削坡整形。削坡总方量约57.672万 m^3。削坡土石除少量用于三道沟的冲沟回填外,其余用于滑坡前缘压脚。整形后前缘斜坡为多级马道与斜坡相连的坡体,各级斜坡坡角一般25°~30°,局部坡角39°。

2)抗滑支挡

设置抗滑桩的目的是防止库水位变动条件下的坡体局部危险坡段的浅层塌滑,主要在2号崩滑堆积体前缘高程135~145m间共设置80根抗滑桩,分3个部位实施,均为滑坡稳定分析中安全裕度较小的地段。其中AZ1~AZ20位于临江1号崩滑体前缘东侧100m高程部位,AZ21~AZ32位于三道沟西侧,BZ33~BZ80位于临江2号崩滑体前缘中部130~140m高程带上。桩长一般为30m左右,桩间距6m,桩断面2m×3m。

3)格构锚杆护坡

格构梁间距3m,布置在陡坡地带,平台与缓坡上不布设。分为甲、乙两类,甲类布置在130~180m高程水位变动带,乙类位于130m高程库水长期淹没线以下,两类梁的区别主要是甲类的配筋强于乙类。格构梁交点设砂浆锚杆,锚杆长度为12~21m。格构间为反滤层和干砌石护面。部分142m高程以下地段因工期要求,取消了锚杆以护坡短桩替代。

4)三道沟填筑工程

三道沟180m高程以下为深切沟谷,加之雨季水量较大,对滑坡体冲刷淘蚀严重,治理工程中对其采取了回填整形,铺设了地表水排水沟槽。

5)岸坡压脚

坡面整形土石方用于三道沟填筑量 $14.895 \times 10^4 \mathrm{m}^3$,剩余的 $32.5 \times 10^4 \mathrm{m}^3$ 土石方回填于岸坡坡脚处。

2. 地表排水工程

地表排水工程可以尽快收集滑坡体上的大气降雨,缩短降雨尤其是大强度降雨形成的坡面流的滞留时间,以减少入渗,控制坡面变形的进一步发展。

在滑坡区 $1.35\mathrm{km}^2$ 的范围内实施了 5 条横向排水沟和 4 条纵向排水沟,总长 9340m。

此外,在滑坡及塌岸治理工程中,还针对部分施工期变形体实施了临时排险工程,如"12.8 滑坡"实施了 300 根微型桩,桩长 20m。

(四)巴东野外大型综合试验场

巴东野外大型综合试验场是为开展滑坡灾害教学、科研、生产而建设的教学研究基地。综合试验场场址位于临江1号滑坡体内(图3-22),巴东野外大型综合试验场于2010年3月8日开工建设,经过2年多的施工,已于2012年12月30日竣工并通过验收。

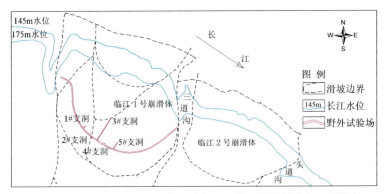

图 3-22 巴东县野外大型综合试验场——黄土坡滑坡临江1号滑坡

通过巴东野外大型综合试验场隧道系统,专家学者能直接进入黄土坡滑坡临江1号崩滑堆积体近距离地观测滑床、滑带和滑体,并开展相关试验研究与深部监测工作,如滑带土大型剪切试验、流变试验,滑带土的改良试验,滑体水文地质试验及滑坡深部位移监测等。

巴东野外大型综合试验场由黄土坡滑坡试验隧洞群与一系列监测系统组成,分两期建设,目前为第一期工程。黄土坡滑坡试验隧洞群主洞全长910m,进口底板高程179.60m,出口底板高程190.73m,坡比1.24%,主洞内共设5处支洞(1#支洞、2#支洞、3#支洞、4#支洞、5#支洞),31个观测窗口(CK01~CK31)。1#支洞至5#支洞的里程桩号分别为 K0+320m、K0+420m、K0+460m、K0+520m、K0+570m,其中3#支洞长145m,5号支洞长40m,2#支洞长10m,1#、4#支洞各5m,沿3#支洞、5#支洞所揭露的滑带开挖试验平硐开展原位试验和相关位移、水文地质监测工作;在2#支洞开展微重力场和声波监测工作;1#、4#支洞为预留支洞,远期根据需要可继续开挖。

试验场内初步建立了完整的实时监测系统(包括降雨地下水及库水位观测系统、固定式钻孔倾斜仪系统、GPS位移监测系统、分布式光纤监测系统、TDR时域反射监测系统等),对黄土坡滑坡的降雨入渗过程、库水位、地下水水位、应力与位移进行系统的实时监测。

隧洞主要技术标准如下:主隧洞一般地段高3.5m,路面宽度5m,采用双车道,可供电瓶车双向行驶,支洞及实验平硐高3.5m、宽3m;主隧洞为1%的双面横坡,支洞和实验平硐为平坡,曲线地段根据需要设置相应的路面横坡度;隧洞按新奥法原理施工,采用柔性支护体系的复合衬砌结构,即以锚杆、钢筋网、喷射混凝土、钢架等为初期支护,以模筑混凝土为二次衬砌的复合结构,洞内设置通风、照明、供电、消防和监控设施。

黄土坡野外综合试验是迄今为止对黄土坡滑坡开展的最深入最全面的勘察工作,能更彻底和更直接地揭露滑坡地质模型结构,后期配套建立的实时监测系统,能准确把握降雨、库水位和地下水之间的变化规律和彼此联系,该试验场的建立和发展能大大推动黄土坡滑坡的研究进程。

二、滑坡监测

(一)监测网点布设

自 2003 年三峡水库开始试验性蓄水后,中国地质调查局水文地质工程地质技术方法研究所、湖北省地质灾害防治工程勘查设计院、湖北省地质环境总站和教育部长江三峡库区地质灾害研究中心等多家单位先后承担了黄土坡滑坡的现场监测任务。通过对滑坡环境因素、地表变形、深部变形、地下水动态,以及宏观地质现象进行全方位、多手段持续监测,实时掌握滑坡体的变形破坏情况,评价治理工程效果,为滑坡危险性评价与灾害预警提供可靠的监测数据与决策依据。

根据专业监测内容,黄土坡滑坡监测内容由环境影响因素、地表变形、深部变形,以及地下水水位 4 个主要部分组成。其中环境影响因素监测包括大气降水监测、三峡水库水位监测和人类工程活动监测;地表变形监测手段为宏观地质现象监测和 GPS 卫星定位监测;深部变形监测手段包括钻孔倾斜监测、深部变形 TDR 监测和地下隧洞群裂缝监测;地下水水位通过钻孔水位计定期监测。监测设施如表 3-3 所示。

表 3-3 黄土坡滑坡监测设施一览表

序号	监测项目	监测方法与仪器	监测方式	监测内容	监测点数量(个)
1	地表位移监测	GPS	人工和自动	滑坡地表位移变化和速率	24
2	深部位移监测	钻孔倾斜仪	自动	深部位移变化情况	9
3	降雨量监测	自动雨量计	自动	获取降雨量数据	1
4	地下水监测	钻孔	自动	掌握库区滑坡的地下水变化规律	8
5	库水位监测	水位计	人工和自动	监测滑坡前缘库区水位的变化情况	1
6	宏观地质巡查	—	人工巡查	通过地面巡查,获取滑坡宏观变形特征	
7	滑带位移	平硐短基线监测	自动	观测滑带位移	2

黄土坡滑坡监测网点按照 3 纵 3 横,共 6 条监测剖面布置,各监测点平面位置见图 3-23。临江 1 号崩滑堆积体布置有 GPS 卫星定位监测点 8 个,分别为 G1、G2、G3、G7(材料堆放)、G9、G18、G20 及 G22;临江 2 号崩滑堆积体布置有 GPS 卫星定位监测点 5 个,分别为 G4(复)、G5、G6、G8 和 G23,因 G6 监测点无监测通道,已停止监测;园艺场滑坡体自前缘至后缘布设有 3 个监测点,分别为 G11、G13、G16,其中 G11 监测点由于附近村民不同意施工于 2012 年 6 月停止监测;变电站滑坡体自前缘至后缘布置有 5 个监测点,G10、G12、G14、G15 及 G17;两个钻孔倾斜仪,HZK7 测斜孔布置于监纵 1、监横 B 两剖面线的交点处,HZK8 测斜孔布置于监纵 2、监横 B 两剖面线的相交处。

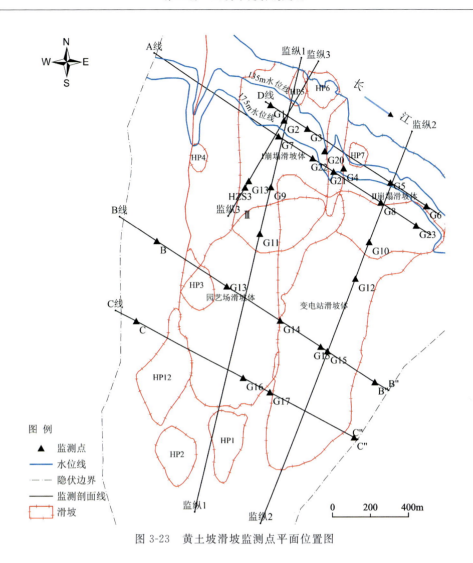

图 3-23 黄土坡滑坡监测点平面位置图

(二)监测数据分析

1. 地表位移监测结果

1)临江 1 号崩滑堆积体

临江 1 号崩滑堆积体范围布置有 GPS 卫星定位监测点 8 个,分别为 G1、G2、G3、G7(材料堆放)、G9、G18、G20 及 G22。GPS 监测成果如图 3-24、图 3-25 所示。

从图 3-25 和图 3-26 分析:监测至今,临江 1 号崩滑堆积体变形特征为中部变形明显大于两侧,前缘由于坡度较大,且受库水侵蚀,以及水位波动影响,整体上变形偏大。同时,各监测点在汛期有较明显的上下波动变形,尤其是在每年雨季和库水位下降叠加的 7 月和 8 月,位移速率明显增加。综上所述,临江 1 号崩滑堆积体各监测点累积位移总体上呈缓慢增大的趋势,是一个受降雨和库水位下降耦合影响的滑坡,前缘临江地段及中轴线附近监测点变形更为剧烈。

2)临江 2 号崩滑堆积体

临江 2 号崩滑堆积体范围布置有 GPS 卫星定位监测点 5 个,分别为 G4(复)、G5、G6、G8 和 G23,因 G6 监测点无监测通道,已停止监测,监测至今各监测点累积位移量分别为 319.28mm、61.31mm、88.63mm 和 83.78mm。监测成果如图 3-26、图 3-27 所示。

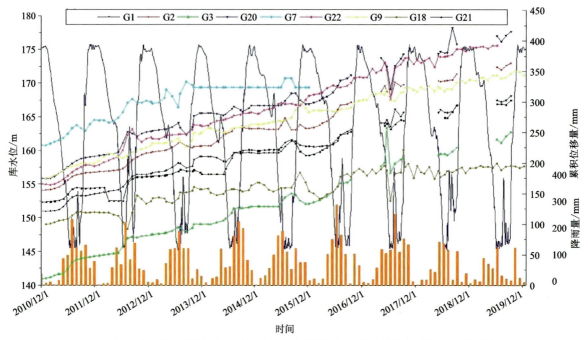

图 3-24　各 GPS 监测点水平累积位移量与降雨量、三峡水库水位时间关系曲线图

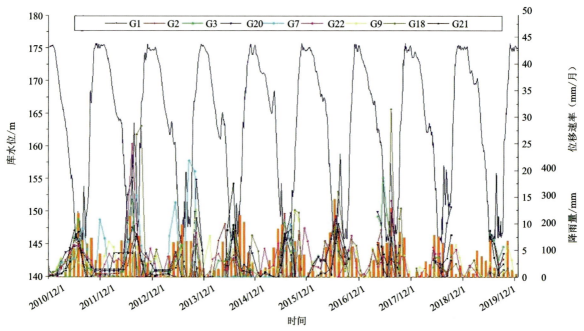

图 3-25　各 GPS 监测点位移速率与降雨量、时间关系曲线图

从图 3-26 和图 3-27 分析：监测至今，临江 2 号崩滑堆积体除 G4（复）累积位移有明显增大外，其余各监测点无明显位移。该点处于临江 1 号崩滑堆积体和临江 2 号崩滑堆积体交界部位，原巴东县磷肥厂滑坡后缘，因此，分析该点变形较为明显的是受临江 1 号崩滑堆积体变形影响产生的牵引作用导致的。

3）园艺场滑坡

园艺场滑坡自前缘至后缘布设有 G11、G13、G16 三个监测点，其中 G11 监测点由于附近村民粗暴阻工于 2012 年 6 月停止监测。监测至今各监测点累积位移量分别为 38.36mm 和 47.24mm，近期未发生变形。监测成果如图 3-28、图 3-29 所示。

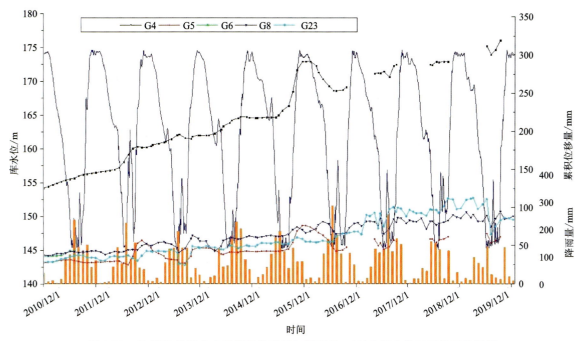

图 3-26　各 GPS 监测点水平累积位移量与降雨量、三峡水库水位时间关系曲线图

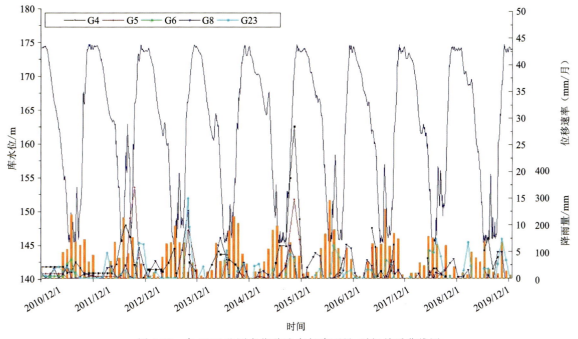

图 3-27　各 GPS 监测点位移速率与降雨量、时间关系曲线图

4）变电站滑坡

变电站滑坡自前缘至后缘布置有 G10、G12、G14、G15 及 G17 五个监测点，首测至今累积位移量分别为 88.16mm、208.45mm、151.45mm、107.5mm 和 59.35mm。各点较去年底分别位移 0.0mm、23.19mm、5.73mm、0.41mm 和 0.0mm，平均月位移分别为 0.0mm、1.93mm、0.48mm、0.03mm 和 0.0mm。

G10 点正处于变电站滑坡前缘次级滑坡-审计局坍滑体上，坍滑区包括原审计局、残联、建行宿舍，前缘至金堂路。累积位移量较大是受审计局坍滑体浅层变形影响所致。G12 点位于一陡坎处，岩土体

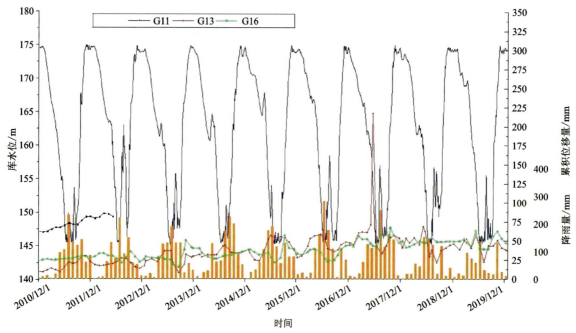

图 3-28　各 GPS 监测点水平累积位移量与降雨量、三峡水库水位时间关系曲线图

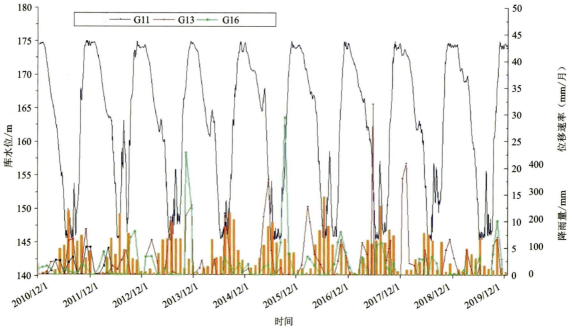

图 3-29　各 GPS 监测点位移速率与降雨量、时间关系曲线图

为结构松散的粉质黏土,加之居民在此修建沼气池,生活污水常年就地排放,监测墩附近有一处简易房子,外墙有轻微变形,树木可见歪斜现象,监测墩外围的建筑物无明显变形迹象,G12 点累积位移量较大,经分析认为系局部浅表层变形所致。G14 监测点所处地形坡度较陡,监测点附近长年开荒、耕种,导致局部地段产生浅表变形。

通过监测点的累积位移曲线可以看出,各点累积位移呈缓慢增大趋势,监测成果如图 3-30、图 3-31 所示。

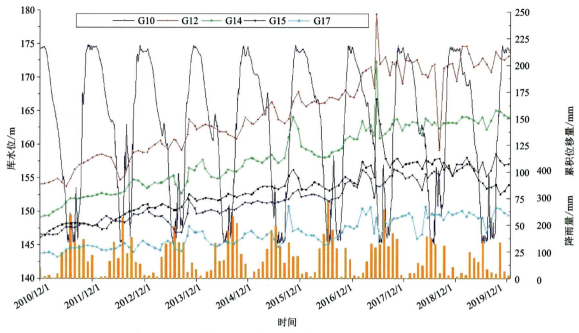

图 3-30　各 GPS 监测点水平累积位移量与降雨量、三峡水库水位时间关系曲线图

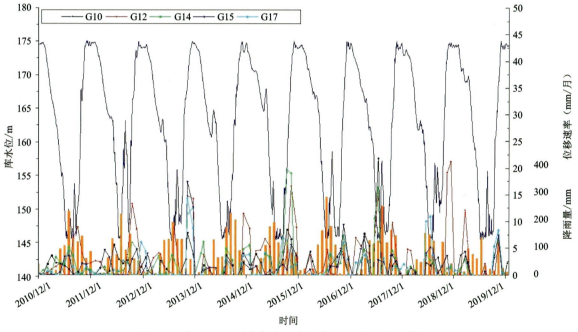

图 3-31　各 GPS 监测点位移速率与降雨量、时间关系曲线图

2. 深部位移监测结果

HZK7 测斜孔布置于监纵 1、监横 B 两剖面线的交点处,地处园艺场滑坡园艺场家属楼北侧,孔口高程 398.197m,孔深 50.00m,A 方向 40°,B 方向 130°。孔深-位移对比曲线见图 3-32。

HZK8 测斜孔布置于监纵 2、监横 B 两剖面线的相交处,地处变电站滑坡变电站家属楼北侧,孔口高程 432.866m,孔深 46.00m,A 方向 40°,B 方向 130°,2015 年 9 月该孔仅能对 40m 以上的部位进行监测,截至 2015 年 9 月,该孔在 41~42.5m 位移突变带处累积位移量为 28.05mm。2016 年 10 月,该孔在 37m 处出现卡堵,后停测。

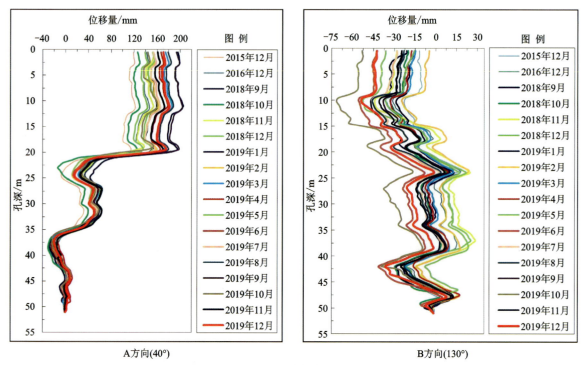

图 3-32　HZK7 孔钻孔倾斜仪深度-位移曲线图

由钻孔孔深-位移对比曲线可知：黄土坡滑坡 HZK7 测斜孔 B 方向在孔深 20.5～22.0m（位于滑带附近）区间处存在位移突变带与钻孔揭露的滑带（19.90～21.00m）所在位置基本一致，表明滑坡是沿该软弱带产生变形。黄土坡滑坡 HZK8 测斜孔 B 方向在孔深 41.0～42.5m（位于滑带附近）区间处存在位移突变带。

由孔深-位移对比曲线图和深部位移监测成果统计表可知：监测至今，黄土坡滑坡 HZK7 测斜孔滑移带的位移量为 73.01mm，测斜孔滑移带的位移量较 2018 年年底增加 9.43mm。

从图 3-33 中可以看出：HZK7 测斜孔本年度最大月累计变形为 80.56mm，月位移速率为 0～1.38mm，表明滑坡未产生深层明显位移变形。

图 3-33　HZK7 倾斜仪监测孔位移突变带处累积位移-时间关系曲线图

3. 宏观地质调查

黄土坡滑坡前缘临江一带边坡高陡，历史上曾发生多次崩滑。1995 年 6 月 10 日，巴东县城区发生二道沟滑坡,滑坡纵长约110m,宽约90m,厚5~7m,造成伤亡14人,倒塌民房2栋、厂房1栋,面积近1000m²。1995年10月29日,巴东县城区发生三道沟滑坡,该滑坡平面似喇叭状,纵长约220m,顺长江宽约250m,滑体厚约5000m,滑体方量约12.8×10⁴m³。滑坡发生前的预警工作避免了人员伤亡但是仍造成了交通中断,滑体上6个建筑物房屋垮塌和损坏,此外,还损坏低压电缆、广播线、自来水管、经济林木等,直接经济损失2000多万元。2002年12月8日,三道沟滑坡牵引变形区再次发生滑动,滑坡导致原209国道再次垮塌,没有造成人员伤亡和重大财产损失。2007年6月,原林业局木器加工厂职工宿舍发生局部坍塌,共有16户55人避让撤离。7月,6km局部坍塌。此外,原县移民局东侧、209国道收费站等多处出现局部变形坍塌。

现场调查发现滑坡体变形明显发展迅速,根据群测群防资料对滑坡区域进行详细调查,现场调查裂缝150余条(组)。其中,临江1号滑坡(西以四道沟东坡为界)上裂缝76条(组),临江2号滑坡上裂缝28条(组),变电站滑坡体上裂缝40条(组),园艺场滑坡调查裂缝6条(组)。结合大量的地面裂缝调查资料和各种变形监测成果分析,黄土坡滑坡临江1号滑坡变形较强烈,而另外3个组成滑坡变形相对较小,测区内统计裂缝主要走向集中在250°~350°之间,裂缝平均宽度多在20mm以内,长度从0m到80m不等。

三、滑坡变形分析

通过监测结果可以分析滑坡变形和外界影响因素之间的关系,黄土坡滑坡的监测系统由两部分组成,其各自揭露的现象的侧重点也各有不同,传统专业监测可以分析出的内容包括坡体结构、人类工程活动、降雨和库水位对滑坡变形的影响。而地下隧洞群则可以更直观地揭示出黄土坡滑坡的内部结构,包括其内部物质组成情况、滑带土成分和特性、渗流场变化规律等,进而可以进行滑带土特性分析、渗流场随降雨和水位变化的规律、滑坡演化历史等相关科研工作。下面进行具体的分析和讲述。

(一)坡体结构对滑坡变形的影响

(1)地层岩性是滑坡形成的主要物质条件:黄土坡滑坡发育于巴东组第二段(T_2b^2)中厚层紫红色泥岩、泥质粉砂岩及第三段(T_2b^3)中厚层白色灰岩,白云岩灰岩与灰黄色、灰绿色泥质灰岩,泥灰岩中。岩层总体走向NW60°,倾向北东,倾角30°左右,岩性软弱相间,相对软弱的泥岩、泥灰岩及泥质灰岩亲水性强,易风化、软化形成缓坡地形,相对坚硬的灰岩、白云岩、粉砂岩形成陡坎。这种软弱相间的地层组合,为黄土坡滑坡区崩滑体的产生提供了物质条件。

(2)长江深切为黄土坡滑坡提供了有利的临空面:中更新世晚至末期,鄂西山地处于隆升期,长江深切形成峡谷地形,这一过程结束于距今(73~30)×10⁴a。这一时期长江巴东地段形成多级基座侵蚀阶地,为崩滑体的形成提供了良好的临空面。

(二)人类工程活动对滑坡变形的影响

滑坡所处斜坡,人工切坡筑路,建房,不断改变边坡和加载导致边坡失稳。近几年,由于人类工程活动频繁,坡体变形逐渐加剧,多处出现地裂缝、房屋地基变形、房屋拉裂的现象。

(三)降雨和库水位对滑坡变形的影响

从黄土坡滑坡临江1号和临江2号位移速率与月降雨量、库水位的对比关系图(图3-25、图3-27)可以看出，临江1号滑坡位移受降雨和库水位下降影响，每年的雨季和库水位下降叠加的7月和8月变形最为明显，位移速率也相对最大。对比不同年份，降雨量大的年份比如2013年和2015年，比降雨量较少的2018年，滑坡的位移速率大很多，说明其受降雨影响更大。综上所述，黄土坡临江1号滑坡是一个受降雨和库水位下降耦合影响的滑坡，但受降雨影响更为明显。

相比临江1号崩滑堆积体，临江2号每年的位移量会小一些，对降雨的响应也没那么剧烈，唯独在2015年出现了一个剧烈的增长，综合考虑，这可能是由人类工程活动造成的。

根据相关学者的研究(滑帅，2015)，黄土坡滑坡在实际降雨与库水位升降作用下，降雨对滑坡的影响相对于库水主要集中在滑体中后部。在库水位上升和下降时，滑坡体内部浸润线变化相对于库水位升降循环存在一定迟缓。对于变形特征，在库水位下降阶段，滑坡变形逐渐从前缘向中后部拓展，降雨冲刷影响滑坡后缘部分发生弱小变形；随着强降雨的发生，滑坡浅层变形由从前向后延伸转变为从后向前延伸，降雨作用显著。临江1号滑坡在库水位与降雨联合作用下基本处于稳定状态，浅层滑面稳定性系数相对较低而深层滑面稳定性系数相对较高。在实际三峡水库边坡工况下，降雨对滑坡稳定性影响更为显著(简文星等，2013；杨金，2012)。这和前面利用监测数据进行的分析结果相符合。

(四)滑带土对滑坡变形的影响

黄土坡滑坡深部存在多层软弱带，其性质对于黄土坡滑坡整体变形演化有着极大的控制作用。利用野外隧洞平台对滑坡滑带土进行现场采样，利用野外滑带土样进行系统滑带土特征试验，可以准确地揭露滑带土空间分布和物质组成。滑带土作为滑坡滑动的重要影响因素之一，其物理特性决定滑坡在一定的影响条件下(如地下水上涨的浸泡作用)，是否容易发生变形破坏，因此，相关研究必不可少。

鲁莎(2017)依据钻孔揭露的滑带信息，得到滑带物质主要成分为粉质黏土夹碎石或角砾，软塑至可塑状态，其中碎石质量分数为19.5%～49%，砂粒和粉粒质量分数为29%～45%，黏土质量分数为13%～27.5%，根据滑带土空间发育位置不同，滑带土颗粒级配各异。滑带土中碎石母岩主要来源于二叠系巴东组第三段，碎石大小基本在0.1～6cm之间，滑带结构密实，呈可塑—软塑状态，部分碎石有磨圆现象，部分呈次棱角状，表面有擦痕且呈定向排列。

通过野外隧洞群可以客观准确地揭示出黄土坡滑坡的滑带土组成成分，为相关研究提供了有利条件。

(五)滑坡变形演化分析

结合黄土坡滑坡地质环境、形成主控条件及影响因素、滑坡形成机制，并利用现场综合监测系统，可系统分析黄土坡滑坡整体变形演化特征。

黄土坡滑坡形成于距今$(54\sim5)\times10^4$a年代之间。临江1号和临江2号滑坡最早产生于距今$(54\sim19)\times10^4$a，后经过5次大滑动，前三次滑动距今时间分别为$(40\sim38)\times10^4$a，$(31\sim30)\times10^4$a，$(22\sim18)\times10^4$a，形成了临江两滑坡基本形态。后期，变电站滑坡和园艺场滑坡相继滑动形成于距今$(16\sim13)\times10^4$a和$(13\sim12)\times10^4$a之间，其超覆部分引起了临江两滑坡的再次滑动，临江1号-1滑坡和临江1号-2滑坡分别形成于距今10×10^4a以及5×10^4a期间。

黄土坡滑坡表面变形位移方向并不单一，但是整体朝着北东20°前进。临江1号滑坡滑体前缘各监测点累计位移量在157.23～199.09mm之间；滑坡体中前部位监测点G7和G22累计位移量分别为256.78mm和184.7mm；位于滑坡体中后部的监测点G9和G18累计位移量分别为194.61mm和9142mm；滑坡体后缘的监测点G11累计位移量为72.51mm。黄土坡滑坡地表累积位移受库水蓄水高程和降雨影响明显，但是整体而言处于滑坡变形演化相对稳定阶段。

在黄土坡滑坡深部变形研究上，对于临江1号滑坡，靠近滑坡前缘的钻孔BDZK5滑带处累积位移从 0mm 到 54.32mm 稳定增加，在 2007 年 1 月滑带处位移速率最大为 3.86mm/月，平均位移速率为 1.87mm/月。滑带累积位移月变形速率最大值依次减小。深部滑带累积位移的多重分形维数同浅部累积位移相似，受到库水和降雨的影响但是整体处于稳定演化阶段。

黄土坡滑坡处于官渡口向斜南翼，其形成受到物质条件、边界条件和环境条件三方面控制。物质上，崩滑体所在地层泥质质量分数较高，造成岩石抗风化能力较弱。该区的巴东组软弱相间地层为黄土坡滑坡内部软弱夹层和剪切错动带提供了物质基础；边界条件上，滑坡内发育了 4 组节理结构面，破坏了岩体的完整性，为地下水径流提供了通道；环境条件上，明确了气候变化与滑坡形成的密切关系（滑帅，2015）。

黄土坡滑坡的形成机制总体而言可以归纳为相对软质岩体（T_2b^2）和相对硬质并含有软弱夹层的岩体（T_2b^{3-1}）组成的总体顺向斜坡结构给滑坡的形成提供了先天有利条件，在长江河流下切作用之下，临空面高度增加累积为滑坡提供了滑动势能，应力集中到一定程度，能量爆发形成滑坡破坏。

四、结论

黄土坡滑坡是一个结构复杂的大型古滑坡，历史上发生多次变形破坏。目前，巴东旧县城的搬迁工作已完成，除临江 1 号崩滑堆积体还略有变形之外，其他 3 个子滑坡处于稳定阶段。但仍需要进行一定的专业监测，以便实时掌握滑坡体的变形破坏情况，评价治理工程效果，为滑坡危险性评价与灾害预警提供可靠的监测数据与决策依据。在黄土坡滑坡之下搭建的巴东大型野外综合试验场是集教学、科研、生产为一体的平台，能够更加直观地揭示出滑坡的地质模型，为滑坡的相关科研工作提供了有力支持。

第八节 案例分析：曾家棚滑坡——地表位移监测

重庆市奉节县曾家棚滑坡是三峡库区大溪河流域堆积层大型古滑坡，在奉节库区沿岸具有典型性和代表性，其变形具有先推移后牵引的复合特征，库水位效应和暴雨是该滑坡复活的主要诱发因素。2012 年 5 月 31 日，受连续降雨及三峡水库降水影响，滑坡前缘中部发生滑塌，总方量约 $15×10^4 m^3$。随后，6 月 2 日凌晨，曾家棚滑坡东侧发生大规模滑动，滑动体积约 $460×10^4 m^3$，滑坡前缘滑入大溪河约 30m，险区内房屋全部被毁，约 450 亩耕地被毁。由于预警及时，应急处置得当，未发生人员伤亡。该滑坡属二期地质灾害防治规划搬迁避让和专业监测预警项目，专业监测工程于 2003 年建成并开始监测。曾家棚滑坡通过专业监测数据实现成功预警，避免险情造成人员伤亡，该滑坡为专业监测预警成功案例。

一、滑坡概况

曾家棚滑坡位于长江支流大溪河左岸斜坡上，距大溪河入长江河口约 11km，入河口距三峡大坝 149km。地属重庆市奉节县鹤峰乡三坪村 1 社，地理坐标：109°34′00.67″E，30°56′55.53″。属亚热带季风湿润气候区，冬季主要受北方干冷气候影响，夏季主要受南方暖湿空气控制，气候温和，雨热同季，日照充足，雨量充沛，四季分明。年平均气温 18.5℃，最高气温 39.8℃，最低气温 0.1℃；多年平均相对湿度 68.6%；多年平均降雨量 1059.4mm，年最大降雨量 1351.6mm，降雨多集中在 4—9 月，占年平均降雨量的 55%，春夏之交多暴雨。滑坡主要威胁坡体上 8 户 20 人生命财产安全，一旦发生整体滑动，会对航道及过往船只、码头设施造成威胁。

1. 地形地貌

滑坡区位于长江左岸斜坡,属中低山中深切割侵蚀河谷地貌,山脉走向受区域构造控制,呈北东—东向。靠近三峡峡谷区的河谷-岸坡地带,库岸斜坡山顶高程可达600m以上,一般岸坡高程在100~300m之间;由于朱衣河、梅溪河与长江共同作用的结果,地貌呈现为河谷相对开阔,河曲、阶地与漫滩均十分发育,岸坡具明显层状地貌特征。

2. 地层岩性

滑坡区内及其邻区出露基岩均为沉积岩层,区内常见地层有上三叠统须家河组、中三叠统巴东组、下三叠统嘉陵江组和第四系残坡积层、滑坡堆积层、崩坡积层及冲洪积层等。其中巴东组泥岩地层、古滑坡堆积层、残坡积层、崩坡积层为本区的易滑地层,为地质灾害的发育提供了地层方面的物质条件。

3. 地质构造

区域构造上位于巫山向斜南东翼近核部,岩层产状中上部180°~270°∠10°~207°、斜坡下部滑坡区340°~350°∠18°~22°。斜坡坡向南东,岸坡属逆向坡(伏永朋等,2015)。受褶皱构造的影响,滑坡区裂隙发育。

4. 水文地质条件

区内地下水类型有松散岩类孔隙水、碎屑岩类孔隙-裂隙水、碳酸盐岩溶裂隙水。

(1)松散岩类孔隙水:赋存于第四系松散堆积物的孔隙中,但赋存介质厚度不大且结构松散、孔隙率大、强透水,孔隙水难以留存,仅见于厚度较大的堆积层中。这类地下水直接接受大气降水、地表垂向入渗补给,一般在堆积物前缘与基岩分界面处以下降泉形式出露,涌水量甚小,动态极不稳定,枯水季节基本无水,流量一般(0.1~0.5)L/min,但出露在滑坡堆积体前缘的孔隙水流量均较大,且长年有水,涌水量最大可达10L/min。

(2)碎屑岩类孔隙-裂隙水:主要赋存于碎屑岩裂隙-孔隙含水岩组,富水条件受其空隙性控制,并且在冲沟的切蚀作用下,一般埋藏深、水量不大,多出露在冲沟底部,泉水流量一般小于2.5L/min,最大达(10~20)L/min,裂隙泉一般长年有水,但随季节变化明显。

(3)碳酸盐岩溶裂隙水:赋存于碳酸盐岩裂溶隙含水岩组。总体来说,区内该含水岩组岩溶发育较弱,以溶隙、孔为主,局部可见溶洞。主要接受大气降水补给,由于具备良好的存储空间,所以一般水量较丰富,以管道流形式集中运移、排泄。岩溶泉水流量最大达(1.0~2.0)L/min,对分散居民生产生活具供水意义。

滑坡平面形态呈不规则弧形,斜坡前缘高程140m,后缘高程300m,相对高程160m,主滑方向137°。滑坡纵轴长约450m,横宽约540m,面积约24.3×10^{4}m^2,滑体平均厚度约为25m,滑体体积约600×10^{4}m^3,属于中层大型土质滑坡。滑坡滑床主要为巴东组第二段地层,岩性为紫红色砂泥岩互层,中厚层状,节理裂隙较发育,基岩工程地质岩组属半坚硬—较软岩组,滑坡区实测岩层产状:320床∠200°。滑带位于第四系粉质黏土夹碎、块石与下伏基岩之间,滑动带厚约25cm左右,主要成分为紫红色粉质黏土。滑坡的全貌图见图3-34。

二、监测网点布设

曾家棚滑坡滑体物质主要为滑坡堆积碎块石土层,通过对该滑坡边界、变形特征、滑面形态、影响因素分析,结合监测系统设计方案,滑坡的主要监测内容为地表位移、深部位移监测和宏观调查监测,监测时间从2003年7月开始。根据技术要求,该滑坡地表绝对位移监测采用实时GPS监测,滑坡体上共布

图 3-34　重庆市奉节县曾家棚滑坡全貌图

设 9 个地表绝对位移 GPS 监测点，形成由三纵三横的监测剖面形成的监测网。监测工作从建墩之日起，枯水期每月观测 1 次，汛期每 10d 观测 1 次。深部位移监测设监测钻孔 2 个，但曾家棚滑坡倾斜监测钻孔在 2006 年初就被人为破坏，一直未予以修复。曾家棚滑坡监测网布置见图 3-35，监测剖面以 1—1′为例，见图 3-36。

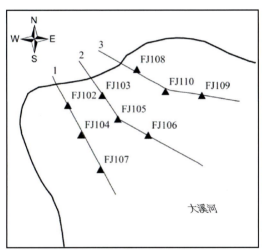

图 3-35　曾家棚滑坡监测网布置平面图

三、监测数据分析

1. 地表位移监测分析

从图 3-37 可以看出，曾家棚滑坡于 2005 年 3 月至 2007 年 5 月间 GPS 监测点位移量微小，滑坡体比较稳定，且宏观监测未见明显变形迹象。2007 年 7 月以后，滑坡部分区域变形量持续增加，滑坡开始启动，经过不同阶段的蠕滑及加速变形，位移变形量持续改变直至 2012 年 6 月 2 日坡体的最终破坏。

根据监测时间位移曲线图可以看出，滑坡整体处于蠕滑变形阶段。曾家棚滑坡 2012 年 5 月份监测数据分析，监测点的月变形数据均偏大，在 14～18.6mm 之间。FJ102 点月变形量最大，为 18.6mm，累计变形量为 63mm；监测点中累计变形量超过 400mm 的点有 4 个，分别为：FJ104、FJ106、FJ108、FJ109；累计变形量超过 300mm 的点有 2 个，分别为：FJ105、FJ107。

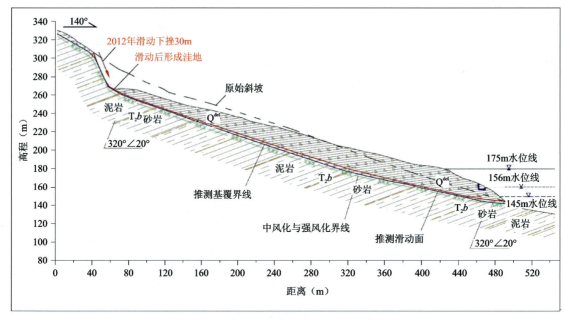

图 3-36　湖北省奉节县曾家棚滑坡 1—1′纵剖面图

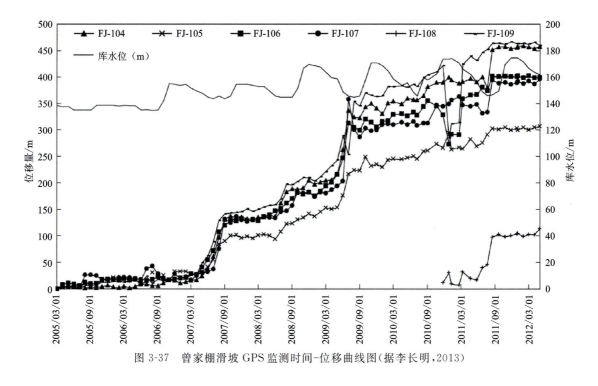

图 3-37　曾家棚滑坡 GPS 监测时间-位移曲线图（据李长明，2013）

2. 宏观变形情况

2003 年 6 月前蓄水以前，人类工程活动影响甚微，滑坡区内以农耕为主，滑坡区未出现大规模变形。

自 2007 年 7 月以来，该滑坡部分区域变形量持续增加，人工巡查时发现滑坡中后部出现贯通性裂缝，滑坡开始明显变形，局部处于不稳定状态。2010 年 9 月 8—10 日变形体出现明显下错，最大约 60cm，变形体加速滑动，持续扩展。从 2012 年 5 月 31 日开始，曾家棚滑坡开始持续剧烈变形，最终于 6 月 2 日凌晨发生整体滑动，后缘下错 30m。

四、滑坡险情与应急处置

1. 滑坡险情

2012年5月底,中国地科院成都探矿工艺研究所通过对滑坡地表位移、降雨量等参数的专业监测,发现位于奉节县鹤峰乡三坪村的曾家棚滑坡监测数据异常,结合数年来的监测数据及该两处滑坡以往的预警情况总结分析,认为存在着一定的隐患,随即派专业技术人员到现场踏勘,并安排人员配合开展人工巡查,对滑坡进行了专业监测、群测群防两种手段的跟踪关注。

5月31日凌晨1时左右,曾家棚滑坡前缘局部发生滑塌,滑坡中后缘出现大量裂缝,滑体出现破坏变形迹象。

至6月1日9点,滑塌体两侧范围内出现多条横向拉张裂缝,滑塌体后侧房屋墙体拉裂,耕地局部产生多条横向拉裂缝和纵向裂缝。滑坡后缘出现多处拉张、沉降裂缝,局部土体垮塌(图3-38),大规模下沉,沉降量0.5~1m,出现临滑险情。

图3-38 滑坡后缘垮塌

6月2日凌晨,曾家棚滑坡东侧发生大规模滑动,滑动体积$460 \times 10^4 m^3$,险区内房屋全部被毁,滑坡前缘滑入大溪河约30m。

曾家棚滑坡通过专业监测及时发现异常,配合群测群防监测对该滑坡进行了及时预警预报,在发生大规模滑动之前12小时内及时将滑体上9户42人全部撤离,避免了重大人员伤亡。

2. 应急处置

通过监测数据发现滑坡出现变形迹象后,中国地科院成都探矿工艺研究所奉节监测站技术人员第一时间迅疾赶赴现场,深入滑坡变形区域现场踏勘,准确判断出滑坡即将大范围破坏后,立即以电话形式报告奉节县地质环境监测站、重庆市地质环境监测站等当地政府部门及三峡库区地质灾害防治工作指挥部,及时编制了书面调查报告及建议书向相关部门汇报。

5月31日,县委政府赶到滑坡现场,在滑坡大规模滑动前半天内,指挥群众全部撤离,搭建临时帐篷,安置受灾群众,并发放食品和饮用水等。在滑坡体两侧和滑坡前缘大溪河水域设置警戒线及警示标语,并设专人值守。

由于探矿工艺所奉节监测站的专业监测及报告及时,使得滑坡区和受威胁区内居民成功撤离,未发生人员伤亡,确保了居民的生命安全。迅速的应急监测和现场最新的调查信息,为滑坡险情的预报及防范提供了保障,当地政府的国土、民政、交通部门及时启动防灾应急预案,搭建临时帐篷,滑坡上和受威胁区域的村民全部被转移到临时安置点。

五、结 论

曾家棚滑坡通过专业监测数据实现成功预警,险情过程中未发生人员伤亡,确保了居民的生命财产安全。

在三峡工程蓄水前曾家棚滑坡变形量微小,从2007年7月起,滑坡变形明显,说明了库水位变动对滑坡的影响。在2012年大范围滑动前,每年汛期滑坡位移均有大幅度增长,并且坡体开裂明显,表明降雨量对滑坡变形的影响。因此,降雨和库水位变动为曾家棚滑坡的变形动力因素。

滑坡在整体滑动后,应力得到释放,再次产生大规模滑坡的可能性不大。目前滑坡区主要变形为局部滑移变形,表现形式为前缘局部滑塌、地裂缝等。综合目前库水位的调节条件,认为曾家棚目前处于整体稳定的状态。

第九节 案例分析:木鱼包滑坡——InSAR位移监测

木鱼包滑坡是三峡库区专业监测的地质灾害点之一,自2006年实施专业监测以来,一直持续变形,对三峡大坝工程和长江航道造成巨大威胁。经过多次野外地质调查、长期现场巡查及GPS监测,深入分析该滑坡在库水涨落及降雨条件下的变形特征、演化规律及变形机制,结果表明,该滑坡属于典型的滑移弯曲型模式,库水位升降是木鱼包滑坡变形的直接因素。库水位上升过程中,库水位由145m升到155m左右,月位移量为最小值;动水压力向坡内,滑坡变形最小;库水位155m上升至175m期间,库水入渗前部坡体,对滑坡前部抗滑段形成浮托减重效应,变形有所增加。库水位由175m下降到170m左右,累积位移形成阶跃,坡受向坡外动水压力和浮托减重效应作用,月位移达最大值。同时,降雨对滑坡变形有一定的助推作用。目前,木鱼包滑坡变形趋势减小,产生大规模滑动的可能性较小,但须进一步加强监测和机制研究。

一、滑坡概况

木鱼包滑坡位于长江南岸,谢家包背斜北翼与长江形成楔形区域开口处,地属湖北省秭归县沙镇溪镇范家坪村二组,距三峡大坝坝址56km,是典型的靠椅状滑坡。地理坐标:经度110°29′36″,纬度31°02′08″(图3-39)。在10余年的监测中,该滑坡一直处于变形状态,威胁到滑坡区内140户500余名村民的生命财产,并威胁公路及长江航运安全。

(一)滑坡区环境地质条件

1. 地形地貌

滑坡位于鄂西褶皱带,地形起伏较大,地貌以中低山和侵蚀峡谷为主。沿江两岸海拔在300~

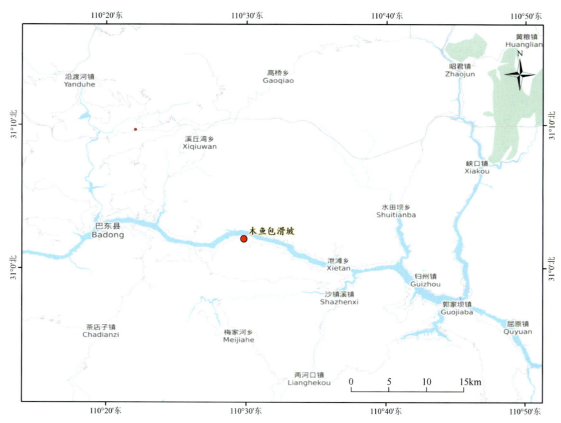

图 3-39 湖北省秭归县木鱼包滑坡地理位置示意图

1200m 之间,地势总体上为中间高、两边低,以秭归盆地为中心向周围增高,远离长江往南、北方向地形总体趋势变高(赵艳南,2015)。

2. 地层岩性

该地区内地层发育较为完整,震旦系至第四系皆有出露,主要缺失下泥盆统、志留系和上石炭统、白垩系。研究区地层岩性按照岩性构造和岩体结构特征可划分为以下 3 种岩组类型。

(1)松散堆积岩组:主要为第四系堆积物。该组岩性由于软弱且未胶结,在诱发因素影响下,容易沿下伏基岩面产生滑动。

(2)层状碎屑岩组:根据组内占主导性岩性的不同可再分为两个亚组,即以软层为主的软硬相间的岩组(泥岩与砂岩互层)和以硬层为主的硬软相间的岩组。前者包括部分侏罗系、中上泥盆统、志留系和中上奥陶统,斜坡稳定性主要受控于软层和层面;后者包括三叠系沙镇溪组、巴东组和部分侏罗系,软弱夹层和层面影响斜坡的稳定性。

(3)层状碳酸盐岩组:本组岩石质地坚硬完整,主要由上震旦统、中石炭统、下奥陶统、寒武系、二叠系和下三叠统组成。

滑坡发育于下侏罗统香溪组石英砂岩、砂泥岩夹煤层组成的顺向坡地层中。

3. 地质构造

断裂和褶皱是影响滑坡区的主要构造,其中断裂主要有九畹溪断裂、仙女山断裂、香炉坪断裂和巴东牛口断裂;而褶皱发育有秭归向斜、黄陵背斜、官渡口向斜和百福坪背斜。上述构造特征主要形成于喜马拉雅运动早期至燕山运动晚期,构成了长江三峡河谷地貌发育演化的基本构造背景。

4. 水文地质

滑坡区地下水赋存类型主要有碎屑岩裂隙水、松散岩孔隙水、碳酸盐岩岩溶水等。碎屑岩裂隙水主要赋存于碎屑岩的构造和风化裂隙中,富水性一般较弱,多分布在秭归盆地的三叠系和侏罗系砂岩中。松散岩孔隙水是影响区内滑坡稳定性的主要因素之一,主要赋存于第四系松散堆积层。碳酸盐岩岩溶水主要赋存于泥灰岩、灰岩、白云岩等裂隙溶洞中,有较好的富水性,受季节变化的影响。

(二)滑坡体特征及变形破坏模式

1. 滑坡体基本特征

滑坡发育于巴东复向斜和秭归向斜交会的侏罗系香溪组(J_1x)厚层石英砂岩夹煤层地层中,岩层产状为 $25°\angle 26°$,与坡面倾向一致,构成中倾外层状斜坡,主滑方向 $20°$。滑坡前缘剪出口高程约 100m,后缘高程 520m。滑坡平面形态近马蹄形,滑体纵长 1500m,均宽约 1200m。平均厚度为 30~90m,面积为 $180\times 10^4 m^2$,体积约 $9000\times 10^4 m^3$,滑体前缘较厚,厚 50~70m,后缘较薄,厚 20~40m,西以鹅卵石沟为界,东以大乐沟为界,总体坡度 $20°$。

滑体主要由两个部分组成,表层为松散堆积层,主要包括滑坡堆积物和冲洪积亚黏土及含泥砾石层,残坡积亚黏土及崩坡积块石(许霄霄,2013);下层(主体)为扰动破坏的厚层—巨厚层层状石英砂岩块裂岩体。滑体中、后部为顺层滑动,滑带由软弱的煤系地层构成。滑体前部滑带为黑色轻粉质壤土夹少量块碎石。滑床主要由香溪组中、下段地层组成,顺层滑动部分,滑床以香溪组碳质粉砂岩为主,切层部分由层状石英砂岩、含砾石英砂岩构成。剖面上滑床上部与岩层面一致,呈直线,倾角 $21°$~$25°$,下部滑床顶面变缓。坡体前缘为一隆起平台,厚度为 80~120m,明显比中、后部的滑体(60~90m)厚得多。整体特点是中、后部完整,前部相对破碎。剖面上滑床上部与岩层面一致,呈直线,下部滑床顶面变缓,甚至反倾。前缘临空面现已部分没入水中,坡向 $10°$,具平台地形。滑坡全貌见图 3-40。

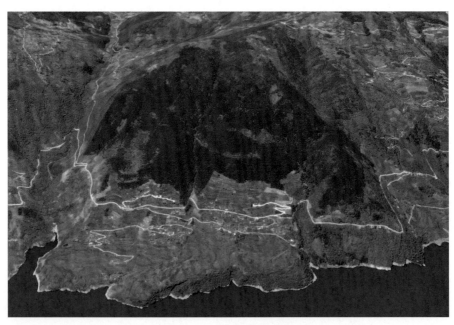

图 3-40 木鱼包滑坡全貌

据钻孔资料，滑带为黑色、灰黑色煤泥、碳质页岩，厚度为0.1～0.3m，湿润状态具塑性，天然含水率为12.6%。矿物成分以伊利石为主，蒙脱石次之；化学成分中，SiO_2质量分数最高，为32.72%，Al_2O_3质量分数为15.67%（邓茂林等，2019）。

2. 滑坡变形破坏模式

滑坡构造部位为谢家包背斜北翼，与长江相切形成的楔形区域的西端，原始斜坡为中倾顺向坡（坡角21°～24°），构成上硬下软岩土体结构类型（鲁涛等，2012）。坡体地形起伏较大，平均坡度为20°，是一个古老的特大型岩质滑坡，滑带土年龄距今110Ma左右，相当于晚更新世早期，推断其水平滑距在5000m以上。该滑坡滑体物质表层为堆积层，下层为扰动破坏的层状石英砂岩岩体。表层主要包括冲洪积亚黏土及含泥砾石层、残坡积亚黏土及崩坡积块石，下层为滑坡主体，为原香溪组中段石英砂岩、含砾石英砂岩，两岩层为弱—强透水岩层。由于地表堆积物入渗性差，而下部香溪组的石英砂岩、泥岩和粉砂岩层因岩体破碎，贯通性裂隙发育，透水性好，排水通畅；在暴雨情况下，堆积体含水量急剧增大，形成上层滞水，为滑坡体增重，而三峡库水淹没前缘时，地表水极易倒灌进入滑坡体，达到饱和，且恰恰是滑坡体阻滑段岩体因浮力而减重，同时滑坡岩土体及滑带遇水软化，在上述两方面的作用下导致滑坡体沿滑动面产生滑动变形。由此分析大气降雨与库水位的上升均可以加剧滑坡的破坏失稳，目前滑坡的变形主要是受三峡水库水位上升作用的影响。

二、滑坡监测

（一）监测网点布设

由于木鱼包滑坡为水库为主要诱发因素的阶跃型土质滑坡，根据滑坡体的结构特征、物质组成、形成机理和滑坡目前变形动态以及监测系统设计方案，滑坡的主要监测内容为地表及深部位移监测、降雨量、地下水、库水位变化和宏观巡视监测（表3-4）。木鱼包滑坡为三峡库区专业监测地质灾害点之一，在滑坡体上共布设12个GPS监测点，构成三纵四横的监测剖面线，同时在西边稳定基岩处布设1个GPS基准点，另1个GPS监测基准点与谭家河滑坡监测共享。2016年在滑坡体中间的监测剖面线上布置了ZGX295、ZGX296、ZGX297、ZGX298四个全自动地表位移监测仪。2个自动测斜、地下水水位及水温综合监测孔，孔号为QSK01和QSK02。监测孔QSK01位于监测点ZG297附近，QSK02布置于ZGX295附近，见图3-41。

表3-4 木鱼包滑坡监测内容与方法一览表

序号	监测项目	监测方法与仪器	监测方式	监测内容	监测点数量（个）
1	地表位移监测	GPS	人工和自动	滑坡地表位移变化和速率	12
2	深部位移监测	测斜仪	自动	深部位移变化情况	2
3	降雨量监测	雨量站	自动	获取降雨量数据	1
4	库水位监测	水位计	自动	监测滑坡前缘库区水位的变化情况	2
5	地下水位监测	水位计	自动	监测滑坡地下水位的变化情况	2
6	宏观地质巡查	—	人工巡查	通过地面巡查，获取滑坡宏观变形特征	

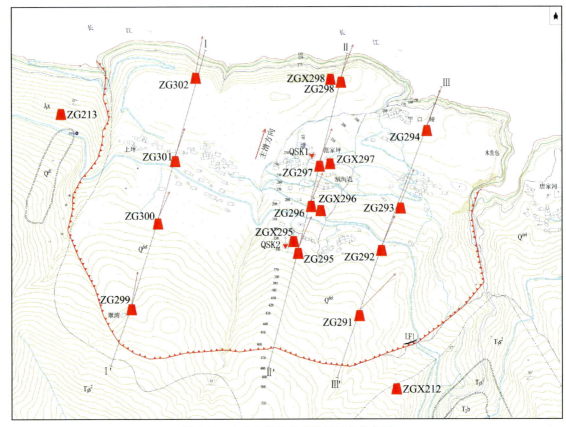

图 3-41　木鱼包滑坡专业监测网点分布图

(二) 监测数据分析

1. 地表人工 GPS 监测结果分析

通过图 3-42 可知,木鱼包滑坡的变形与三峡库水位的升降具有很明显的相关性。自 2006 年 9 月至 2019 年 3 月已有 14 年。在每年 11 月至次年 3 月期间(主要集中在 12 月至次年 1 月),三峡库水位

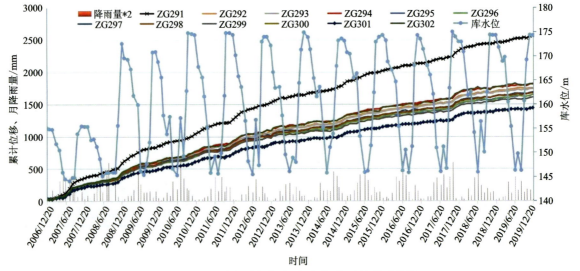

图 3-42　监测点累积位移-库水位-降雨量关系曲线

在高水位运行并下降,水位从 175m 下降到 165m 左右运行(2006 年底至 2007 年初库水位在 156m 左右),滑坡变形曲线出现突跃,滑坡月位移量达 20mm 以上,为年最大值,充分表现出典型"阶跃"型的动态变形特性。而在每年 4—10 月期间,滑坡变形曲线趋于平缓;在 6—9 月期间,库水位在 145m 左右时,变形曲线出现下滑现象,月位移量出现 0~10mm 负值(即滑坡体向坡内移动),如图 3-43 所示。

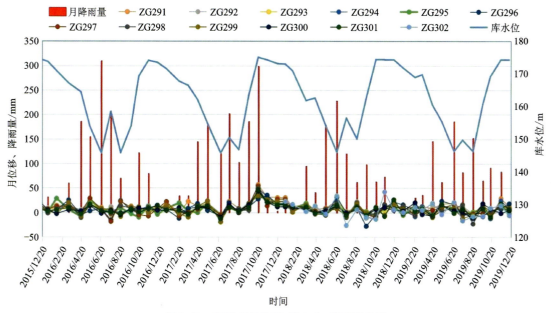

图 3-43 监测点月位移-库水位-降雨量曲线

从图 3-41 可以看出,在 3 条纵剖面上,监测点 ZG291~ZG294 位于剖面Ⅲ—Ⅲ′上,ZG295~ZG298 位于剖面Ⅱ—Ⅱ′上,ZG299~ZG302 监测点位于Ⅰ—Ⅰ′剖面上,将 3 条纵剖面的监测点累积位移值与距离后缘的距离作折线图,可得到不同剖面的各监测点累计位移值大小比较(图 3-44)。剖面Ⅲ—Ⅲ′和Ⅰ—Ⅰ′的位移特征基本一致,坡体中上部位移最大,中、前部较小,而近前缘位置的位移稍有增加。剖面Ⅱ—Ⅱ′的位移特征与剖面Ⅲ—Ⅲ′和Ⅰ—Ⅰ′基本一致,只是近前缘位置的位移明显比后缘和中部要小。这与该滑坡的坡体结构和地质力学模式有直接的关系,该滑坡为典型的滑移-弯曲型滑坡溃决后形成的古岩质滑坡,滑坡体中后部岩层倾角为 25°~27°,前部岩层变为平缓甚至反倾状。因而,该滑坡在前部形成阻滑段,总体位移明显偏低;中后部沿软弱滑带顺层蠕滑,位移量明显较大,为坡体下滑段,形成驱动力;剖面Ⅱ—Ⅱ′整体位移明显较小,因为这些监测点位于滑坡的中间位置,临空面条件比两侧的位置要差。

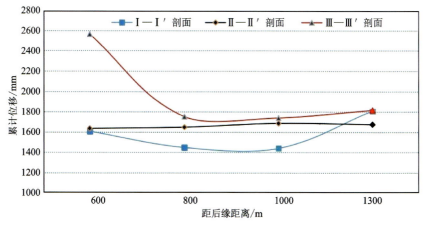

图 3-44 不同剖面各监测点位移变化规律

2. 地表自动 GPS 监测结果分析

木鱼包滑坡共布置 4 个自动 GPS 监测点，点号为 ZGX295、ZGX296、ZGX297、ZG298，监测成果见表 3-5，位移-时间曲线见图 3-45。自 2016 年 5 月运行以来，测点 ZGX295、ZGX296、ZGX297、ZG298 累积位移持续增加，累积位移分别为 324.3mm、327.2mm、316.9mm、314.4mm，2018 年度位移量分别为 49.1mm、47.9mm、48.3mm、50.6mm，位移速率为 4.1mm/月、4.0mm/月、4.0mm/月、4.2mm/月。各测点的变形规律基本一致，符合岩质滑坡的变形特点，与地表人工 GPS 监测数据相互印证。

表 3-5　秭归县木鱼包滑坡 2019 年 GPS 自动监测成果表

点号	累积位移(mm)	年位移量(mm)	位移速率(mm/月)
ZGX295	324.3	49.1	4.1
ZGX296	327.2	47.9	4.0
ZGX297	316.9	48.3	4.0
ZGX298	314.4	50.6	4.2

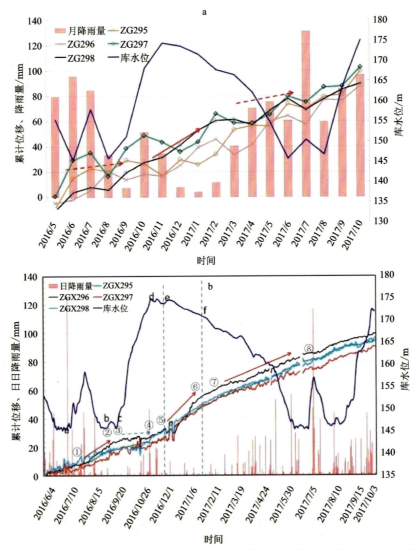

图 3-45　人工监测和自动监测 GNSS 位移-库水位-日降雨量曲线对比图(2016.4—2017.10)

为探究降雨对滑坡的影响,选取人工 GPS 点 ZG295、ZG296、ZG297 和 ZG298 及对应的全自动监测点 ZGX295、ZGX296、ZGX297 和 ZGX298 在 2016 年 6 月至 2017 年 10 月的相关位移数据对木鱼包滑坡的变形规律进行深入分析。从图 3-46b 中得知,在 2016 年 7 月 26 日至 2016 年 8 月 30 日近 1 个月期间,全自动监测点 ZGX295、ZGX296、ZGX297 和 ZGX298 分别由位移量 8.9mm、9.9mm、7.4mm 和 13.7mm 增加到 17.3mm、22.3mm、14.5mm、16.3mm,位移增量分别为 8.5mm、12.4mm、7.1mm 和 2.6mm,明显大于同期位移量,据分析认为该次位移较大增加主要由 6、7 月的持续降雨导致。2016 年 8 月 31 日至 2016 年 10 月 27 日近两个月期间,见图 3-46b 中③→④,全自动监测点 ZGX295、ZGX296、ZGX297 和 ZGX298 分别由位移量 17.3mm、22.3mm、14.5mm 和 16.3mm 增加到 23.43mm、28.07mm、22.16mm 和 27.01mm,位移增加了 5.6mm、5.2mm、6.5mm 和 8.6mm,对应的库水位由 147.25m 增加到 174.42m,库水位增加了 27.2m,这说明库水位的上升对木鱼包滑坡的变形影响小,并对稳定性有积极的作用。由图 3-46b 中⑤→⑥可以看出,2016 年 11 月 9 日至 2017 年 1 月 16 日近两个月期间,全自动监测点 ZGX295、ZGX296、ZGX297 和 ZGX298 分别由位移量 23.33mm、28.74mm、23.00mm 和 28.80mm 增加到 47.40mm、55.20mm、48.60mm 和 49.50mm,位移增加了 24.07mm、26.46mm、25.60mm 和 20.70mm,对应的库水位由 e 处 174.45m 降低到 f 处 171.18m,库水位降低了 3.27m,这说明库水位在高水位运行并轻微下降的工况条件下,木鱼包滑坡的变形最大,滑坡监测数据曲线出现较大的"阶跃",这与近些年的人工 GPS 监测数据结果基本一致。在库水位 175m 下降到 170m 高位运行期间,木鱼包滑坡前部(抗滑段)浮托力接近最大,滑坡抗滑力下降;加上库水位的下降,形成向外的动水压力,两个因素的叠加,形成了一年中的位移"阶跃"。

三、滑坡变形分析

(一)坡体结构和岩土性质对滑坡的影响

从坡体剖面结构角度,木鱼包滑坡纵剖面呈上陡下缓型,为典型的靠椅状滑坡,消落带在滑坡前部的平缓地带,见图 3-46 和图 3-47。木鱼包滑坡滑面中后部倾角为 20°~26°,长约 1100m,为整个滑坡驱动的块体;前部长 280~300m,近水平甚至部分地方反倾,对坡体起到了较明显的阻抗效果,为阻滑段,见图 3-46 和图 3-47。

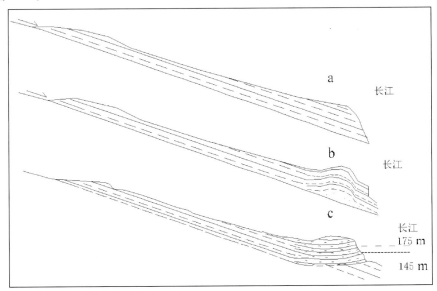

图 3-46 木鱼包古滑坡演化过程图

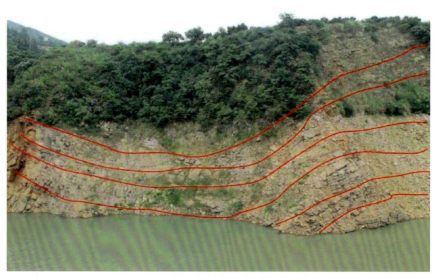

图 3-47 滑坡右侧前部岩层弯曲现象

根据斜坡变形破坏机制与模式,木鱼包滑坡属于典型的滑移弯曲型模式,滑坡所处的地形为前缓后陡的顺向坡,木鱼包滑坡古滑坡的发生经历了滑移轻度隆起、滑移强烈隆起和滑面贯通3个阶段,见图3-46。木鱼包滑坡滑移-弯曲-溃决后,堵塞长江;后来滑入江中的滑体又被长江所切割、侵蚀,剩下前部岩体中前部到前部逐渐变平缓再到弯曲反翘,见图3-47。前部厚且近反倾的坡体结构为滑坡的稳定提供了基础。

同一剖面上监测点从后缘起分别编号1、2、3、4,比如在Ⅰ—Ⅰ′剖面分别对应了ZG299、ZG300、ZG301和ZG302,在Ⅱ—Ⅱ′剖面分别对应了ZG295、ZG296、ZG297和ZG298。图3-48可以看出,总体上从后缘到前缘各监测点的累积位移量都是先减小后增大,结合木鱼包滑坡前缓后陡的坡体结构和监测数据,可以得到如图3-48所示的地质力学模式。木鱼包滑坡为一个推移式滑坡,后缘驱动块体在下滑力作用下发生位移,越靠近锁固段位移量越小,而滑坡前缘的阻滑块体具有良好的临空条件导致位移量增大。

从累积位移量-时间-长江水位相关性分析图可以看出,木鱼包滑坡变形特征包括监测点累积位移随着时间的推移不断增加,且各监测点的位移具有同步性,累积曲线上呈现不同程度的上扬趋势。

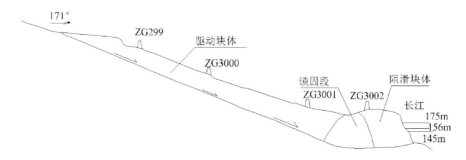

图 3-48 木鱼包滑坡地质力学模式

(二)库水位升降对滑坡变形的影响

库水位升降将直接导致岸坡地下水动力场的变化。在木鱼包滑坡水位的上升过程中,一般每年8—9月坡体库水位由145~155m,这段时间月位移为全年最低值在10~-10mm之间,主要在5~

—10mm范围内。木鱼包滑坡坡体主要为类基岩的碎裂块体,节理裂隙发育,渗透性较好,但由于木鱼包前部宽度达1400m、厚度达140m,库水位难以同步进入坡体内,形成向坡内的水头差,反压坡体,有利于滑坡体稳定。9—11月期间,库水位由155m升到175m,监测点月位移量有明显的增加,但也相对较小,一般在5~10mm范围内;库水位由155m升高到175m过程中,木鱼包滑坡受向坡内的水头差和对前部抗滑段的浮托效应的双重影响,两个作用相互抵消,导致木鱼包滑坡在此期间位移较小但也未现负值。

库水位的下降是许多库岸滑坡诱发的重要原因。木鱼包滑坡头年11月至次年3月,库水位由175m到165m的下降阶段(主要为175m下降到170m),滑坡均出现升降周期中最大幅度的位移增加,形成"阶跃"。库水处于高水位时,木鱼包滑坡前部阻滑段受到最大的浮托力,抗滑力下降;同时库水位下降,库水难以及时排出坡体,形成水头,滑坡体向外蠕滑,出现一年中最大的位移,出现累积位移"阶跃"。每年4—7月,库水位由165m下降到145m期间,滑坡的位移曲线平缓,一般月位移在15mm以下,木鱼包滑坡受向坡外的水头差和对前部抗滑段的浮托效应减小的双重影响,两个作用相互抵消,导致木鱼包滑坡在此期间位移较小但也未现负值。

(三)降雨对滑坡变形的影响

降雨集中汛期(即4—9月),这期间的月位移值较小,一般在10mm以内。据月位移量(以监测点ZG292为例),2008年9月位移量为25.08mm,降雨量为55.9mm,但8月降雨量为296.4mm;2009年5—6月位移量分别为15.55mm和25.41mm,降雨量分别为206.1mm和131.3mm;2012年7月位移量为13.08mm,降雨量为168.4mm;2013年6月位移量为9.85mm,2013年5月和6月的降雨量分别为130.5mm和140.6mm;2015年6—8月位移量为11.35mm、32.59mm和9.25mm,降雨量分别为204.30mm、255.30mm和161.90mm;2016年6月位移量为18.06mm,降雨量为260.9mm;2017年8月位移量为11.31mm,7月和8月降雨量分别为261.90mm和118.60mm。可以得出,月降雨量大于140mm以上会对滑坡的变形产生明显的影响,月位移会增加到10mm以上;而月降雨量小于140mm,对木鱼包滑坡的变形基本没有影响。这进一步说明木鱼包滑坡变形主要由库水位诱发,月降雨量140mm以上的降雨起到了助推作用。

通过对滑坡累积位移-降雨量-库水位-时间进行相关性分析可知,在2007年4—7月持续降雨达722.29mm,降雨易沿滑体表面裂隙入渗,饱和了滑带土和部分滑体土,导致滑坡体在2007年5—8月的整体加速变形。2008年9月开始了175m的试验性蓄水,之后每年10月至次年3月,各监测点累积位移-时间曲线呈小幅度上扬趋势,即各监测点位移速率增大。而在每年4—9月期间,各监测点累积位移-时间曲线相对趋于平缓,即各监测点位移速率减小。分析其变形较明显时间段刚好与库水位上涨及水库高水位运行相吻合。而6—8月的降雨量相对较大,对滑坡变形的影响并不显著。2019年木鱼包滑坡体上各监测点均有明显变形,年位移在37.5~105.8mm之间,平均位移速率3.1~8.8mm/月,位移速率较2019年有明显的减小,滑坡仍处于蠕滑状态。

据此分析,滑坡对库水位上涨及高水位对滑坡体浸泡的影响因素敏感性要大于大气降雨的影响,这主要由于木鱼包滑坡的变形是受岩质滑坡的基本特征所控制的,库水位上涨导致滑坡前缘浸没于水中的阻滑段受浮力作用抗滑段滑体减重,抗滑力减小,高水位浸泡导致滑坡体及滑带力学性质变差,并且岩体中裂隙充水后产生的静水压力的大小及岩体力学性质受裂隙含水量变化的直接影响,多种因素的叠加导致变形加速。

四、InSAR位移监测

合成孔径雷达干涉测量(InSAR)是近年来在干涉雷达基础上发展起来的一种微波遥感技术,具有高灵敏度、高空间分辨率、宽覆盖率、全天候等特点,且对地表微小形变具有厘米甚至更小尺度的探测能力,使其在对大范围地表变形的测量研究中迅速得到了广泛的应用。使用 SAR 数据进行 InSAR 处理对形变结果进行分析,研究滑坡在一定时间内的变形模式及危险程度,对区域危险性进行评价,有利于滑坡早期识别、预测、评价和灾害管理研究,目前已成为国际上的一个研究热点。

(一)SAR 数据简介

JAXA(日本宇航局)于 2014 年 3 月 24 日将 ALOS-2 卫星成功发射。与其他合成孔径雷达卫星不同,ALOS-2 卫星采用 L 波段,并且由于具有高分辨率,可以获得通过植被覆盖面的反射数据,因此山区林区 InSAR 的相干性不会因此降低,更有利于提取坡面运动。

结合区域特征和存档数据情况选取 Ultra-Fine 模式 3m 分辨率的 ALOS-2 数据,时间周期为 2016 年 8 月至 2017 年 10 月之间共 22 景,详细参数见表 3-6。

表 3-6 ALOS-2 数据参数列表

序号	获取时间	序号	获取时间
1	2016/8/15	12	2017/3/27
2	2016/8/29	13	2017/4/10
3	2016/9/12	14	2017/4/24
4	2016/9/26	15	2017/5/8
5	2016/10/10	16	2017/5/22
6	2016/10/24	17	2017/6/5
7	2016/12/19	18	2017/8/14
8	2017/1/30	19	2017/8/28
9	2017/2/13	20	2017/9/11
10	2017/2/27	21	2017/9/25
11	2017/3/13	22	2017/10/9

(二)InSAR 监测结果

图 3-49 是基于 ALOS-2 数据处理得到的木鱼包滑坡垂直方向形变速率图。由形变速率结果可知,在整个监测周期内,最大形变速率范围在 -168~176mm/a 之间,最大形变速率为 176mm/a,平均形变速率值为 3.8mm/a,滑坡的后缘形变速率最大,其次滑坡的中部,滑坡前缘形变速率较小。

将 InSAR 形变结果投影至与 GPS 相同的方向,图 3-50 为 InSAR 结果与典型 GPS 监测点形变值的对比结果。通过两者相比,可以发现 InSAR 的结果与 GPS 的结果吻合度相对较高,每个监测点与 InSAR 结果间的形变量差值最大为 5.3mm,最小为 0.12mm,其中 ZGX297 点间标准差最大,为 10.11mm,ZGX25 点间的标准差最小,为 4.1mm。由于卫星为近南北飞行,飞行方向与滑坡的主滑方向近似,造成 InSAR 结果对南北方向的形变不够敏感,点间的误差主要由起算基准和形变方向不完全相同而造成,两种数据的结果并不能完全一致,但通过两种数据的对比,误差在可以接受的范围内,也能证实 InSAR 结果的可靠性,两种结果都表明该滑坡呈现一个线性缓慢变形的趋势。

图 3-51 表示转换为垂直向的时序累积形变量。从图中可以看出,监测结果覆盖整个滑坡范围,其中在 2016 年 10 月之前,木鱼包滑坡整体没有明显的地表形变迹象。2016 年 10 月后,滑坡中东部部分

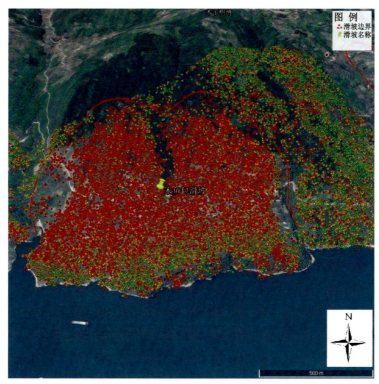

图 3-49　木鱼包滑坡形变速率图

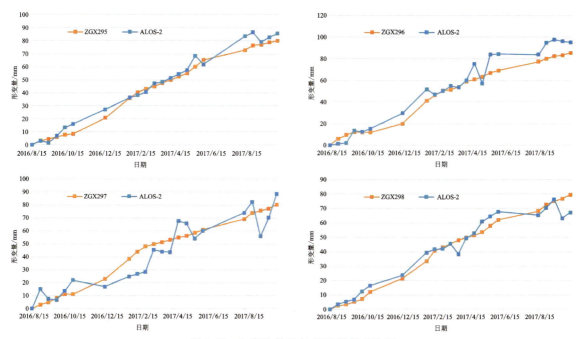

图 3-50　InSAR 结果与 GPS 数据对比图

地区开始出现形变迹象,累计形变量逐渐增加。随着时间的推移,形变量逐渐增大,最大累积形变量达到 100mm 左右。而滑坡靠近前缘的区域一直保持稳定,前缘可能由于临空作用,在整个周期内部分区域也出现形变,但形变量较小。从累积形变图上可以看出,木鱼包滑坡的形变具有较为明显的空间差异特性,滑坡中部和右侧形变最强,后缘滑体次之,左侧和前缘滑体形变最小。

为了进一步了解木鱼包滑坡空间形变特征,以木鱼包形变速率图为基础,作出 4 条纵剖面,将 4 条纵剖面的监测点形变速率值与距离后缘的距离作折线图,可将不同剖面的各监测点形变速率值大小进

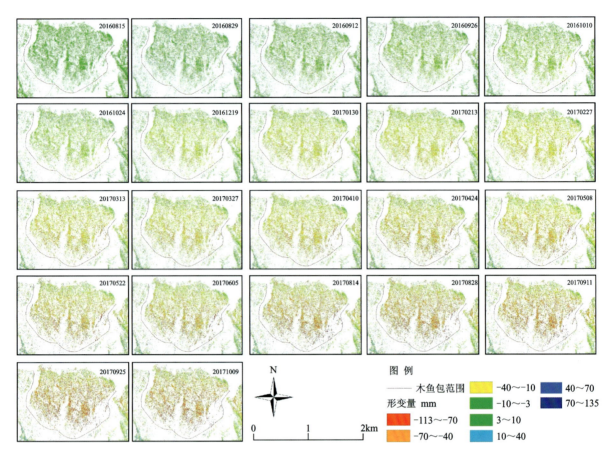

图 3-51　木鱼包滑坡累积形变图

行比较(图 3-52)。剖面 A 整体形变速率一致,而近前缘位置的形变速率稍小。剖面 B、C 和 D 的位移速率特征基本一致,滑坡中部距后缘 200～300m 处的形变速率最大,形变量随着距后缘的距离增大而减小,靠近前缘的位置形变稍有增大,前缘位置的形变速率明显比后缘和中部要小。这与该滑坡的坡体结构和地质力学模式有直接的关系,该滑坡为典型的滑移-弯曲型滑坡溃决后形成的古岩质滑坡,滑坡体中后部岩层倾角为 25°～27°,前部岩层变为平缓甚至反倾状。因而,该滑坡在前部形成阻滑段,后缘驱动块体在下滑力作用下发生位移,越靠近锁固段位移量越小;中后部沿软弱滑带顺层蠕滑,位移量明显较大,为坡体下滑段,形成驱动力。滑坡前缘由于具有良好的临空条件导致位移量增大。

选取滑坡体不同部位的特征点目标对其空间变形特征进行进一步分析。图 3-53、图 3-54 为 InSAR 特征监测点目标的空间位置分布及其时间序列累积位移曲线。由时序相变曲线可知,位于该滑坡前缘的监测点 P4、P8 和 P12 及滑坡后缘东侧的 P7 在监测周期内位移量相对较小,在整个周期内虽有波动但较为稳定;监测点 P6、P10 和 P11 累积位移量最大,2016 年 8 月—2017 年 10 月的累积位移量超过 100mm,这 3 个点形变规律一致且线性形变特征明显;位于滑坡中前部的监测点 P2、P3、P5、P13、P14 和 P15 累积位移量中等,在监测周期内位移量达到 60～70mm。特征点的时序运动特征与剖线揭示的规律一致,都能够证实木鱼包滑坡的变形具有明显的分区特征,滑坡变形与其自身结构密切相关,并受外界因素的影响。

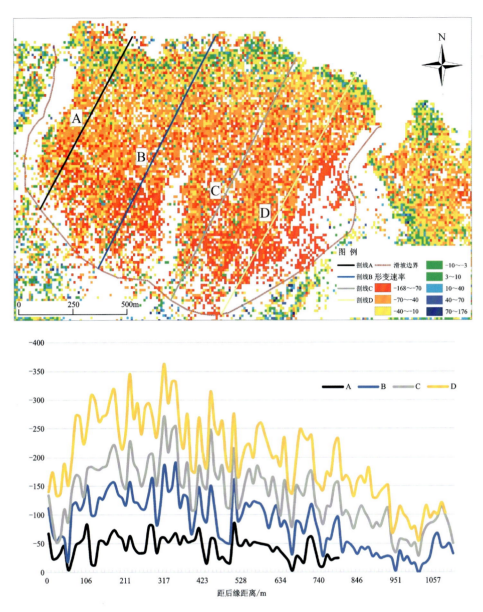

图 3-52 纵剖面监测点形变速率与后缘距离对比图

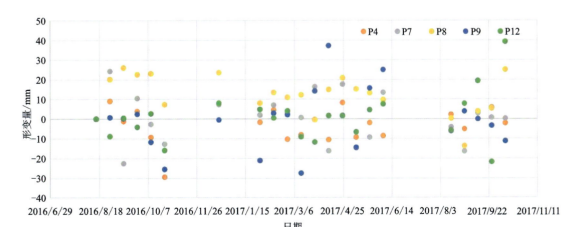

图 3-53 部分监测点空间位置图

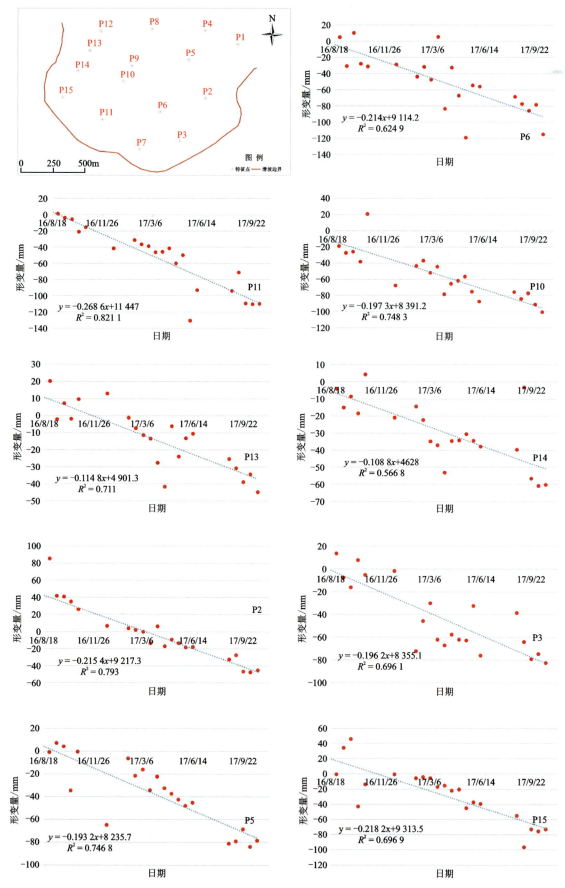

图 3-54 部分监测点形变量图

五、结论

降雨集中汛期(即4—9月),这期间的月位移值较小,一般在10mm以内。据月位移量(以监测点ZG292为例),2008年9月位移量为25.08mm,降雨量为55.9mm,但8月降雨量为296.4mm;2009年5—6月位移量分别为15.55mm和25.41mm,降雨量分别为206.1mm和131.3mm;2012年7月位移量为13.08mm,降雨量为168.4mm;2013年6月位移量为9.85mm,2013年5月和6月的降雨量分别为130.5mm和140.6mm;2015年6—8月位移量为11.35mm、32.59mm和9.25mm,降雨量分别为204.30mm、255.30mm和161.90mm;2016年6月位移量为18.06mm,降雨量为260.9mm;2017年8月位移量为11.31mm,7月和8月降雨量分别为261.90mm和118.60mm。可以得出,月降雨量大于140mm以上会对滑坡的变形产生明显的影响,月位移会增加到10mm以上;而月降雨量小于140mm,对木鱼包滑坡的变形基本没有影响。这进一步说明木鱼包滑坡变形主要由库水位诱发,月降雨量140mm以上的降雨起到了助推作用。

通过对滑坡累积位移-降雨量-水库水位-时间进行相关性分析可知,在2007年4—7月持续降雨达722.29mm,降雨易沿滑体表面裂隙入渗,饱和了滑带土和部分滑体土,导致滑坡体在2007年5—8月的整体加速变形。2008年9月开始了175m的试验性蓄水,之后每年10月至次年3月,各监测点累积位移-时间曲线呈小幅度上扬趋势,即各监测点位移速率增大。而在每年4—9月期间,各监测点累积位移-时间曲线相对趋于平缓,即各监测点位移速率减小。分析其变形较明显时间段刚好与库水位上涨及水库高水位运行相吻合。而6—8月降雨量相对较大,对滑坡变形的影响并不显著。2019年度木鱼包滑坡体上各监测点均有明显变形,年位移在37.5~105.8mm之间,平均位移速率3.1~8.8mm/月,位移速率较2019年度有明显的减小,滑坡仍处于蠕滑状态。

据此分析,滑坡对库水位上涨以及高水位对滑坡体浸泡的影响因素敏感性要大于大气降雨的影响,这主要由于木鱼包滑坡的变形是受岩质滑坡的基本特征所控制的,库水位上涨导致滑坡前缘浸没于水中的阻滑段受浮力作用抗滑段滑体减重,抗滑力减小,高水位浸泡导致滑坡体及滑带力学性质变差,并且岩体中裂隙充水后产生的静水压力的大小及岩体力学性质受裂隙含水量的变化直接影响,多种因素的叠加导致变形加速。

第四章　群测群防监测

群测群防监测是利用当地群众对实地滑坡体熟悉的优势,对滑坡体不间断监测,能迅速发现险情并及时上报,最大限度地减少人员伤亡和财产损失,是滑坡地质灾害监测预警系统的重要组成部分。群测群防体系的建设与运行,是政府对地质灾害行使防灾、减灾、抗灾、救灾职能的具体体现与落实,是以政府为主体的动员组织广大群众参与的政府行为之一。

三峡库区滑坡地质灾害监测预警体系是政府领导下的以群测群防为基础、群专紧密结合的监测预警体系。专业监测精度高,预报准确性大,耗资大,需专业监测队伍实施,加之三峡库区山高坡陡,峡谷深切,居民点分散,全面实施专业监测不现实,因此,对大范围内大量的滑坡地质灾害隐患点实施监测和预警必须依靠群测群防监测。

自三峡水库区 2003 年 6 月蓄水以来,群测群防监测已经成功预警了 12 处滑坡险情,保护了 2575 人的生命和财产安全(徐开祥等,2007)。其中典型的有 2014 年 9 月 2 日,秭归县沙镇溪镇杉树槽滑坡由群测群防员发现险情,通过信息系统逐级上报,上报过程迅速流畅。由于当地监测预警体系完善,监测预警及时,险情处置科学合理,及时撤离了滑坡体上人员,未造成人员伤亡。2015 年 6 月 21 日,巫山县红岩子滑坡预兆由群测群防员发现,根据专业监测数据通过信息系统及时发布了预警。由于监测预警及时,应急处置得当,最大限度减少了人员伤亡和船舶等财产损失(田盼等,2018)。

第一节　监测管理体系

一、技术管理体系:"网格化"管理

实行地质灾害网格化管理是提高滑坡地质灾害监测预警工作水平的重要途径,是强化防灾责任体系和创新管理模式的重要手段,也是滑坡地质灾害防治"防灾减灾体系全覆盖、群测群防全覆盖、预警预报全覆盖、地质灾害防治信息化全覆盖"的深化和延伸。覆盖三峡库区的湖北省和重庆市分别构建了符合自身特点的"网格化"技术管理体系:"四位一体"模式和"四重网格化"模式。

1. 湖北省"四位一体"模式

"四位一体"是指乡(镇)、村、自然资源所、地质环境监测保护站协同管理地质灾害防治工作的一体化模式,通过划定网格、落实人员、明确职责和任务,实施分片包干的管理方式。不仅可以明晰地质灾害防治工作责任,确保不漏一个地质灾害隐患点,不让一个地灾预警漏报、错报、迟报,而且有助于地质灾害防治"规范化、精细化、信息化"管理,推进实现地质灾害防治网格化管理的全覆盖,全面提升地质灾害综合防治水平与能力。

滑坡地质灾害防治网格划分坚持"属地负责、数量适度、方便管理、界定清晰"的原则。以乡(镇、街办)为区域,以行政村(居委会)行政边界作为网格。

各个网格是地质灾害防治的前沿阵地,网格员的日常主要工作内容如下。

（1）收集、分析、整理各类地质灾害隐患点的背景资料和已有调查资料，网格成员应对网格内相关的地质环境条件和地质灾害点（隐患点）做到了如指掌。

（2）定期或不定期开展地质灾害隐患点现场核查，主要核查群测群防监测员工作开展情况，核查地质灾害现状变化及其变化程度。

（3）汛前组织开展本区域、网格内地质灾害隐患点及地质灾害易发区巡查、排查，并核实地质灾害的规模、危险区范围、威胁对象、稳定性、危害性，分析地质灾害的影响因素及影响程度，划定应急避险区。

（4）地质灾害出现险情时及时上报，及时按预案采取相应措施，开展自救及互救。

（5）落实地质灾害监测设施、监测责任人、群测群防人员、"两卡"发放、防灾预案及简易实用演练。

（6）对网格内新增的地质灾害隐患点实地调查，查明其灾害类型、规模、成因、诱发因素、变形破坏特征，对其稳定性、危险性和危害性进行评价，并及时上报。

（7）开展数据统一的、标准化的采集录入，及时更新并维护好网格内地质灾害数据库，统一汇总至地质灾害监测预警、远程会商及应急指挥平台。

地质灾害防治各个网格由网格责任人、网格管理员、网格协管员、网格专管员等共同管理，分工承担网格内地质灾害防治各项事务。具体职责如下。

（1）网格责任人：由乡（镇、街办）长（主任）或分管副乡（镇、街办）长（主任）担任。负责本乡（镇、街办）辖区全部网格地质灾害防治工作，为地质灾害防治网格化管理第一责任人。负责制订地质灾害防治调查排查、巡查核查、值班值守、预警预报、信息报告、应急会商、应急处置、科学普及、培训演练、项目和资金管理等制度。负责审定地质灾害险情、灾情速报信息，并上报县（市、区）人民政府。定期召开网格工作例会，协调网格区域内地质灾害防治工作。组织汛期地质灾害排查、巡查及核查工作。负责组织网格内地质灾害隐患点的防灾预案的落实、地质灾害应急演练及宣传培训。督促地质灾害群测群防员按地质灾害监测制度按时监测，出现险情时及时报警，审定上报速报信息。突发地质灾害时，在防灾救灾指挥部领导下执行防灾预案，并协助应急抢险工作。联合县（市、区）自然资源局对网格成员日常工作进行绩效考核。

（2）网格管理员：由乡（镇、街办）自然资源所所长担任网格管理员。具体负责本网格日常工作的管理、监督和考评，为网格管理直接责任人。建立网格化管理台账，做好日常工作记录。负责网格内地质灾害隐患点防灾预案的编制及更新；指导网格专管员填写"两卡"（防灾工作明白卡和避险明白卡），建立两卡档案。负责建立和维护地质灾害监测预警相关设备和设施。负责地质灾害隐患点基础数据、监测数据的整理、汇总、上报；完成本区域网格地质灾害防治年度工作总结。组织、协调网格内地质灾害隐患点的巡查、排查及核查；督促、指导群测群防监测员开展日常监测。出现地质灾害灾（险）情时，迅速组织核实灾（险）情，协助进行灾（险）情上报及应急处置，做好自救和互救工作。

（3）网格协管员：由湖北省地质局下属各地质环境监测保护站专业技术人员担任网格协管员。协助编制地质灾害隐患点的防灾预案，明确撤离路线和监测预警相关措施。对网格内地质灾害隐患点群测群防工作进行技术指导及宣传培训，指导开展地质灾害应急演练。协助对网格内地质灾害群测群防工作开展情况的检查和监督。协助网格管理员进行地质灾害隐患点基础数据、监测数据进行统一的、标准化的整理、汇总、上报，并对数据进行动态化管理、维护。参与汛期地质灾害巡排查，突发地质灾害时开展应急调查，协助做好地质灾害应急处置与救援工作。

（4）网格专管员：由行政村村长或党支部书记担任网格专管员。负责网格内地质灾害防治的监测（专业监测点除外）、预警工作，组织网格内群众做好防灾避灾工作，确保网格内群众生命财产安全。落实网格内地质灾害隐患点的群测群防监测员，督促开展日常监测工作。负责落实地质灾害隐患点的防灾预案，维护地质灾害监测预警相关设施。参与地质灾害隐患点（隐患区）的巡查及汛期巡查、排查、核查；配合网格管理员、网格协管员进行地质灾害隐患点日常监测数据的收集、整理、汇总及数据录入。发生地质灾害险情时及时向网格管理员上报险情，做好自救和互救工作。

2. 重庆市"四重网格化"模式

根据2020年8月1日起实施的《重庆市地质灾害防治条例》内容，重庆市坚持专群结合、群测群防，充分发挥专业监测机构作用，紧紧依靠广大基层群众全面做好地质灾害防治工作，建立了区县（自治县）人民政府、乡（镇）人民政府、街道办事处、村（居）委会关于地质灾害的群测群防体系，建立了有重庆特色的专群结合地质灾害防治"四重"网格化体系，严格落实地质灾害群测群防员、片区负责人、驻守地质队员、区县技术管理员"四重"网格员职责。安排部署网格员驻守地质灾害防治一线，做好雨前排查、雨中巡查和雨后核查工作，实现对已知隐患点的全覆盖监测预警，对新生突发灾情快速反应。加强对群测群防员等的防灾知识技能培训，不断提高其识灾报灾、监测预警和临灾避险应急能力。对自然因素造成的地质灾害，政府主管部门要组织开展日常监测，加强监测工作信息化建设，推动监测工作实现数据采集、传输、分析、共享和预警发布等全过程智能化管理。

二、行政管理体系："县乡村"三级管理

1. 行政管理职能

1）区县级行政管理部门

区县级行政管理部门负责该区县内的区县级地质灾害隐患点的监测预警；负责进行地质灾害应急调查、应急监测、抢险救灾；编制本区县内群测群防监测预警的地质灾害防灾预案；负责本区县的群测群防的技术指导和管理、群测群防的信息管理，成为群测群防监测和专业监测所组成的监测预警系统的结合部；负责本区县地质灾害监测预警和防灾减灾抢险自救等知识的普及宣传教育；区县群测群防监测由区县长或分管该项工作的副区县长负责，区县自然资源局负责日常工作，区县级地质环境监测站负责全区县地质灾害群测群防监测的技术工作，区县级群测群防监测点的现场监测，由选定的现场监测人员负责。

2）乡镇级行政管理部门

乡镇级行政管理部门负责该乡镇地域内乡镇级地质灾害监测预警，其监测手段是定人、定点进行巡查和简易监测，并做好记录、上报等工作；协助上级监测机构做好本乡镇境内的区县级地质灾害体和重点库岸监测预警；领导督促检查所辖各村的群测群防监测工作；督促检查各监测点防灾预案的落实；乡镇级监测由乡（镇）长或分管该项工作的副乡（镇）长负责，乡镇土管所负责监测管理工作，乡镇级群测群防监测点的现场监测，由选定的现场监测人员负责。

3）村组级行政管理部门

村组级行政管理部门负责该村组地域内的地质灾害隐患点的监测预警，其监测手段主要是定人、定点进行巡查和简易监测，并做好记录、上报等工作；做好地质灾害预警和自救指导；村组级监测由村长（村主任）、组长负责，各滑坡群测群防点的现场监测，由选定的现场监测人员负责。

2. 监测运行管理

1）行政和业务隶属关系

各级地质环境监测机构在行政上隶属于同级政府地质灾害主管部门。区县地质环境监测站在行政上属于所属区县政府行政主管部门领导，业务上归属于省市级地质环境监测站指导。各区县群测群防监测系统，由区县政府组建，由区县长或分管地质灾害的副区县长负责，按各乡镇、村组进行落实，责任落实到人。群测群防监测系统业务上由区县级地质环境监测站负责现场核查并布置监测方案，具体落实到每个监测人，包括技术指导、资料汇交、预案制定、预警支持等，并进行应急调查和应急处理。

2)监测资料汇交流程

群测群防资料由所在区县地质环境监测站负责汇总上报，区县级地质环境监测站向区县自然资源主管部门、省市级地质环境监测站汇交监测资料。省市级地质环境监测站向区县级地质环境监测站提供监测预报分析意见，向指挥部汇交监测资料和监测预警分析预测成果。指挥部汇总省市级地质环境监测站资料及监测趋势分析意见，编制指挥部分析报告并及时上报自然资源部。汇交监测资料包括原始数据、报告、图片、录像等，以数字化文件和纸介质文件方式储存；纸介质文件邮寄或传真等方式汇交，数字化文件通过数字电路专线连接的广域网与局域网系统，以网络工作站和数据终端的形式连接汇交。

第二节 监测点

一、监测点选择

滑坡群测群防监测点的选择主要依据以下两条规则。

（1）对于规划为搬迁的滑坡，其中涉水且体积大于一百万立方米，失稳后对航运构成较大威胁的或对支流构成断流壅水威胁的滑坡，同时实施专业监测预警和群测群防监测预警。

（2）凡符合规划条件进入规划（涉水或位于移民迁建区及复建设施区）的稳定性评价为潜在不稳定，认为属于隐患，今后有可能对库区移民、复建设施、复建公路及长江航运等保护对象构成威胁，经分析论证后，规划定为可以暂不进行工程治理或搬迁，进行监测预警防范的滑坡，纳入群测群防监测（包括其中实施专业监测的滑坡）。

二、监测点调查

在确定滑坡群测群防监测点后，需要对其进行专项调查，主要包括滑坡地质调查、承灾体实物调查和调查资料整理三部分。

1. 滑坡地质调查

滑坡地质调查的目的是查明滑坡的产出环境、地质体特征、变形破坏特征，进行稳定性分析评价，建立基本的地质模型，为群测群防监测方案的制定提供技术支撑。具体的调查内容如下：

（1）对每个群测群防监测的滑坡，选取 1∶2000～1∶10 000 地质图或地形图为野外调查用图，现场绘制滑坡平面图、纵剖面图（1∶500～1∶1000），填写调查卡片（纸质和电子文档）。

（2）拍摄数码照片（滑坡体全貌照片、变形特征照片等，照片要有文字说明，标明镜头方向）。

（3）调查滑坡产出的斜坡的地质环境，主要为地层岩性、地形地貌、地质构造、水文地质、外动力地质现象及所在斜坡的坡体结构。

（4）调查滑坡的形体特征，包括位置、形态、分布高程、几何尺寸、规模，确定崩滑体的边界、底界、临空面、剪出口等。

（5）调查滑坡地质结构，主要为滑坡岩土体物质组成，地层岩性，岩土体结构构造及变形破裂特征、滑带及滑床物质组成和结构特征等。

（6）调查滑坡的水文地质条件和地下水（水井、泉水、湿地、堰塘、补、径、排条件等）。

（7）调查滑坡的变形破坏特征，包括滑坡地貌及成生时间，裂缝、鼓丘，洼地分布及成生时间、宏观变形形迹及变形发育史。

(8)调查滑坡体运行特征,主要为先期滑坡体运行轨迹、路线、距离、最大水平、垂直位移量、位移速度等,初步推测成灾范围及可能产生的派生灾害的范围。

(9)调查分析非地质孕灾因素(如水库蓄水、降雨、河流冲蚀、人工开挖等)的强度、周期及它们对滑坡稳定性的影响,重点分析水库效应对涉水滑坡稳定性的影响。

(10)对滑坡体进行稳定性分析、评价和预测。

2. 承灾体实物调查

现场确定在滑坡体范围内的房屋(栋、平方米)和人数(户、人)及其他设施并记录,现场确定在滑坡体外受滑坡下滑威胁的房屋(栋、平方米)和人数(户、人)及其他设施,填写实物指标调查表。

3. 调查资料整理

组织专业工程技术人员对全部调查卡片和报告进行分析、整理、录入等工作,将滑坡的平面实际形状(不是用符号表示)在数字化图上予以勾绘,对全部点进行甄别,进一步剔除不符合条件的滑坡。由于专项调查时没有野外实际测图,加上地方性坐标跨带等因素,有可能造成坐标系统不统一,应在图上予以校对,进一步确定滑坡体的准确位置后,统一坐标系统,进行必要的坐标转换。最终应提交以下资料:①三峡库区地质灾害监测预警滑坡调查表(装订成册)。②三峡库区地质灾害监测预警滑坡调查记录表(装订成册)。③三峡库区地质灾害监测预警滑坡群测群防监测点布置表(装订成册)。④危害实物指标调查成果表(装订成册)。⑤区县三峡库区地质灾害防治群测群防监测预警点专项灾害地质调查报告及附图(平面分布图)。

三、监测点分级

为了提高群测群防监测点的监测和管理的效率,依据滑坡威胁人数及可能造成的直接经济损失将其分为三级。具体标准如下。

(1)区县级群测群防监测点:符合群测群防监测条件的,威胁人数100人以上,或直接经济损失300万元以上的潜在不稳定滑坡。

(2)乡镇级群测群防监测点:符合群测群防监测条件的,威胁人数50~100人,或直接经济损失100~300万元的潜在不稳定滑坡。

(3)村组级群测群防监测点:符合群测群防监测条件的,威胁人数小于50人,直接经济损失小于100万元的潜在不稳定滑坡。

第三节 群众监测员

监测员应具有一定的文化程度,能较快掌握简易测量方法;责任心强,热心公益事业;长期生活在当地,对当地环境较为熟悉。

监测员应具备"四应知、四应会"。应知灾害点具体地点、灾害规模;应知灾点的转移路线和具体应急安置地点;应知灾害点发生变化时如何上报;应知各监测阶段的时间和次数。应会在灾害点设置监测标尺和标点,实施监测;应会简易监测法,利用简易监测工具进行测量;应会记录、分析监测数据,并做出初步判断;应会采取措施进行临灾时的应急处置。

监测员应具备识别灾害前兆的能力。滑坡前缘土体突然出现强烈上隆鼓胀,滑坡前缘突然出现规律排列的裂缝,滑坡前缘突然出现局部滑坍,滑坡前缘泉水流量突然异常,滑坡后缘突然出现明显的弧形裂缝,滑坡地表池塘和水田突然下降或干涸,危岩体下部突然出现压裂,简易观测数据突然变化,降雨到达预警临界值,动物出现异常现象。

第四节 监测流程

一、监测内容

每个滑坡群测群防监测点的监测内容均由专业队伍和区县级地质环境监测站人员一起在现场确定,并记录在下发的群测群防监测布置表中。区县级地质环境监测站人员应根据滑坡变形情况及时调整监测点的监测内容和地点,并及时记录在监测布置表中。若遇到技术问题应及时上报,由省市级地质环境监测站及时予以指导。主要的群测群防监测内容有滑坡地面裂缝,地面鼓起,建筑物裂缝,其上水体、水井、泉点的水位等。并定期按照预设好的巡视观察路线,巡查地表有无新增裂缝、洼地、鼓丘等地面变形迹象;有无新增房屋开裂、歪斜等建筑物变形迹象;有无新增树木歪斜、倾倒等迹象;有无泉水井水浑浊、流量增大或减少等变化迹象;有无岸坡变形塌滑现象等。

二、监测方法

滑坡群测群防监测的方法相对简单,采用卷尺、钢直尺等为主要测量工具,建立简易观测标、桩、点,对滑坡的地面裂缝和其建筑物裂缝进行定期(或加密)测量记录,对其上水体(堰塘)、水井和泉点进行水位、流量的简易量测和记录。主要应用的方法如下。

1. 地面裂缝监测方法

1)人工监测

(1)埋木桩法:适用于监测地面裂缝,在斜坡上横跨裂缝两侧,各埋设1根木桩,木桩与裂缝距离宜为1～1.5m,桩顶钉铁钉,固定测点位置,用皮尺或钢卷尺等工具量测铁钉之间的距离。

(2)埋水泥桩法:在斜坡上横跨裂缝两侧,各埋设一根水泥桩,水泥桩与裂缝距离宜为1～1.5m,桩顶埋设铁钉,用钢卷尺测量桩顶铁钉尖之间的距离。

2)简易自动化监测

(1)简易拉线式裂缝计:实时测量裂缝缝宽位移变化,并实时上传监测数据信息。

(2)裂缝报警器:可设置裂缝缝宽位移阈值,超过阈值触发报警装置。

(3)地表变形预警伸缩仪:可设置地表变形阈值,超过阈值触发报警装置。

(4)便携式GNSS位移监测:具有RTK高精度定位和位移测量功能,精度可达毫米级,监测数据可实时上传。

(5)崩塌报警仪:监测崩塌体倾斜角度,可设置倾斜角度阈值,超过阈值触发报警装置。

(6)倾斜报警仪:实时测量倾斜角度,并上传信息,可设置倾斜角度阈值,超过阈值触发报警装置。

2. 建(构)筑物裂缝监测方法

1)人工监测

(1)埋钉法:适用于地面或建筑物上的裂缝,在裂缝两侧各钉一颗铁钉,通过测量两侧铁钉之间的距离变化来了解裂缝的变形情况。

(2)贴片法：适用于墙面或岩体上的裂缝，在建（构）筑物或岩体裂缝两侧用浆糊贴纸片，在纸片上位于裂缝两侧各画一个"十"字标记，用尺记录两侧"十"字标记之间的距离，读数保留到毫米，并在纸片上注明首次观测记录时间。

(3)上漆法：适用于建筑物或岩体上的裂缝，在水泥地坪和建筑物裂缝的两侧用油漆各画上一道标记，通过测量两侧标记之间的距离来监测裂缝变形情况。

2）简易自动化监测

(1)简易拉线式裂缝计：实时测量裂缝缝宽位移变化，并实时上传监测数据信息。

(2)裂缝报警器：可设置裂缝缝宽位移阈值，超过阈值触发报警装置。

(3)地表变形预警伸缩仪：可设置地表变形阈值，超过阈值触发报警装置。

(4)倾斜报警仪：实时测量倾斜角度，并上传信息，可设置倾斜角度阈值，超过阈值触发报警装置。

3. 地表水体（水库、堰塘、河流）监测方法

1）人工监测

标尺法：地表水体设置木制水位标尺，监测地表水体水位变化。

2）简易自动化监测

便携水位计：可实时监测水位数据，并上传监测数据。

4. 井水监测方法

1）人工监测

测绳法：在井口用红油漆标注固定的测量位置，监测水井水位。

2）简易自动化监测

便携水位计：可实时监测水位数据，并上传监测数据。

5. 泉流量监测方法

(1)容积法：用水桶、水盆等容器量测，首先确定容器的容积，记录装满水的时间，泉流量值为容器体积除以容器装满水的时间。

(2)流量法：用三角堰或简易流量计量测。

6. 雨量监测方法

(1)半定量法：根据监测员的经验描述，应记录降雨过程起始时间和降雨量（雨量用暴雨、大雨、中雨和小雨定性描述）。

(2)定量法：用简易自动雨量计量测。

7. 宏观巡查

群测群防监测员要定期对负责监测的滑坡隐患点进行宏观巡查，宏观巡查按单点地质灾害应急预案规定的宏观巡查路线进行，并做好巡查时间、路线、沿途观测和监测变形情况的简要记录。巡查员应配备必要的群测群防装备。

三、监测频率

1. 人工监测频率

(1)裂缝监测频率：非汛期每周监测一次，汛期为每周监测两次。暴雨、久雨期间，根据监测资料反

映,滑坡变形有连续增大的趋势时,则及时加密监测,视情况进行每日一次或每日数次监测。

(2)地表水监测频率:正常情况下,一周监测一次;降雨的情况下,雨前监测一次,雨后监测一次;人工取水时,取水前监测一次,取水后监测一次。

(3)井水监测频率:正常情况下,一周监测一个频次,每个频次包含早、晚两个监测值;降雨的情况下,雨前监测一次,雨后监测一次。

(4)泉流量监测频率:正常情况下,一周监测一次;降雨的情况下,雨前监测一次,雨后监测一次。

2. 简易自动化监测频率

简易自动化监测频率可设定每隔 0.5h 采集一个数据。

3. 宏观巡查频率

巡查频率为汛期每周两次,非汛期每周一次。若遇暴雨或久雨,要加密巡查频率,扩大巡查范围。

四、监测网布设

1. 滑坡周界圈定

用截面 15cm×15cm、长 1.5m 的混凝土桩进行圈定,标桩埋设位置应距滑坡边界 10m,埋设在滑坡边界的外侧,桩间距基本控制为 100m,用红油漆进行编号。

2. 裂缝监测点布设

1)地面裂缝

按裂缝的长度划分 3 种类型:小于 10m、10～50m、大于 50m。

小于 10m 的裂缝布置 1 处监测点;10～50m 的裂缝布置 2 处监测点,间距 5～20m;大于 50m 的裂缝监测点布置间距为 15～30m。地面裂缝监测标桩采用截面 10cm×10cm、长 150cm 的木桩,或者直径 10cm 的圆木桩。测桩位置距裂缝 50cm 左右,桩顶用水泥钉确定测定位置。埋设采用夯入法。

大于 50m 的断续裂缝,每一缝段均应至少设一处监测点。

裂缝密集带的监测标桩应设在密集带两则边界裂缝的外侧,距裂缝 1～2m 处。

2)房屋裂缝

房屋墙壁和地面裂缝测量采用水泥钉或红油漆,墙壁裂缝配合粘贴横封裂缝的纸条,裂缝两侧的测点距裂缝 10cm 左右为宜。横封裂缝纸条以宽 5cm、长 20cm 为宜。

3. 堰塘水体和水井水位监测

堰塘水体应放置木制水位尺,监测水位变化,水井水位监测应在井口用红油漆标注固定的测量位置。

4. 泉水流量、浑浊度监测

泉水流量采用容积法进行监测,用水桶、水盆量测。观察泉水是否变混或突然断流、增大等现象。

五、监测点建设

1. 现场放点防线

由专业地质队伍现场确定出滑坡体周界(侧边界、后缘、前缘),布设群测群防巡查监测路线,确定巡查时重点监测内容,布设受威胁人员撤离路线。上述内容均应在记录卡片上如实记录,并在现场逐一向区县级地质环境监测站和当地群测群防人员交代清楚,讲解明白,并配合区县级地质环境监测站现场建好群测群防监测网点,并对群测群防监测点的责任人和监测员进行造册登记。

2. 建立监测点

(1)对选定观测的地表裂缝,在选定的地点建立简易监测标桩(木桩)、编号,拍摄数码照片。

(2)对选定观测的建筑物裂缝,在裂缝两侧建立监测标记(水泥钉、红油漆点等)、编号,拍摄数码照片。

(3)对选定的监测堰塘,树立木制标尺监测水位,用红油漆编号,拍摄数码照片。

(4)对选定观测的井泉建立监测标志,用红油漆实地编号,拍摄数码照片。

(5)对滑坡边界(前缘、后缘、侧边界)用小型混凝土桩实地圈定。

(6)现场确定宏观巡查路线,对巡查路线上的观察点和地段,在实地用红油漆标注。

(7)对每一群测群防监测点设立2处告示牌(1m×1.5m的木制告示牌)。告示牌应立在居民区或路口,将群测群防监测点名、边界、撤离路线、预警信号等告示于上。

(8)将上述建点情况填写入《三峡库区地质灾害监测预警群测群防监测点布置表》中(该表为指挥部制定专用表格)。

(9)配置相应的监测工具、装备和用具。

(10)群测群防建点工作由两省市自然资源主管部门组织实施。根据"坚持属地管理、分级负责,明确地方政府的地质灾害防治主体责任"的原则,由区县人民政府负责,具体工作由区县自然资源主管部门委托区县级地质环境监测站负责完成。区县自然资源主管部门委托专业地质队进行现场布置监测点并现场布置撤离路线。

第五节　应急预案编制

滑坡地质灾害防灾撤离预案的编制和实施,对减轻地质灾害损失,特别是减少人员伤亡十分重要。

1. 防灾撤离预案的编制

滑坡地质灾害群测群防监测的防灾撤离预案由区县级地质环境监测站负责制定,专业地质队协助区县级地质环境监测站工作,确定滑坡灾害点的威胁对象、范围、监测点及现场布置撤离路线。区县级地质环境监测站负责主要滑坡灾害危险点的监测预防责任人的联系方式、预警方式及预警信号、人员疏散撤离及财产转移路线、顺序等相关内容。区县级地质环境监测站将制定好的防灾撤离预案报政府主管部门审批。

2. 防灾撤离预案的内容

滑坡地质灾害群测群防监测防灾撤离预案以具体滑坡隐患点的监测和避险措施为主。主要包括4

个方面:滑坡地质灾害监测预防重点地段及主要滑坡地质灾害危险点的威胁对象、范围,主要滑坡地质灾害危险点的监测、预防责任人、监测方式、监测周期、手段、联系方式,主要滑坡地质灾害危险点的预警信号或方式、人员疏散撤离、财产转移路线、顺序。

3. 防灾撤离预案的落实

区县级、乡镇级、村组级监测领导小组,分级具体负责防灾撤离预案的落实工作。区县级地质环境监测站向乡镇级、村组级监测领导小组提供群测群防监测滑坡地质灾害监测点的防灾撤离预案。乡镇级及村组级监测领导小组向主要滑坡地质灾害点的威胁范围内的居民进行防灾预案撤离的宣传教育工作,险情发生时按照撤离预案执行,以便安全、有序地撤离。

第六节 案例分析:千将坪滑坡——群测群防监测

2003年7月12日上午,监测人员在巡查观测中发现地表裂缝等滑坡前兆后,立即按程序报告镇党委、镇政府,经采取果断措施,灾区内1200余人得到及时转移,减少了灾害造成的伤亡。千将坪滑坡是三峡水库蓄水后,库区发生的第一例灾害性滑坡,属于特大型深层顺层岩质滑坡,控制性滑面为岩层层面。从成因上分析,水在该滑坡的形成中起了极为重要的作用,以其对切层段泥岩抗剪强度的弱化作用对滑坡稳定性的影响最为显著,其余依次为滑坡施加浮托力、弱化顺层段主滑带抗剪强度和增大滑体容重,地下水水位上升、滑带内孔隙水压力增大对滑坡稳定性的影响微弱。千将坪滑坡的发生是三峡水库蓄水和持续性降雨叠加作用的结果,但水库蓄水对滑坡稳定性的影响程度大于降雨,降雨对滑坡的发生起着触发因素的作用。

一、滑坡概况

千将坪滑坡位于长江南岸支流青干河左岸,距河口4.6km,距三峡大坝坝址48.6km,属秭归县沙镇溪镇千将坪村十二组(图4-1)。滑坡中心点经纬度为N30°58′06″和E110°36′21″。滑坡发生于2003年7月13日00:20:00,造成14人死亡,10人失踪,近千人受灾,直接经济损失达5735万元。这是一次严重的地质灾害,也是三峡水库蓄水以来的一个重要的新发滑坡(廖秋林等,2005)。滑坡一旦再次滑动,将威胁航运安全,毁坏乡村公路。

1. 地形地貌

千将坪滑坡体为舌状地形,顺向坡,斜坡形态呈平直坡,北西-南东向展布,北西高、南东低,滑体后缘高程400m,前缘高程90m。滑坡左侧边界受断层控制,右侧边界受临空面控制。斜坡上陡下缓,平均坡度25°。滑体长1150m,宽800m,平均厚度约25m,体积2300×10^{4}m^3,属于特大型滑坡,主滑方向140°。

2. 地层岩性

千将坪滑坡为顺层基岩滑坡,滑体上部为厚5~10m的碎石土、黏质夹碎石,下部为厚10~20m的风化碎裂岩体、滑动后呈巨石、块石堆积层或残留孤石,块石成分为紫红色粉砂岩夹粉砂质泥岩、页岩,结构松散。滑带为厚10~30cm的强风化页岩夹层,部分为黄褐色碎片状,部分为灰白色高岭土化,呈泥化软化状。滑床为侏罗系泥质粉砂岩、泥岩,为微风化基岩,岩层产状为150°∠28°。

图 4-1　湖北省秭归县千将坪滑坡地理位置示意图

3. 地质构造

滑坡区位于百福坪-流来观背斜的南翼、秭归向斜的北翼,斜坡部位为单斜构造,顺向坡地质结构。滑坡区地层软硬相间,层间剪切带发育,但断裂不发育。滑坡区主要发育两组裂隙:第一组为近南北向,裂面平直长大,地表可见长度为 8~10m,岩层产状为 270°∠70°,间距为 0.5~0.8m,多切穿层面;第二组为近东西向,裂面平直但相对短小,可见长度为 3~5m,岩层产状为 360°∠70°,裂隙间距 1m 左右。两组裂隙呈棋盘格状展布。两组裂隙的发育为滑坡体滑动时的侧缘剪切(拉裂)与后缘拉裂起到了非常重要的控制作用(刘洋,2014)。

4. 水文地质条件

滑坡区水文地质条件简单,地下水类型只有孔隙水和裂隙水。孔隙水主要赋存于第四系松散介质中,接受大气降水补给,多属上层滞水,向深部渗透补给基岩裂隙水;裂隙水赋存于基岩裂隙中,受大气降水或上覆松散介质中的孔隙水入渗补给。

滑坡区是一地形坡度为 20°~30° 的单面斜坡,仅发育两条较浅的冲沟。大气降雨部分沿冲沟或以斜坡面流形式直接排入青干河;部分入渗地下形成上层滞水或上层潜水,在地形突变处以泉水形式排出;部分入渗到基岩中,形成基岩裂隙水,以深层潜水或承压水的形式由裂隙通道逐渐运移排泄入青干河。在滑坡体后缘东侧高程 432m 处,有一第四系与基岩界线泉点出露,并形成面积约 1m² 的椭圆形水坑(水深 0.2m),估测流量为 0.1~0.2L/min,常年不干,并直接排入滑坡中(刘洋,2014)。

滑体地表总体形态呈簸箕状,上窄下宽。滑坡前部沿青干河处最宽,达 800m,滑坡后缘则仅宽 300m 左右,滑体最大纵长约 1000m,面积约 0.46km²,见图 4-2。滑体中部和前部形成一条纵向裂谷将滑体沿近东西方向分为大、小两部分。滑体厚度为 10~60m，平均厚度在 40m 以上，总方量约 $2.4\times10^7\text{m}^3$。根据滑坡后壁光面长度及边界公路等标志物的错动距离，滑坡的滑距为 100m，垂直滑距在 75m 以上（廖秋林等，2005）。滑坡全貌图见图 4-2。

图 4-2 千将坪滑坡全貌图

二、群测群防监测

1. 群测群防监测的过程

二期监测预警中，千将坪滑坡被列为群测群防监测点，分别在 140~360m、200~280m 高程位置上布设了群测群防监测点。监测方法为简易位移监测和定期巡查观测，在滑坡体后缘及两侧边界裂缝布置了简易裂缝位移监测桩，由当地村民实施监测工作。

2003 年 6 月 16 日，位于千将坪上面的望家岩（滑坡体最上缘）被秭归县自然资源局的技术人员观察到地表有裂缝，而附近的殷家坡最近发生了 1.3 级地震，大家自然把裂缝和地震联想到了一块，再加上山区暴雨后日晒，地表出现裂缝并不少见，故认定为局部表层变化，但还是加强了监测，监测结果表明这一带无明显的异常变化。

7 月 12 日早上，群测群防人员在日常巡查工作中发现三金硅业公司厂房的水泥地、墙壁上出现了几道细小的裂缝，这与平时有较大的差别，随即按照群测群防灾情上报程序上报给了沙镇溪镇党委书记龚发会，龚书记接到报告后立即带领副书记王雄和千将坪村书记赶到了金属硅厂，在厂区观察了一圈后又去了望家岩几处地方，金属硅厂及望家岩都有裂缝，其他地方也都有长短不一、深浅不一的裂缝，后缘出现拉裂缝，建筑物出现有规则的拉裂变形，这些迹象表明可能要发生滑坡。龚发会要求千将坪村和工厂都要高度重视，用贴片法、上漆法等方法密切关注裂缝的变化情况，同时打电话到县里上报了情况并要求派技术人员到现场监测指导。

下午 2 点，县里派的技术人员赶到了千将坪，龚发会等镇领导和技术人员一起，再一次查看了金属硅厂和附近的地段。金属硅厂堆料场，上午看时裂缝宽约 2cm，下午增至 3cm，有居民门前的山石裂缝约有 1.5cm，断断续续 500 多米长，村里的公路旁的水沟上午看时有两条裂缝，下午看时又增加了一条，还伴有水渗出（图 4-3），这些迹象都是滑坡发生的前兆，但此时无法确定滑坡发生的时间及范围，龚发会和技术人员商定加密监测，同时把情况上报给了县领导。

晚上，副镇长宋文良带领人员又去了金属硅厂，发现金属硅厂的裂缝仍在扩大，硅厂位于滑体侧翼，当斜坡变形由后缘的局部变形逐渐向坡体整体滑移的发展过程中，随着坡体后缘裂缝宽度和深部不断增大，变形范围也逐渐由后向前扩展、推进，坡体后部逐渐向前滑移，并由此在滑坡后部的两侧边界开始出现剪切错动带，并产生侧翼剪张裂缝，硅厂的裂缝很可能就是在滑坡后缘的推进作用下形成的，并不断加剧。于是宋文良决定开会安排员工撤离厂区，开会之际硅厂停电了，然而成品车间里面不断传出"呲拉呲拉"的声音，宋文良立即打电话给龚发会报告情况，龚发会意识到这是到了作出决断的时刻，龚发会当机立断，立即部署应急处置工作，要求金属硅厂立即架起高音喇叭，发布临灾预警信息，通知群众紧急撤离，安置地点为沙镇溪小学和中学的教室。同时，通知镇派出所派警员到现场维持秩序。随后，他召集了42名干部开了简短会议，宣布干部全部进入千将坪组织群众撤离，3人一组，只准叫门，不准进屋。

图 4-3　滑坡造成的裂缝

7月13日零时20分，滑坡发生，硅厂的高音喇叭不停地播放撤离信息，镇干部挨家挨户地叫人，群众成群结队地往外跑，在险情发生过程中，随着后部滑移变形量不断增大，其产生的推力也不断增大，在前缘阻挡部位的坡体出现隆胀现场，产生鼓丘，并由此形成放射状的纵向隆胀裂缝和横向的隆胀裂缝，有群众在撤离过程中不慎掉入裂缝。

滑坡前缘冲至青干河对岸，堵塞河道，使河水断流，形成了"堆石坝"，水位瞬间抬升了近20m，掀翻了河中船只，折断了河边树木，千将河对岸的河滩上突起了一座140m的山丘，山丘顶部是从河床里"挤"出的沙石淤泥（图4-4）。

由于采取果断措施，疏散居民，129户村民连同4家企业职工共计1200人被提前安全转移。群测群防工作的到位，使本次滑坡的发生做到了成功预报，最大限度地减少了人员伤亡和财产损失。

湖北省前省委书记俞正声、前省长罗清泉等当天赶至现场，作出"全力搜救，决不放弃任何一个生还希望"的指示，组织80名武警、80名民兵预备役人员、110名党政干部、200名农民志愿者，分为探测专班、陆上搜救专班、水上搜救专班3个专班，对灾区进行了拉网式搜寻。使用了生命探测仪，凡有生命迹象的地方，迅速组织挖掘施救。

图 4-4　千将坪滑坡滑动现场图

2. 群测群防监测的优势

千将坪滑坡是群测群防监测成功的代表案例,群测群防监测是现阶段最直接、最有效的防灾减灾手段,用科技知识武装起来的人民群众,是滑坡群测群防监测工作中最重要的基础力量。从千将坪滑坡成功预报的成果来看,群测群防监测是做好地质灾害防治工作的有效措施,自然资源部门灾前部署了观测点,灾害信息员一旦发现险情就以最快速度上报灾情,为及时救灾提供决策支持,决策部门及时作出预报,最大限度地减少了人员伤亡。实践证明,群测群防监测是一种行之有效的措施。

三峡库区地质灾害监测预警体系是一种在专业技术单位和专家队伍指导下,以广大群众为主体监测所有已知隐患的群众性防灾减灾模式,实现了"群专结合"。这种"群专结合"的地质灾害防灾减灾模式,不仅很好地做到了点与面、宏观与微观、定性与定量的结合,还普遍提升了社会和群众的防灾减灾意识和水平。本滑坡的成功预报也完全体现了群专结合体系的优势,先进的专业监测预警技术是防灾减灾的有效保障,群测群防体系保障了险情发现的及时性及灾情上报的时效性,充分发挥了群众的主观能动性,把政府强制被动抗灾转化为群众自觉主动避灾,对于减少人民生命财产损失,维护社会稳定,具有十分重要的意义。

三、结 论

千将坪滑坡是长江三峡水库蓄水以来库区内发生的重大滑坡灾害之一,该滑坡通过群测群防监测成果实现预警,及时地减少了人员和财产损失。群测群防监测作为地质灾害监测预警和防治中的有力措施,能直接、快速、有效地发现险情并上报。千将坪滑坡通过群测群防成功实现预警,体现了群测群防监测方法的有效性,同时也显示了群测群防在监测范围和时效性等方面的优势。

第五章 信息系统

信息系统可以储存、管理、查询和分析从专业监测和群测群防监测获取的信息，可以在地质灾害防治服务体系及数据体系支持下，面向业务管理提供各类信息服务。信息服务对象主要为与库区地质灾害防治有关的各级管理人员、专业技术人员及社会公众。系统由信息目录管理、信息查询及统计分析、地质灾害防治一张图信息服务、空间分析、灾害体三维可视化分析、动态监测、遥感监测、专题图形编绘、办公及档案管理等子系统构成，见图5-1。

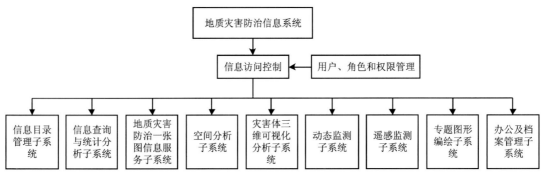

图5-1 地质灾害防治信息系统构成图

第一节 信息查询及统计分析子系统

信息查询与统计分析是业务管理中常用的功能之一，系统根据用户需求定制了系列的查询与统计分析模式，可实现一键式查询与统计分析、输出相关报表。同时，开发了自定义查询及统计分析模块，以满足用户不同新需求，并可根据用户需要，将自定义模式进行存储，以备以后使用。

1. 系统组成结构

信息查询与统计分析子系统包括8个模块：区域图形信息查询、灾害点（及高切坡）信息查询及统计分析、地质灾害安全评价信息查询、自定义查询及统计分析、办公档案管理信息查询、决策分析信息查询、网站及信息化产品信息查询、查询及统计分析结果产品化处理。其中，查询及统计分析结果产品化处理，利用信息服务平台信息化产品库建设功能对数据进行处理后存入信息化产品库中，并进行发布。系统组成结构如图5-2所示。

2. 模块功能

1）区域图形信息查询

此模块对指定范围（行政区或用鼠标手动圈定）内的不同比例尺基础地理图、基础地质图、水文地质图、工程地质图、灾害地质图、地质灾害分布图、降雨强度分布图、移民安置规划图、地质安全评价对象分布图、坡度坡向图等区域图形进行浏览，对图元信息进行查询，空间量算，对图形进行放大、缩小、刷新、

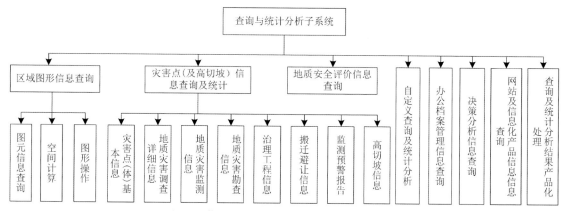

图 5-2 信息查询及统计分析子系统组成结构图

总图、叠加影像等有关操作,打印输出所选范围的图形。

2)灾害点(及高切坡)信息查询及统计分析

(1)此模块通过二维图形导航对指定范围(按行政区或用鼠标手动圈定)地质灾害点(及高切坡点)的分布状况进行查询及统计分析。

(2)此模块对地质灾害调查、高切坡调查、监测预警、地质灾害勘查、治理工程、搬迁避让等基本信息进行查询和统计分析。

3)地质灾害安全评价信息查询

此模块对指定范围地质安全评价的基本情况,区域地质安全综合评价、专业设施复建区、重点桥梁地质安全评价结果及治理工程实施情况进行查询。

4)自定义查询及统计分析

此模块利用属性数据查询与统计分析组件,通过设定查询统计范围,统计基本单位(省、县、乡等),查询条件,查询内容,输出查询及统计分析图表。

5)办公档案管理信息查询、决策分析信息查询、网站及信息化产品信息查询、查询及统计分析结果产品化处理。

此模块对办公及档案管理、决策分析、网站及信息化产品信息查询及统计分析,与办公及档案管理子系统、决策分析基础平台及信息服务平台链接,利用后者功能实现。

第二节 地质灾害防治一张图信息服务子系统

地质灾害防治一张图信息服务子系统是一个基于后台数据库和管理系统支持下的前台数据应用平台。系统选用三维地理信息系统平台 InfoEarth iTelluro(网图)进行开发,以 ArcGIS 为地理信息系统支撑平台。

1. 系统组成结构

地质灾害防治一张图信息服务子系统包括 8 个模块:三维地理信息管理、灾害点管理、灾害点(体)信息查询、矢量图层编辑、信息点查询、人文经济信息查询、滑坡稳定性评价、应急指挥系统。系统组成结构如图 5-3 所示。

2. 模块功能

1)三维地理信息管理模块

模块提供的功能如下。

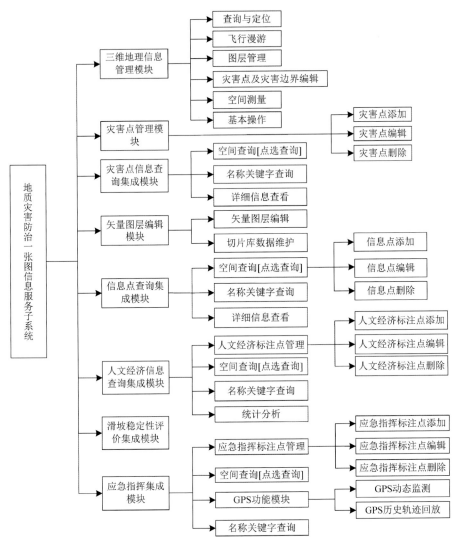

图 5-3 地质灾害防治子系统组成图

(1)查询与定位:根据经纬度或名称[地名或灾害点(体,下同)名称等]查询用户检索的地理位置,通过飞行定位到指定位置。

(2)飞行漫游:进行三维视景漫游,并可录制或回放在地图上的导航飞行的操作。

(3)图层管理:以树状形式显示图层,可以控制图层可见性及透明度,调整图层显示顺序,添加图层等。

(4)灾害点及灾害边界编辑:增加、移动、删除灾害点,删除、修改、绘制灾害边界线。

(5)空间测量:平面距离及面积量算、曲线距离量算、表面积量算、体积量算、坡度坡向量算。

(6)基本操作功能:视图放大、缩小、平移、旋转,鹰眼图,鼠标惯性自动漫游等。

2)灾害点管理模块

此模块通过地图定位添加新的灾害点、移动或删除原有灾害点。

3)灾害点(体)信息查询模块

此模块通过图像导航,查询指定灾害点(体)信息,包括灾害点(体)的点选查询、名称关键词查询、基本信息查看。

4)矢量图层编辑模块

(1)矢量图层编辑:新增要素、更新要素、删除要素。

(2)切片库数据维护:将编辑后的矢量图层根据配置文件中指定的参数处理成金字塔图片,及时更新到三维显示的空间数据库中。

5)信息点查询模块

信息点指与地质灾害防治有关信息的采集点,对信息点的查询方式类同于灾害点(体)信息查询。包括信息点的名称查询(模糊查询)和点选查看信息。

6)人文经济信息查询集成模块

与人文经济信息子系统集成后,模块可提供下述功能。

(1)人文经济标注点管理:可添加、编辑、删除人文经济标注点。

(2)空间查询(点选查询):在三维视图中点选人文经济相关标注点,即显示该标注点的人文经济的详细信息。

(3)名称关键字查询:通过输入人文经济标注点名称等关键字查询该点信息。

(4)统计分析:对鼠标圈定范围内的人文经济信息进行统计分析。

7)滑坡稳定性评价集成模块

与滑坡稳定性评价集成后,可根据具体情况选择稳定性评价工况(如库水位等),对滑坡进行稳定性评价,输出评价图形及评价结果。

8)应急指挥系统集成模块

与预警支持与应急指挥系统集成后,可提供下述功能。

(1)应急指挥标注点管理:应急指挥信息点包含有医院、学校、人民政府、民政、武警、军队、求助站等,可对信息点进行新增、更新和删除操作。

(2)空间查询(点选查询):在三维视图中点选应急指挥标注点,显示该标注点信息,包括灾害点的详细信息、灾害核查报告、会商报告、灾情调查报告等。

(3)名称关键字查询:可对应急指挥各图层点进行模糊信息查询。

(4)GPS信息查询:包括GPS设备使用信息查询及GPS历史轨迹回放。

第三节 空间分析子系统

1. 系统组成结构

空间分析子系统包括6个模块:叠加分析、缓冲区分析、库水淹没分析、裁剪分析、空间插值及可视性分析。系统空间分析主要利用ArcGIS空间分析功能实现。系统组成结构如图5-4所示。

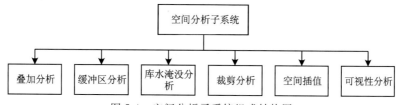

图5-4 空间分析子系统组成结构图

2. 模块功能

(1)叠置分析:对不同图层及不同时段的相同图层进行联合、相交、清除等分析。

(2)缓冲区分析:对点、线和多边形单个对象的缓冲区分析及一组对象的缓冲区分析。

(3)库水淹没分析:建立库水淹没模型,对不同库水位下地质灾害的淹没状况(水下、水上、跨水位线)进行统计分析。

(4)裁剪分析:在进行多边形叠置时,输出层为按一个图层的边界,对另一个图层的内容要素进行截取后的结果。

(5)空间插值:利用 Kriging 插值原理,将离散的空间点数据插值生成连续的面数据。

(6)可视性分析:进行地形可视性建模、通视性分析和可视域计算等,从一个或多个位置显示所能看到的地形范围或与其他地形点之间的可见程度。

第四节　灾害体三维可视化分析子系统

灾害体三维可视化分析子系统在 GeoView 3D 支持下,利用地形地质测绘、钻孔、剖面等资料模拟生成三维数字地质灾害体(主要指滑坡及危岩)构造,使用 B-Rep 边界表示法表达三维地质灾害体模型。

1. 系统组成结构

灾害体三维可视化分析子系统包括 9 个模块:数据管理模块、数据处理模块、三维地质建模模块、三维空间分析模块、三维地质灾害体浏览模块、对象创建与编辑模块、图形工具模块、查询与打印模块、模型传输与发布模块。系统组成结构如图 5-5 所示。

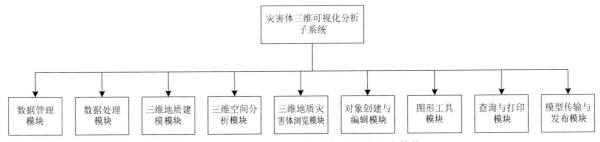

图 5-5　灾害体三维可视化分析子系统组成结构

2. 模块功能

(1)数据管理模块:包括三维地质体模型数据进行存储与管理、三维地质体模型数据进行存储与管理、岩层颜色管理。系统数据管理既支持 Access 数据库引擎,也支持 Oracle 数据库,前者用于单机版系统,后者用于网络版系统,两者数据管理模式一致。该模块由数据库管理、本地文件管理和纹理图片管理、岩层颜色管理 4 个子模块组成。

(2)数据处理模块:对文件和图件的加载及导出导入中涉及的数据进行转换处理。由文件加载、数据导入导出模块、图件加载 3 个子模块组成。

(3)三维地质建模模块:包括地表建模,地层建模,结构、构造面建模,地质勘探工程建模及地质灾害体建模。在各类模型建模基础上,进行交互式操作,建立地质灾害体三维空间模型。该模块由地表建模和地质灾害体建模两个子模块组成。

(4)三维空间分析模块:对所建三维数字地质灾害体模型,进行任意切割制作地质剖面图、平面图、栅状图和方块图,对地质体内部进行分析。该模块由空间度量、开挖分析、矢量剪切分析和布尔运算 4 个子模块组成。

(5)三维地质灾害体浏览模块:直观展示各个滑坡体、危岩体和结构面等地质单元的空间形态及其相互关系。包括显示地质灾害体,图幅、图层管理,区域漫游和漫游视频录制 4 个子模块。

(6)对象创建与编辑模块:包括创建对象、对象编辑和系统环境设置 3 个子模块。

(7)图形工具模块:包括图形变换、体工具、面工具、线工具和线面体转换5个子模块。

(8)查询与打印:包括属性信息查询、报表输出及图形打印3个子模块。

(9)模型传输与发布:可在网上传输和发布所建地质灾害体模型,并可对地质灾害三维模型进行远程操作与空间分析。该模块由模型传输、网络发布、交互操作和浏览查询4个子模块组成。

第五节 动态监测子系统

动态监测子系统是集地质灾害监测信息采集、数据传输、数据处理及汇总、监测仪器监控的多层次应用系统。系统功能是:依托地质灾害防治监测网络,整合库区地质灾害各类自动监测点及其监测传感设备和监控摄像等设备;采用B/S结构,基于无线网络、移动通信、卫星通信,对各动态监测点监测传感器数据、视频图像数据及图片数据,进行采集、传输、转换、存储及显示;对监测仪器运行状况进行远程控制;监测数据通过数据解析、标记、合成等处理后,将数据存入相应的监测数据库中提供应用或与定期监测数据融合后提供应用。各动态监测点采用统一的建设标准进行建设。

1. 系统组成结构

动态监测子系统包括5个模块:动态监测终端、无线网络、动态监测管理平台、专业应用服务及升级服务器。系统组成结构如图5-6所示。

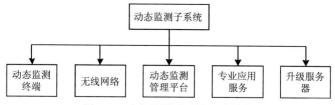

图5-6 动态监测子系统组成结构

2. 模块功能

1)动态监测终端

利用地质灾害监测信息的采集设备,完成管理平台对其进行的各种远程监测控制操作,具备接收管理平台远程指令、本地故障告警、数据通信、远程升级等功能。

2)无线网络

无线网络指GPRS、GSM、CDMA或卫星通信模块,用以实现网络通信功能,是终端进行数据通信的独立物理单元,是动态监测终端与管理模块的通信通道。监测终端通过建立PPP连接(点到点的连接),实现数据通信、数据路由、地址分配功能,并通过和其他设备的配合实现必要的安全机制。管理平台通过与短信网关对接,使管理平台和监测终端之间的部分报文可使用短信承载,管理平台也可通过短信网关发送通知短信。

3)动态监测管理平台

动态监测管理平台对终端接入及监测设备进行控制、实现应用系统接入、应用开发接口、控制服务界面管理等功能。接收监测终端传送数据,经处理后存入专业监测数据库中,为应用系统提供应用数据。

4)专业应用服务

监测终端采集的数据,经转换处理存入监测数据库,提供应用服务,包括监测点、监测仪器状况、监测数据(监测曲线)的可视化展示及其他应用服务。

5)升级服务器

升级服务器功能是为终端提供升级服务,其上配置并维护有不同类型、不同厂商生产的不同版本的终端升级软件及相关信息。升级服务器和管理平台配合使用,管理平台中配置终端软件升级相关 URI(统一资源标识符),并负责下发升级通知,对终端软件升级进行统一管理。

3. 分级架构

系统可根据需要进行分级架构,可将监测数据直接发送到相关节点,也可先发送到下级节点,再通过网络,向上传输。

4. 误码处理及丢数处理

1)误码处理

误码处理建立了对通信过程中的误码处理及数据包解析过程中误码的处理方案,可保证数据的准确率在 99% 以上,即使在通信过程中产生了误码,数据采集系统可以要求采集设备重新发送采集数据,以进一步提高数据传输的准确性;当系统在解析数据包过程中发现采集数据违反了数据合理性规则,即把本次采集数据作为异常数据提交数据库,并在系统中提告警示。

2)丢数处理

考虑到通信信号的不可控制性,在通信信号中断时,采集设备会将采集的数据记录到设备的自记空间。当通信信号正常后,可以由数据采集系统管理软件人工读取,查询到设备应发数据与实发数据的对比情况,确定是否有丢数情况发生,并进行相应的处理。

第六节 遥感监测子系统

1. 系统组成结构

遥感监测子系统包括 4 个模块:遥感影像数据处理与融合、灾害地质特征提取、地物变化监测及遥感监测图制作。地质灾害遥感监测目标是实现对地质灾害及其成生环境变化监测,是地质灾害防治动态监测的组成部分。系统组成结构如图 5-7 所示。

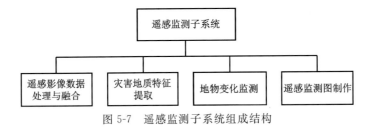

图 5-7 遥感监测子系统组成结构

2. 模块功能

(1)遥感影像数据处理与融合模块:功能是进行图像镶嵌、图像处理(图像增强、图像分类)及遥感影像融合。

(2)灾害地质特征提取模块:包括基础地质信息特征提取(地质构造特征信息提取、地层岩性特征信息提取),基础地理信息特征提取(植被、植被覆盖、水体、道路、居民地、土地利用变化、地形地貌等信息提取),地质灾害遥感解译(滑坡、高切坡、塌岸、泥石流特征信息提取)。

(3)地物变化检测:根据同一地区的多个时相的单波段或多波段遥感图像,采用图像处理的方法,检测出该地区的地物有无变化,并对变化做出定性或定量分析。

(4)遥感监测图制作:通过影像镶嵌、影像校正、影像裁剪、影像分类、变化监测,制作了库区土地利用及变更图、植被覆盖及分类图、人类工程活动及动态监测图。

第七节 专题图形编绘子系统

地质灾害防治专题地图主要有基础地质图、水文地质图、工程地质图、灾害地质图、地质灾害易发程度分区图、地质灾害防治区划图、地质安全评价图、监测预警工程布置图、移民安置规划图等。系统建设内容包括图式图例库建设及专题图形编绘子系统建设两个部分。

一、图式图例库建设

1. 图式设计

图式设计考虑的要素主要有①合理安排图面配置,包括专题地图的主图、副图及图名、图例、比例尺、统计图表与文字说明、图廓、图签、接图表等辅助要素在图面上的位置和大小等;②充分地利用地图幅面,并使图面配置清晰、易读;③注重图面的视觉对比度与平衡效果及层次结构。

2. 图例设计

按完备性、一致性、科学性、易读性和容易制作规则进行设计。并按图例的结构,对地图符号进行分组,各组符号又按要素的相对意义和相互关系,按顺序配置。

3. 地图符号制作组件开发

地质灾害防治信息中包含多类专题数据,除通用地图符号外,每一类数据都需要建立自己特有的地图符号。通过建立符号标识码与图元代码的对应关系及符号化功能模块,制作和显示地图符号。

4. 图式图例库建设

建立各类专题图图式模板库及图例库,并提供维护及查询功能。

二、专题图形编绘子系统建设

1. 系统组成结构

专题图形编绘子系统包括4个模块:通用制图、灾害地质图制图、灾害地质立体图编绘及专题图形产品化处理。系统组成结构如图5-8所示。

2. 模块功能

1)通用制图软件开发

软件功能是检索空间数据图层及专题图层,对指定图层进行组合,辅助编制专题地图,包括按规定的图式对图面要素进行部署,生成图例,添加图名、边框、指北针、比例尺、接图表等,并可追加(或删除)

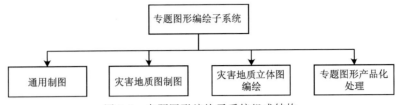

图 5-8 专题图形编绘子系统组成结构

图层选择项。

(1)专题地图内容选择。

专题地图由专题内容与地理基础两个部分构成,地理底图是专题地图的基础,专题信息的存储、表达、传递、提取,都必须通过地理底图实现。系统根据用户制图需要,建立了各类专题图图层组成和覆盖顺序标准,并用一个工程文件来进行管理。利用制图软件即可组合成图形显示在工作区,经再编辑处理后输出所需图形。

(2)通用制图模块。

该模块由人机交互编辑、数据管理、信息配置3个子模块及后台数据库组成。制图软件业务流程包括要素填充、数据表达、地图排版和地图输出4个步骤(图 5-9)。

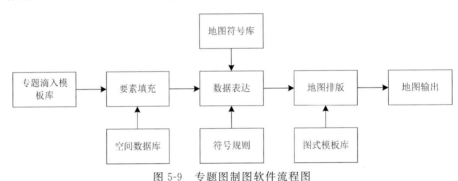

图 5-9 专题图制图软件流程图

2)灾害地质图制图模块

灾害地质图是一种专业地质图种,是展示地质灾害分布、地质灾害类型,地质灾害工程地质条件、控制因素、诱发因素,地质灾害的危害对象和人类工程活动及工程防治等信息的专题图件,重点揭示地质灾害的分布规律、成生条件,是开展地质灾害防治重要的基础图件。灾害地质图图面由以下几个部分构成:灾害地质图主图、环境背景图、剖面图、图例、图名、接图表、比例尺、编图责任表等。

根据灾害地质图制图标准及编图规则,利用地理数据、地图模板数据、地图符号数据,通过空间分析、要素填充、数据表达、地图排版、地图输出,编绘灾害地质图(含子图及剖面图),库区灾害地质图比例尺为1∶10 000。该模块基于通用制图软件,并增加了空间分析处理功能,模块按区域稳定性评价标准及编图规则,以 ArcEngine 和 VS2005 为开发工具进行开发建设。

3)灾害地质立体图制图模块

利用二维灾害地质空间数据及基础地理 DEM 数据,建立灾害地质三维模型,生成灾害地质立体图及地址剖面图。模块结构如图 5-10 所示。

(1)系统配置子模块:用于配置系统数据源,可以选择本地数据也可以选择数据库服务器上的操作数据库数据,分别对空间数据库、属性数据库、导航数据进行配置。

(2)目录树管理子模块:可对目录节点进行新建节点、编辑节点、删除节点、显示节点关联图层、隐藏节点关联图层、导入数据、导出数据等操作。

(3)立体图浏览子模块:进行灾害地质立体图浏览,具缩放、漫游、旋转、对象查找、三维场景管理、路径飞行、复位(全屏)、书签管理、地质灾害体模型查看等功能。

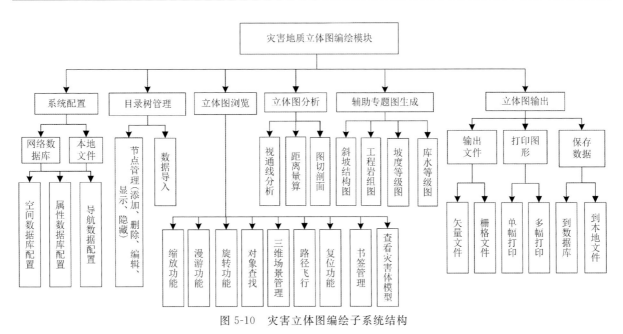

图 5-10 灾害立体图编绘子系统结构

(4)立体图分析子模块:具视通线分析、距离量算及交互式地质剖面图绘制功能。

(5)辅助专题图生成子模块:用于生成斜坡结构图、工程岩组图、坡度等级图、库水等级图等三维立体专题图。

(6)立体图输出子模块:包括输出文件、打印图形、保存数据功能。输出文件可输出矢量和栅格两种文件,打印图层时可以选择单幅打印或多幅打印,编辑后的数据可以保存到本地文件也可以保存到数据中心数据库服务器中。

4)专题图形产品化处理模块

该模块利用信息服务管理子系统的信息化产品建设功能对专题图形数据进行处理后存入信息化产品库中,通过信息服务平台发布。

第三篇

三峡库区滑坡预警预报

第六章 滑坡预报模型

第一节 单因子预报模型

一、单因子预报模型

(一)确定性预报模型

确定性预报模型是把有关滑坡及其环境的各类参数用测定的量予以数值化,用严格的推理方法,特别是数学、物理方法进行精确分析,得出明确的预报判断。换言之,确定性预报模型是用明确的函数来表达其数学关系的。此类预报模型可反映滑坡的物理实质,多适用于滑坡或斜坡单体预测。代表性的模型有以下几种。

1. 斋藤模型

日本学者斋藤迪孝(简称斋藤)于1965年根据岩土体蠕变三阶段变形理论,提出了基于蠕变第二、三阶段的滑坡时间预报经验法,斋藤法是以岩土体蠕变理论为基础、以应变速率为基本参数,在一定程度上反映了坡体变形的本质。

第二蠕变阶段模型

斋藤以等速蠕变阶段的应变历时曲线确定滑体破坏时间,根据蠕变破坏时间与等速蠕变状态下的应变速率成反比的原理,得出第二蠕变阶段预报公式为:

$$\lg t_r = 2.33 - 0.916 \lg \varepsilon \pm 0.59 \tag{6-1}$$

式中,t_r 为滑坡达到最终滑动的时间;ε 为蠕变速率,$\varepsilon = \dfrac{\Delta L}{L \Delta t}$;$\Delta L$ 为两测点间的相对位移;Δt 为监测时间间隔;L 为变形体的后缘沿滑移方向两点间距;± 0.59 为包括95%测定值的范围。

第三蠕变阶段模型

依据坡体演变阶段的特性,第三蠕变阶段模型分为以下3种。

第一种模型:斋藤认为在第三蠕变阶段应变速率逐渐增大,但瞬时应变速率与所余破坏时间 $t_r - t_1$ 仍成反比。在第三蠕变阶段曲线上取 t_1、t_2 和 t_3 三点的时间间隔内的应变相等,则所余破坏时间 $t_r - t_1$ 为:

$$t_r - t_1 = \frac{\frac{1}{2}(t_2 - t_1)^2}{(t_2 - t_1) - \frac{1}{2}(t_3 - t_1)} \tag{6-2}$$

第二种模型:对第三蠕变阶段的数据点引入到原始模型中,结果发现其散点分布同样遵从其原始模型方程,从而得到新的模型为:

$$\log(t_r - t) = \log a - \log \varepsilon \tag{6-3}$$

或：

$$\varepsilon = \varepsilon_0 + e^a [\log(t_r - t_0) - \log(t_r - t)] \tag{6-4}$$

式中，ε 为应变量；ε_0 为 $t = t_0$ 时刻的应变量；t_0 为试验时刻；t 为现在时刻；t_r 为蠕变破坏时刻（即 t_f）；a 为常数。

设 D 为滑坡变形量，D' 是滑坡的最大变形量，则应变量 ε 与 D/D' 成比例，于是式(6-4)可改写为：

$$D = A - B\ln(t_r - t) \tag{6-5}$$

式中，$A = D \cdot [\varepsilon_0 + e^a \ln(t_r - t)] > 0$；$B = e^a D^*$；$t < t_f$。

第三种模型：斋藤提出的第三蠕变阶段的图解法，本书不对此种方法进行详述。

斋藤模型适于短期和临滑预报，由于是以土体蠕变理论为基础的，在应用中仅适用于前缘不受阻的土质滑坡，有一定的局限性。

2. 苏爱军模型

在黏弹塑性力学的岩土体蠕变（流变）理论基础上，苏爱军、冯宗礼归纳出如下加速蠕变微分方程：

$$\frac{dy}{dt} = \frac{at}{b-t} \tag{6-6}$$

式中，y 为监测位移或应变；t 为监测时刻；a、b 为参数。

利用初始条件 $y = y_0$，$t = t_0$ 解上述微分方程可得一般解为：

$$y = y_0 + a(t - t_0) + ab\ln\frac{b - t_0}{b - t} \tag{6-7}$$

据实际监测数据资料，采用加权最小二乘法，利用计算机采用弦割法求解参数 a、b，其中参数 b 为剧滑时间。

该模型采用加权最小二乘法，权系数在一定程度上克服了随机误差并提高了安全度。通过滑坡的实际监测数据确定参数 a、b，使得预测精度大为提高。

3. Fukuzono 模型

Fukuzono(1985)通过滑坡模型试验发现滑坡从稳定状态到最终破坏时表面位移加速度与速度的对数成正比：

$$\frac{d^2 x}{dt^2} = A \left(\frac{dx}{dt}\right)^\alpha \tag{6-8}$$

式中，x 为位移；$\frac{dx}{dt}$ 为变形速率 v；A 和 α 为系数。通过对式(6-8)积分可得到：

$$\frac{1}{v} = [A(\alpha - 1)]^{1/(\alpha-1)} \cdot (t_r - t)^{1/(\alpha-1)} \tag{6-9}$$

Fukuzono 同时发现滑坡破坏前坡体地表位移速度随着时间不断增加，其倒数 $1/v$ 不断减小，当 $1/v$ 接近 0 时，滑坡发生破坏。根据式(6-9)中 α 取值范围的不同，其在二维平面上呈现出 3 种不同的曲线形状（图 6-1），即凹型 $1 < \alpha < 2$、线性 $\alpha = 2$ 和凸型 $\alpha > 2$。

当 $\alpha = 2$ 时，t_r 可以通过观测曲线上的 2 个点 $(t_1, 1/v_1)$ 和 $(t_2, 1/v_2)$ 进行预测，此时预测的结果与斋藤迪孝提出的方法结果相同，即：

$$t_r = \frac{t_2/v_1 - t_1/v_2}{1/v_1 - 1/v_2} \tag{6-10}$$

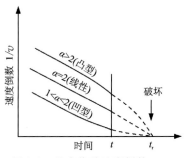

图 6-1 地表位移速度倒数与破坏时间的关系

当 $\alpha \neq 2$ 时，则由式(6-10)有：

$$\frac{\mathrm{d}(1/v)}{\mathrm{d}t} = \frac{1/v}{-(\alpha-1)(t_r-t)} \tag{6-11}$$

然后式(6-11)可通过积分求解 $1/v=0$ 条件下的 t_r。需要说明的是，Fukuzono 模型建立在滑坡破坏时变形速率无限大（$1/v$ 接近于 0）的假设下。

Rose 和 Hungr 应用 Fukuzono 模型对一露天煤矿 3 处 $(1\sim18)\times10^4$ m 的边坡破坏进行了预测，他们对速率倒数方法的局限性进行了详细的讨论，并提出了以下 6 点建议。

(1) 不能仅依赖于该方法预测边坡破坏时间，位移监测仅仅是了解边坡复杂变形过程和对边坡稳定性进行管理的工作之一。

(2) 该方法不适用于受脆性破坏控制的岩质滑坡，尤其是在分析坚硬岩体中的局部破坏时需要特别注意。

(3) 监测数据必须经过预处理，以消除仪器的误差以及坡体局部变形对位移的扰动。

(4) 破坏的预测依赖于对连续监测数据趋势的识别，应当尽可能地充分考虑观测和未知因素对边坡未来变化趋势的影响，而且在滑坡破坏前应尽早开展长期监测。建立的最佳拟合函数需根据最新的监测数据进行修正，从而不断地对预测结果进行更新和评估。

(5) 采取预警措施的时间依赖于速度倒数-时间曲线到横轴的距离，如果曲线的斜率非常大，则可以假定临近边坡的破坏时间。

(6) 该方法采用非线性的速度倒数趋势线进行数据拟合，提供了一种能更加准确评价边坡长期变形趋势的方法，但该方法比较复杂，因而往往在实际应用中受到限制。建议采用线性拟合，并在一个连续预测的基础上不断更新数据、识别曲线趋势的斜率或数据点变化趋势。

4. Voight 模型

学者 Voight B. 通过在常量加载条件下的纯剪切系统的分析与对此唯象关系进行的验证（王建锋，2004），提出加速度 $\ddot{\Omega}$ 是速度 $\dot{\Omega}$ 的幂函数关系为：

$$\ddot{\Omega} = A\dot{\Omega}^\alpha \tag{6-12}$$

滑体位移时间序列可以理解为上述形式的非线性微分方程的解在离散时间上的一组取值，采用二阶常微分方程来描述坡体动力学演化过程，解微分方程的模型表达式为：

$$\Omega = \frac{1}{A(2-\alpha)}\left[A(1-\alpha)t - A(1-\alpha)t_f + \dot{\Omega}_f^{1-\alpha}\right]^{\frac{2-\alpha}{1-\alpha}} + \frac{1}{A(2-\alpha)}\left[A(1-\alpha)t_f + \dot{\Omega}_f^{1-\alpha}\right]^{\frac{2-\alpha}{1-\alpha}} \tag{6-13}$$

式中，Ω 是累计位移量，$\dot{\Omega}=\frac{d\Omega}{dt}$，$\ddot{\Omega}=\frac{d^2\Omega}{dt^2}$，$t_f$ 为剧滑时间；t 为监测时刻；A 为参数，$A>0$；α 为参数，$\alpha>1$。

该模型参数物理意义明确，其本质上为超双曲函数，不同于一般的生长曲线，其属于增长方程，因此只适用于滑坡第三蠕变阶段的预警预报。

（二）统计预报模型

1. 灰色 GM(1,1) 模型

我国著名学者邓聚龙教授于 1982 年创立了灰色系统理论（Grey System Theory）。该理论以部分已知信息和部分信息未知的"小样本""贫信息"不确定系统为研究对象，通过对既有"部分"已知信息开发和提取出有价值的潜在信息，借以正确认识和有效控制灰色系统运行模式。

灰色预测模型 GM(1,1) 是一种指数增长型预测模型，常用于变形预测。滑坡变形破坏是多种因素耦合共同制约的结果,它既受到地质构造、岩石类别、岩体性能等自身内部的影响,又受制于降雨量、空气湿度、温度、植被发育情况等外部因素的制约;破坏时间与变形位移是内部、外部变化综合作用的结果,是事物发展由量变到质变的直观体现。滑坡位移预测灰色预报的基本思想就是把滑坡看作一个灰色系统,通过对时序位移(地表位移和地下位移)监测数据累加,使之变为一个递增的时间序列;利用量化的数学方程概化出预报模型方程,进而根据预报模型方程发展系数的变化预警预报滑坡发展情况(张飞、郭义,2008;姚颖康等,2009;张莜毅,2008)。

灰色 GM(1,1)模型基本理论:

设原始序列 $x^{(0)} = \{x^{(0)}(1), x^{(0)}(2), \cdots, x^{(0)}(n)\}$ 为滑坡等时距变形监测数据序列。若监测时序位移序列非等时距,应对其进行等时距转换。

利用累加生成(I-AGO)模式处理原始序列 $x^{(0)}$,可以得出新生成序列 $x^{(1)}$,即:

$$x^{(1)} = \{x^{(1)}(1), x^{(1)}(2), \cdots, x^{(1)}(n)\} \tag{6-14}$$

式中,$x^{(1)}(i) = \sum_{k=1}^{i} x^{(0)}(k)(i = 1, 2, \cdots, n)$。

假设 $x^{(1)}$ 具有近似指数变化规律,利用监测变形序列构建 GM(1,1)模型,生成背景值序列:

$$z^{(1)}(k) = x^{(1)}(k) - x^{(1)}(k-1)/2 \tag{6-15}$$

白化微分方程式为:

$$\frac{\mathrm{d}x^{(1)}}{\mathrm{d}t} + ax^{(1)} = u \tag{6-16}$$

式中,a 为发展系数,主要作用是控制系统发展态势,a 值变化区间可确定 GM(1,1)模型的适用范围,详见表 6-1;u 为灰色作用量,用于反映资料(时序序列)变化的关系。其中 $[a, u]^T - \hat{a}$,$\hat{a}$ 为待识别参数列。

表 6-1 灰色 GM(1,1)预报模型的适用范围

发展系数 a	适用范围
$a \geqslant -0.3$	中长期预报
$-0.5 \leqslant a < -0.3$	短期预报(中长期慎用)
$-0.8 \leqslant a < -0.5$	短期预报慎用
$-1.0 \leqslant a < -0.8$	利用残差修正
$a < -1.0$	不易适用

根据最小二乘法原理,可得:

$$\hat{a} = [a, u]^T = (B^T B)^{-1} B^T Y n^T \tag{6-17}$$

式中,$B = \begin{bmatrix} -z^{(1)}(2) & 1 \\ \vdots & \vdots \\ -z^{(1)}(n) & 1 \end{bmatrix}$;$Y_n = \{x^{(0)}(2), x^{(0)}(3), \cdots, x^{(0)}(n)\}$。

利用式(6-17)求解 a、u 后,可得白化微分方程(6-18)的时间响应式:

$$\hat{x}^{(1)}(t+1) = \left(x^{(0)}(1) - \frac{u}{a}\right)e^{-at} + \frac{u}{a} \quad (t = 0, 1, 2, \cdots, n-1) \tag{6-18}$$

通过对白化微分方程的时间响应序列进行累减还原处理,可得到如下拟合预测方程:

$$\begin{cases} \hat{x}^{(0)}(t) = x^{(1)}(t) - x^{(1)}(t-1), & (2 \leqslant t) \\ \hat{x}^{(0)}(1) = x^{(1)}(1), & (t = 1) \end{cases} \tag{6-19}$$

式(6-19)中,当 $t < n$ 时,$\hat{x}^{(0)}(t)$ 为模型的模拟值;当 $t = n$ 时,$\hat{x}^{(0)}(t)$ 为模型的滤波值;当 $t > n$ 时,$\hat{x}^{(0)}(t)$ 为模型的预测值。

灰色GM(1,1)模型精度检验：

设原始时间位移监测序列与模拟时间序列的误差为：

$$\varepsilon^{(0)} = \{\varepsilon^{(0)}(1), \varepsilon^{(0)}(2), \cdots, \varepsilon^{(0)}(n)\} \quad (6\text{-}20)$$

式中，$\varepsilon^{(0)}(k) = x^{(0)}(k) - \hat{x}^{(0)}(k), (1 \leqslant k \leqslant n)$。

设原始变形监测序列均值为 $\bar{x} = \frac{1}{n}\sum_{k=1}^{n} x^{(0)}(k)$，原始变形监测序列方差为 $S_1^2 = \frac{1}{n}\sum_{k=1}^{n}(x^{(0)}(k) - \bar{x})^2$；残差序列均值为 $\bar{\varepsilon} = \frac{1}{n}\sum_{k=1}^{n}\varepsilon(k)$，残差序列方差为 $S_2^2 = \frac{1}{n}\sum_{k=1}^{n}[\varepsilon(k) - \bar{\varepsilon}]^2$。称 S_2/S_1 为均方差比值，$p = P(|\varepsilon(k) - \bar{\varepsilon}| < 0.6745 S_1)$ 为小误差概率。模型的预测精度等级评价可参照表6-2。

表6-2 灰色GM(1,1)模型预测精度等级

模型预测精度检验等级	P	C
1级（好）	$0.95 \leqslant P$	$C \leqslant 0.35$
2级（合格）	$0.80 \leqslant P < 0.95$	$0.35 < C \leqslant 0.50$
3级（勉强合格）	$0.70 \leqslant P < 0.80$	$0.50 < C \leqslant 0.65$
4级（不合格）	$P < 0.70$	$0.65 < C$

由表6-2可知，均方误差比值 C 越小模型预测精度越高。S_1 大表明监测数据的离散性大、规律性差，S_2 小表明残差的离散性小。对于小误差概率 P，其值越大越好，P 值大表明残差与残差的平均值之差小于指定点的概率大。因此，C、P 大小能够反映灰色模型预测精度。

灰色系统理论综合了滑坡产生的影响因素，并通过丰富而量化的数学方程概化出预报关系，因此具有很高的科学性和合理性。在实际应用方面，也取得了一些成功的范例，如对甘肃大水黄龙西村滑坡、湖北宜昌新滩滑坡、湖北秭归鸡鸣寺滑坡等的预报都较为成功。但是，由于灰色预报模型要求掌握的资料和信息要充分，在实际处理问题时应尽可能减少人为插值或赋值的情况，否则将影响其预报的准确性和可信度；另一方面，如何将该预报方法由拟合研究阶段转变为对实际潜在滑坡进行先期预报，这将在滑坡预报中具有不可估量的重大应用价值。

2. 灰色生物生长(Verhulst)模型

Verhulst模型是德国生物学家Verhulst于1987年提出的一种生物增长模型。他认为事物的繁衍、生长、成熟、消亡过程，可以用该模型描述和预测。晏同珍(1987)考虑到滑坡的演变也有一变形、发展、成熟和破坏的过程，二者在发展演变上具有相似性，于是将这一模型引进滑坡的时间预报研究中（刘威等，2008；曾程，2007）。

设原始等间距监测数据序列 $X^{(0)}(t): X^{(0)}(t) = \{X^{(0)}(1), X^{(0)}(2), \cdots, X^{(0)}(n)\}$，做一次AGO变换，得到新的数据序列：$X^{(1)}(t) = \{X^{(1)}(1), X^{(1)}(2), \cdots, X^{(1)}(n)\}$，对 $X^{(1)}(t)$ 拟合得到Verhulst一阶白化非线性微分方程：

$$\frac{dX^{(1)}(t)}{dt} = aX^{(1)}(t) - b(X^{(1)}(t))^2 \quad (6\text{-}21)$$

式中，a、b 为待定系数，由最小二乘法得：

$$\hat{a} = [a, b]^T = (B^T B)^{-1} B^T Y \quad (6\text{-}22)$$

将求得的待定系数代入上式求解非线性微分方程得：

$$\overline{X^{(1)}(t)} = \frac{a/b}{1 + \left(\frac{a}{b} \cdot \frac{1}{X^{(0)}(1)} - 1\right)e^{-a(t-t_0)}} \quad (6\text{-}23)$$

式(6-23)为滑坡时间 Verhulst 非线性微分动态预报模型，t_0 为初始时刻。

由于滑坡的演变过程类似于生物从繁殖到消亡的过程。因此，可将生物从成熟（快速增长）向消亡（慢速增长）转化的临界值（拐点值）$a/2b$ 作为滑坡的临界位移值。

这样将 $a/2b$ 替代式(6-23)式中的 $\overline{X^{(1)}(t)}$ 可解出滑坡破坏的时刻 t：

$$t = \frac{1}{a}\ln\left[\frac{a}{bX^{(0)}} - 1\right] + t_0 \tag{6-24}$$

初始时刻 t_0 一般取 0，式(6-24)变为：

$$t = \frac{1}{a}\ln\left[\frac{a}{bX^{(0)}} - 1\right] \tag{6-25}$$

式(6-25)中的 t 实际上是一个滑坡的时序数，真正的滑坡破坏时间 t' 应为：

$$t' = t \cdot \Delta t \tag{6-26}$$

式中，Δt 为监测数据平均时间间隔。

一些实例的检验说明，利用 Verhulst 模型来预报处于加速变形阶段中后期的斜坡的失稳时间，预报精度基本上能满足工程上的精度要求，然而值得指出的是，由于这种模型建模中未对误差进行定量判别（检验），因此，有时预报结果也可能与实际相差较远。生物生长模型一般在获得了边坡加速变形阶段资料的情况下，预报精度才较高，适用于滑坡的短临预报，并利用已发生滑坡的资料进行了验证。

3. 指数平滑法

指数平滑法是移动平均法中的一种，它的特点是给历史观测值不同的权重，较近期观测值的权重大于较远期观测值，基本思想是：预测值是以前观测值的加权和，对不同时间的数据给予不同的权重，新数据的权重大于老数据（沈良峰等，2004；门玉明等，1997）。

给定呈线性分布的一组时间序列数据 $\{x_1, x_2, \cdots, x_i\}$ $(i = 1, 2, \cdots, n)$，选定合适的平滑系数，对时间序列做一次指数平滑之后，再做一次指数平滑求出下一时刻的预测值 x_{i+1}。

首先进行一次指数平滑预测：

$$S_i^{(1)} = \alpha x_i + (1-\alpha)S_{i-1}^{(1)} \tag{6-27}$$

式中，$S_i^{(1)}$ 为第 i 期的一次指数平滑值；$S_{i-1}^{(1)}$ 为 $i-1$ 期的一次指数平滑值；x_i 为第 i 期的观测值；α 为平滑系数，$S_{i-1}^{(1)} \in (0,1)$。一次指数平滑预测以第 i 期的一次指数平滑值作为第 $i+1$ 期的预测值，即：

$$S_i^{(1)} = \bar{x}_{i+1}, S_{i-1}^{(1)} = \bar{x}_i \tag{6-28}$$

因此上式又可表示为：

$$\bar{x}_{i+1} = \alpha x_i + (1-\alpha)\bar{x}_i \tag{6-29}$$

然后进行二次指数平滑预测：

$$S_i^{(2)} = \alpha S_i^{(1)} + (1-\alpha)S_{i-1}^{(2)} \tag{6-30}$$

式中，$S_i^{(2)}$ 为第 i 期的二次指数平滑值，$S_{i-1}^{(2)}$ 为 $i-1$ 期的二次指数平滑值，其他符号意义同前。

对于初始值 $S_0^{(1)}$ 和 $S_0^{(2)}$ 的选取可 $S_0^{(2)} = S_0^{(1)} = x_1$。式(6-30)又可表示为：

$$\bar{x}_{i+T} = a_i + b_i T \tag{6-31}$$

其中：$a_i = 2S_i^{(1)} - S_i^{(2)}$；$b_i = \frac{\alpha}{1-\alpha}(S_i^{(1)} - S_i^{(2)})$。

在指数平滑法预测中，α 取值的大小直接关系到均方误差 MSE 的大小，也即预测的准确程度，因此 MSE 可以看作 α 的函数：

$$\text{MSE} = f(\alpha), \alpha \in [0,1] \tag{6-32}$$

指数平滑法的关键在于平滑系数 α 值的确定，α 的选取都是凭经验或反复试验，选择其中误差最小的值。平滑系数的大小体现了观察值与预测值之间的比例关系。平滑系数值越大，实际值对新预测值的影响就越大；其值越小，实际值对新预测值的影响就越小。故当较依赖近期的信息进行预测时，可取较大的平滑系数值;当以往的信息对预测值影响较大时,α 可取较小的值。可见,根据测量值的数据特征选择适宜的预测模型和合适的平滑系数值,就可获得较为准确的预测结果。当 MSE 取得最小值时所得到的 α 值即为本组观察值的平滑系数,此时得到的预测值效果较为理想。

沈良峰等(2004)应用趋势型指数平滑模型预测了镇江市云台山滑坡区 5 号监测点的位移量,预测结果表明,预测值与实际位移值之间的误差很小,该模型适用于斜坡变形的预测。王洪兴等(2005)应用趋势型二次指数平滑模型预测了链子崖危岩体监测 GA 点的位移量,预测结果表明位移预测值与实际观测值之间的误差很小,指出该模型可很好地应用于斜坡变形位移的预测。赋予新数据更高的权重,使预测结果更加准确,符合实际情况,适用于短期预警预报。一次指数平滑法只适合水平型监测数据,二次指数平滑法则更适用于呈斜坡型线性趋势的监测数据。

4. 时间序列模型

时间序列分析是一种动态数据分析和预测的方法,其认为连续的观测值是不独立的,可用观测值之间的自相关性建立动态模型,从而利用已有的监测数据对未来数据进行预测。纵观时间序列模型的研究发展,其经历了有限参数模型→无限参数模型→线性模型→非线性模型的过程(刘沐宇等,1995;陈绍桔,2008)。其中,线性模型在实际中应用最多,常见的线性模型有 AR(P)模型、MA(Q)模型、ARMA(P,Q)模型、ARIMA(P,Q)化此模型及分数高斯噪声模型等。由于 AR(P)模型在建模时只需求解线性方程组,而不涉及白噪声序列的值,计算简便,而且实际中应用最多。

平稳时间序列模型 AR(P)是自回归滑动平均模型 ARMA(P,Q)的特例,即当 Q 为零时,ARMA(P,Q)幼模型退化为 AR(P)模型。只要时间序列服从平稳性、正态性和零均值性,就可选择 AR(P)模型对时间序列数据进行分析。AR(P)模型的表达式为:

$$y_t = \varphi_1 y_{t-1} + \varphi_1 y_{t-2} + \cdots + \varphi_p y_{t-p} + e_t \tag{6-33}$$

式中:$\varphi_1, \varphi_2, \cdots, \varphi_p$ 为自回归系数;p 为自回归阶数,一般 $p \leq 4$;e_t 为白噪声;$y_t = x_t - \mu$(μ 为原始序列 $\{x_t\}$ 的均值)。由于 AR(P)模型适用于拟合平稳零均值随机序列,所以,在实际应用中要进行零均值化处理,即 $y_t = x_t - \mu$。平稳零均值序列 $\{y_t\}$ 特征参数的估计:

$$\text{均值}: \mu_y = \bar{y} = \frac{1}{N} \sum_{t=1}^{N} y_t \tag{6-34}$$

$$\text{方差}: \sigma_y^2 = S^2 = \frac{1}{N} \sum_{t=1}^{N} y_t^2 \tag{6-35}$$

$$\text{自相关函数}: \gamma_\tau = \frac{1}{N-\tau} \sum_{t=1}^{N-\tau} y_t y_{t+\tau} \tag{6-36}$$

式中,τ 为时间间隔。$\tau = 0$ 时,自相关函数 γ_0 的估计为:

$$\gamma_0 = \frac{1}{N} \sum_{t=1}^{N} y_t^2 \tag{6-37}$$

显然,$\tau = 0$ 时,方差与自相关函数相等。对自相关函数进行归一化处理可得:

$$\rho_\tau = \gamma_\tau / \gamma_0 \tag{6-38}$$

ρ_τ 称为自相关系数或标准自相关系数。

建立 AR(P)模型时,需要先确定阶数 P,然后再利用观测到的时间序列计算出自相关函数的估计值,最后根据 Yule-Walker 方程求得自回归系数在 $\varphi_1, \varphi_2, \cdots, \varphi_p$。这样便可建立起 AR(P)模型。可根据下面的过程选取阶数 P:

首先粗定一个 P 值,$p = \frac{n}{5} \sim \frac{n}{10}$,利用模型误差方差最小定阶:

$$\text{FPE}(K) = \sigma_K^2 \left(1 + \frac{\lambda K}{n}\right) \tag{6-39}$$

式中,n 为样本数据的长度;λ 为适当的正数;K 为假定的最大阶数;σ_K^2 是阶数为 K 时的误差平方和,可用下式计算:

$$\sigma_K^2 = \sigma_\lambda^2[1-(\varphi_{K,1}\rho_1+\varphi_{K,2}\rho_2+\cdots+\varphi_{K,K}\rho_K)] \tag{6-40}$$

FPE(K) 取最小值时,所对应的 K 反即为阶数 P。通过求解线性方差组:

$$\begin{bmatrix} \gamma_0 & \gamma_1 & \cdots & \gamma_{P-1} \\ \gamma_1 & \gamma_0 & \cdots & \gamma_{P-2} \\ \vdots & \vdots & \cdots & \vdots \\ \gamma_{P-1} & \gamma_{P-2} & \cdots & \gamma_0 \end{bmatrix} \begin{bmatrix} \varphi_1 \\ \varphi_2 \\ \vdots \\ \varphi_P \end{bmatrix} = \begin{bmatrix} \gamma_1 \\ \gamma_2 \\ \vdots \\ \gamma_P \end{bmatrix} \tag{6-41}$$

可求得 AR(P) 模型的自回归系数 $\varphi_1,\varphi_2,\cdots,\varphi_p$,从而可对下一时刻的值进行预测。

时间序列模型需要等时间间距的观测资料,由于所得规律不是基于机理分析,对其预报结果很难以直接作出分析,需结合边坡失稳判据及其他方面进行。时间序列模型只适用于短期预报。

二、模型评价方法

误差检验:

均方根误差(RMSE)、平均相对误差绝对值(MAPE)和相关系数来检验模型预测精度,公式如下:

$$\text{RMSE} = \sqrt{\frac{1}{N}\sum_{i=1}^{N}(\hat{d}_i-d_i)^2} \tag{6-42}$$

$$\text{MAPE} = \frac{1}{N}\sum_{i=1}^{N}\left|\frac{d_i-\hat{d}_i}{d_i}\right| \tag{6-43}$$

$$R_{xx} = \frac{\sum_{i=1}^{N}(d_i-\bar{d}_i)(\hat{d}_i-\bar{\hat{d}}_i)}{\sqrt{\sum_{i=1}^{N}(d_i-\bar{d}_i)^2}\sqrt{\sum_{i=1}^{N}(\hat{d}_i-\bar{\hat{d}}_i)^2}} \tag{6-44}$$

式中,d_i 为实测值;$\hat{d}_i$ 为预测值;N 为预测值个数;$\bar{d}$ 为实测值均值;$\bar{\hat{d}}$ 为预测值均值。如果 RMSE 或 MAPE 较大,认为预测效果不好,反之,则认为预测效果较好。但 RMSE、MAPE 的大小与观测数据的大小有关,相关系数是一种与观测数据大小无关的检测性指标,它能反映变量之间相关关系的密切程度。

三、模型应用流程

单因子预报模型一般都是基于滑坡位移-时间曲线来进行预测的,这里所谓的单因子即滑坡位移。下面将使用灰色生物生长(Verhulst)模型,以白家包滑坡数据为例介绍单因子预报模型的模型应用流程。

1. 白家包滑坡概况

白家包滑坡位于秭归县归州镇向家店村 2 组,长江北岸支流香溪河右岸,距香溪河河口 2.5km,三峡大坝坝址 41.2km。地理坐标:N30°58′59.9″,E110°45′33.4″。目前滑坡上共布设 ZG323、ZG324、ZG325、ZG326 四个 GPS 监测点。自 2006 年 11 月开始实施专业监测,常规每月监测一次,汛期根据需要不定期监测。

2. 数据选取

Verhulst 模型适用于滑坡的短临预报,预报处于加速变形阶段中后期的斜坡的失稳时间。这里选取白家包滑坡 ZG324、ZG325 和 ZG326 三个监测点从 2018 年 6 月 4 日至 6 月 18 日共 15 期数据进行滑坡时间预测,用其中前 11 期位移数据来预测接下来 4 天的位移情况,后 4 期数据用来评价模型预报精度。图 6-2 为三个监测点 15 天的滑坡累计位移-时间曲线。

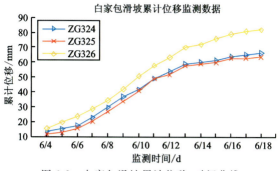

图 6-2　白家包滑坡累计位移-时间曲线

3. 实验结果及分析

这里使用 MATLAB 编程,实现 Verhulst 模型对白家包滑坡的时间预测,ZG324、ZG325 和 ZG326 三个监测点的累计位移预测结果见图 6-3,预测的四期数据及其与实际值的对比、发生剧滑的时间、RMSE 列于表 6-3。

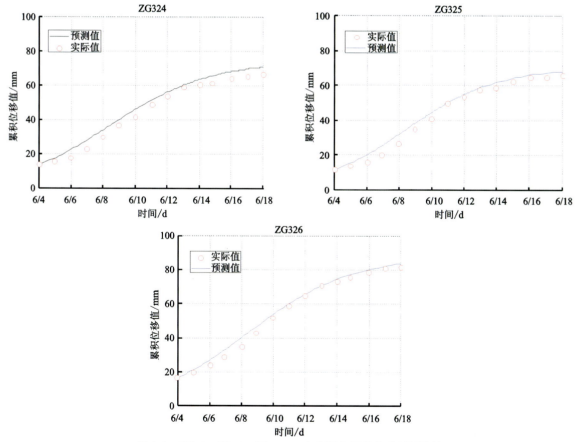

图 6-3　ZG324、ZG325、ZG326 三个监测点累计位移预测结果

从图 6-3 可以明显地看出,Verhulst 模型对白家包滑坡的预测值与实际值很接近,预测结果较好,从表 6-3 可以看出,预测值与实际值偏差最大的是 ZG324 监测点 6 月 18 日的数据,偏差为 2.8mm,约为 4%,可见模型误差是在一个理想的范围内。这里还采用计算均方根误差来定量判别模型精度,3 个

表 6-3　ZG324、ZG325、ZG326 3 个监测点时间预测结果及精度

监测点	6月15日		6月16日		6月17日		6月18日		发生剧滑时间	RMSE
	实际值(mm)	预测值(mm)	实际值(mm)	预测值(mm)	实际值(mm)	预测值(mm)	实际值(mm)	预测值(mm)		
ZG324	64.2	66.1	65.9	68.1	67.1	69.6	68.0	70.8	6月9日	3.2629
ZG325	62.1	64.5	65.1	66.2	64.9	67.5	65.7	68.4	6月9日	3.0019
ZG326	76.6	78.0	78.9	80.4	81.3	82.3	82.0	83.8	6月9日	3.3685

监测点的 RMSE 最大是在监测点 ZG326，为 3.3685，这也是一个很小的数值，说明模型预测精度较好。除此之外，模型还预测了白家包滑坡发生剧烈滑动的时间，3 个监测点的预测结果都是 6 月 9 日，从图 6-3 可以看出，这个预测结果与实际情况较为符合。

由于 Verhulst 模型是个单因子预测模型，也就是只考虑累计位移的预测模型，而滑坡却是由许多因素共同控制的复杂的地质灾害，往往只考虑位移的预测模型可能会不那么准确，并且只适用于短期临滑预报。因此，选取考虑多种影响因素的预测模型对于滑坡的时间预报是必要的。

第二节　多因子预报模型

滑坡系统是一个十分复杂的非线性动态系统，影响其稳定性的因素很多，传统的单因子预报模型即使选择对滑坡影响最重要的因素也必然会影响预测的可信度，综合选取影响滑坡灾害发生的多个因子构建的预测模型更符合滑坡发生时的实际情况。

一、多因子预报模型

1. 信息量模型

信息量模型是一种常用的统计分析方法，近年来在地质灾害领域得到广泛应用。在地质灾害敏感性评价中，信息量法通过确定影响因子所贡献的信息量大小与综合水平来进行相应的区域敏感预测与等级区划，其核心是计算与比较各个因子对于研究对象所贡献的信息量大小。其模型建立步骤如下：

首先，计算单因素（指标）x_i 提供发生滑坡地质灾害事件 H 的信息量 $I(x_i,H)$。

$$I(x_i,H) = \ln \frac{P(x_i/H)}{P(x_i)} \tag{6-45}$$

式中，$P(x_i/H)$ 为在滑坡发生条件下因素 x_i 出现的概率；$P(x_i)$ 为单因素 $P(x_i)$ 出现的概率。本式是信息量的理论模型，在实际计算时，通常使用样本频率计算：

$$I(x_i,H) = \ln \frac{N_i/N}{S_i/S} \tag{6-46}$$

式中，S 为研究区总单元数；S_i 为研究区内含有因子 x_i 的单元数；N 为研究区的滑坡单元数；N_i 为在含有因子 x_i 下发生滑坡的单元数。

在 n 种因素组合下，计算某一单元提供斜坡变形破坏的信息量公式为：

$$I = \sum_{i=1}^{n} I(x_i,H) = \sum_{i=1}^{n} \ln \frac{N_i/N}{S_i/S} \tag{6-47}$$

信息量法是利用统计分析的方法评价滑坡敏感性，评价方法较为客观，但是此模型受样本数量的约

束,只适合具有大量调查数据的区域。

2. 回归分析模型

多元线性回归模型:设随机变量 y 和 m 个自变量 $X_1,X_2,\cdots,X_m$ 存在线性关系,回归方程为:
$$y = \beta_0 + \beta_1 X_1 + \beta_2 X_2 + \cdots + \beta_m X_m + \varepsilon \tag{6-48}$$
式中, $\beta_0,\beta_1,\beta_2,\cdots,\beta_m$ 为回归系数; ε 为随机误差。假设 $\varepsilon \sim N(0,\sigma^2)$, $Y \sim N[E(Y),\sigma^2]$。

1) 多项式回归

根据滑坡监测的时间-位移数据,可拟合出回归曲线方程,再根据此方程预测之后的位移,位移可用下式回归模型拟合:
$$y = d_0 + d_1 t_1 + d_2 t_2 + d_3 t_3 \tag{6-49}$$
式中, y 为位移; t 为时间; d_0、d_1、d_2、d_3 为回归系数。通过变量替换可以将非线性的多项式回归模型转换为线性回归模型,转换后的线性回归模型为:
$$Y = d_0 + d_1 X_1 + d_2 X_2 + d_3 X_3 \tag{6-50}$$
利用最小二乘原理可以求出 d_0、d_1、d_2、d_3。
$$B = (X^T X)^{-1} X^T Y \tag{6-51}$$
式中, $B = (d_0,d_1,d_2,d_3)^T$, $Y = (y_1,y_2,\cdots,y_n)$。
$$X = \begin{bmatrix} 1 & t_1 & t_1^2 & t_1^3 \\ 1 & t_2 & t_2^2 & t_n^3 \\ \vdots & \vdots & \vdots & \vdots \\ 1 & t_n & t_n^2 & t_n^3 \end{bmatrix} \tag{6-52}$$

2) Logistic 回归模型

Logistic 回归分析根据因变量取值类别不同,又可分为两项 Logistic 回归分析和多项 Logistic 回归分析,前者因变量只能取两个值,分别用 0 和 1 表示,后者因变量可以取多个值。Logistic 回归分析的自变量可以是离散的,也可以是连续的。在滑坡灾害分析中,常用两项 Logistic 回归分析,将滑坡是否发生(0 代表地质灾害不发生,1 代表地质灾害发生)作为二元因变量,一系列与滑坡灾害发生有关的因子作为自变量,描述二者的关系。其函数如下式:
$$\begin{cases} P(Y=1 \mid X) = \dfrac{1}{1+e^{-z}} \\ Z = \beta_0 + \beta_1 x_1 + \beta_2 x_2 + \cdots + \beta_n x_n \end{cases} \tag{6-53}$$
式中, P 为滑坡发生概率,取值范围为 $[0,1]$; β_i 为逻辑回归系数。

3. 证据权法

证据加权分析法是加拿大数学地质学家 Agterberg 提出的一种地质学统计方法,它采用贝叶斯统计分析模式,假设所有条件相互独立,对证据因子进行综合定量评价。

假设研究区总面积为 $t\mathrm{km}^2$,划分的评价单元面积为 $u\mathrm{km}^2$,则 $T = t/u$ 为研究区划分的单元总数。设 D 为含有滑坡的单元数, $\overline{D}$ 为不含滑坡的单元数。若评价单元 u 足够小,那么含有滑坡的单元就可看作滑坡单元,即滑坡数等于含有滑坡的单元数,则任意单元发生滑坡的先验概率为: $P(D) = D/T$。在计算中,定义先验概率 $O(D) = P/(1-P)$。

对于第 $j(j=1,2,\cdots,n)$ 个证据层,设 b_j 为该因子所占面积,则 $B_j = b_j/u$ 表示含有该证据层的单元数, $\overline{B_j}$ 表示不含该证据层的单元数,则有 $P(D \mid B_j) = (B_j \cap D)/B_j$。

定义一对证据权重 W^+ 和 W^- 表示含有证据层和不含证据层时滑坡发生的可能性,其表达式为:
$$W_j^+ = \ln \frac{P(B_j \mid D)}{P(\overline{B_j} \mid D)}, W_j^- = \ln \frac{P(\overline{B_j} \mid D)}{P(\overline{B_j} \mid \overline{D})} \tag{6-54}$$

证据权法要求各证据层之间相对于滑坡点的分布满足条件独立。对 n 个证据因子,若它们都关于滑坡点分布独立,根据贝叶斯法则,则研究区任一单元为滑坡的可能性,即后验概率对数:

$$\ln O(D \mid B_1^k \cap B_2^k \cap B_3^k \cap \cdots B_n^k) = \sum_{j=1}^{n} W_j^k + \ln O(D) \tag{6-55}$$

k 表示单元是否含有证据层,且:

$$W_j^k = \begin{cases} W_j^+ & \text{证据层存在} \\ 0 & \text{缺少证据} \\ W_j^- & \text{不含证据层} \end{cases} \tag{6-56}$$

最后计算后验概率: $P = O/(1+O)$。

二、模型评价方法

1. 现场调查验证方法

历史灾害或潜在不稳定斜坡落入现场判断高易发区的数量或面积越大,评价结果越准确。

2. 历史灾害统计验证方法

统计各分区面积以及各分区中已发生灾害面积与占比,一般来说,已发生灾害数量在高敏感区要多于低易发区,高易发区内的已发生滑坡灾害越多,评价精度越高;低易发区内的已发生滑坡灾害越多,评价精度越低(陈丽霞、殷坤龙,2019)。计算公式为:

$$A = \frac{S_h + S_{vh}}{S} \tag{6-57}$$

式中,A 为预测精度;S_h 为历史灾害分布图与易发性分区图中高易发区的重合区域面积;S_{vh} 为历史灾害分布图与易发性分区图中极高易发区的区域面积;S 为历史灾害总面积。

3. 样本分离法

从总样本中随机选择一定比例,分为训练样本和测试样本,训练样本用来训练得到函数或模型,测试样本用来测试模型的精度。在滑坡易发性评价中,一般通过计算落入危险区(中危险区、高危险区和极高危险区)的样本占总测试样本的百分比来评价精度。

4. ROC 曲线

受试者工作特征曲线(receiver operating characteristic curve,ROC 曲线),又称为感受性曲线,是根据一系列不同的二分类方式(分界值或阈值),以真阳性率(灵敏度)为纵坐标,假阳性率(1—特异度)为横坐标绘制的曲线,用来比较不同分界值下评价模型对已存在的泥石流的识别能力,其中越靠近左上角,表明对样本的识别准确性越高。或通过对比曲线下区域的面积(area under curve,AUC),模型的 AUC 越大,识别能力越强。

三、模型应用流程

选择证据权模型,以三峡库区巫山县大宁河口两岸区域各类资料为数据源,进行区域滑坡危险性评价,介绍多因子预报模型的模型应用流程(赵艳南、牛瑞卿,2010)。

研究区位于三峡库区巫山县大宁河口两岸,为向南倾斜的低山斜坡,地形地貌属中浅切割的褶皱剥蚀中低山斜坡沟谷区。出露地层以三叠系嘉陵江组(T_1j)滨海相碳酸盐岩和巴东组(T_2b)陆相碎屑沉积岩类为主,其中巴东组为易滑地层;主体位于巫山复式向斜中,核部地层为巴东组二段、一段和嘉陵江组,褶皱、断裂发育,岩层破碎,滑坡分布广泛。

1. 训练样本选择与先验概率计算

根据1:5万三峡库区地质灾害分布信息表,共提取132个巫山县历史滑坡灾害点,采用分离样本法进行计算与验证。选出100个灾害点(小型灾害点21个,中型灾害点41个,大型灾害点35个,巨型灾害点3个)作为训练样本,32个灾害点为测试样本。设置单元网格大小为20m×20m,得到先验概率为0.0007。

2. 证据因子图层生成

选取地层岩性组合、地质构造、高程分区、坡度和坡向5个控制因素和人类工程活动、道路影响距和水系影响距3个诱发因素,以下分别介绍区内各因子的特征。

研究区地层岩性组合的分类见表6-4所示。

表6-4 研究区地层岩性组合

地层名称	岩性
第四系堆积(Q)	上部为粉质黏土,下部为砾石层
巴东组三段(T_2b^3)	泥灰岩、白云质灰岩、灰岩
巴东组二段(T_2b^2)	泥质粉砂岩、泥岩
巴东组一段(T_2b^1)	泥灰岩
嘉陵江组(T_1j)	灰岩
大冶组(T_1d)	灰岩,下部为泥质条带灰岩页岩互层
二叠系(P)	含燧石结核灰岩

研究区主体位于巫山复式向斜中,次级褶皱较发育。设定距离褶皱轴部的步长为100m,将褶皱影响划分为7个区间:0~100m、100~200m、200~300m、300~400m、400~500m、500~600m、600~700m。

根据直方图将研究区高程分为3个等级:135~300m、300~500m、>500m;将坡度分为4个等级:0°~15°、15°~30°、30°~45°、>45°;将坡向分为8个等级:北坡(0°~22°,337.5°~360°)、东北坡(22.5°~67.5°)、东坡(67.5°~112.5°)、东南坡(112.5°~157.5°)、南坡(157.5°~202.5°)、西南坡(202.5°~247.5°)、西坡(247.5°~292.5°)、西北坡(292.5°~337.5°),-1表示平地。

利用C-Bers-02BCCD影像将土地利用分为4类:水系、居民地、植被密集区、植被稀疏区;将人类工程活动分为3个等级:人类工程活动强、弱、中等;将道路影响距划分为5个区间:0~20m、20~40m、40~60m、60~80m、80~100m。

利用研究区1:5万等高线生成DEM,经过填充洼地、提取水流方向、提取汇流累积量、设定阈值提取沟谷网络、消除伪沟谷等步骤,得到研究区水系分布图,将其划分为干流、支流、二级支流3个等级,并分别进行距离分析,将干流的影响距划分为0~50m、50~100m、100~150m、150~200m 4个区间,一级支流的影响距分为0~40m、40~80m、80~120m 3个区间,二级支流划分为0~20m、20~40m、40~60m、60~80m、80~100m 5个区间。

3. 证据层权重计算

利用Arc-WofE扩展模块计算上述5个控制因子和3个滑坡诱发因子的证据权重,以Class表示各证据因子的类别,W^+表示证据因子存在处的权重值,W^-表示证据因子不存在处的权重值,C(C=

W^+-W^-)为证据因子的对比度,Stud(C)[Stud(C)=C/σ(C)]表示学生化对比度,其相互关系见表6-5。

表 6-5 主要证据因子权重、对比度与学生化对比度

证据因子	Class	W^+	W^-	C	Stud(C)
地层	第四系堆积(Q)	1.452 7	−0.157 2	1.609 9	5.817 4
	巴东组三段(T_2b^3)	0.666 3	−0.060 5	0.726 8	2.162 5
	巴东组二段(T_2b^2)	0.706 2	−0.243 3	0.949 5	4.252 5
	巴东组一段(T_2b^1)	0.115 6	−0.022 2	0.137 8	0.485 8
	嘉陵江组(T_1j)	−1.137 0	0.457 3	−1.594 2	−5.305 6
	大冶组(T_1d)	−1.442 4	0.037 8	−1.480 2	−1.471 7
	二叠系(P)	−1.048 1	0.044 0	−1.092 1	−1.526 6
地质构造影响距	0~100m	0.132 9	−0.058 1	0.191 0	0.784 3
	100~200m	−0.111 5	0.029 0	−0.140 4	−0.487 9
	200~300m	−0.325 9	0.052 3	−0.378 2	−1.065 8
	300~400m	−0.180 0	0.023 1	−0.203 1	−0.543 5
	400~500m	0.522 4	−0.072 4	0.594 9	1.891 7
	500~600m	0.162 1	−0.012 6	0.174 6	0.410 5
	600~700m	−0.712 4	0.028 1	−0.740 5	−1.033 3
坡度	0°~15°	0.557 8	−0.047 6	0.605 3	1.719 6
	15°~30°	0.261 1	−0.286 6	0.547 7	2.525 3
	30°~45°	−0.310 7	0.121 3	−0.432 0	−1.726 8
	>45°	−2.011 5	0.077 3	−2.088 9	−2.076 9
坡向	北坡	−0.886 8	0.131 7	−1.018 5	−2.584 8
	东北坡	−0.399 6	0.030 0	−0.429 6	−0.932 7
	东坡	0.581 0	−0.080 1	0.661 0	2.266 8
	东南坡	0.930 0	−0.226 3	1.156 3	4.945 5
	南坡	0.583 9	−0.114 9	0.698 8	2.695 6
	西南坡	0.233 5	−0.017 8	0.251 4	0.637 7
	西坡	−1.900 9	0.067 7	−1.968 6	−1.957 3
	西北坡	−1.375 3	0.151 7	−1.527 0	−2.983 4
高程分区	135~300m	1.281 1	−1.240 0	2.521 2	9.907 7
	300~500m	−0.704 5	0.195 1	−0.899 6	−2.993 9
	>500m	−1.811 1	0.583 8	−2.394 8	−6.087 2
人类工程活动	强	1.465 5	−0.699 1	2.164 6	10.050 7
	中等	−0.681 7	0.882 7	−1.564 4	7.131 7
	弱	−1.675 3	0.106 4	−1.781 7	−2.490 8

续表 6-5

证据因子	Class	W^+	W^-	C	$Stud(C)$
道路影响距	0~20m	0.289 7	−0.188 2	0.477 9	1.870 2
	20~40m	−0.176 5	0.042 5	−0.219 0	−0.658 1
	40~60m	0.204 5	−0.047 9	0.252 4	0.807 9
	60~80m	−0.269 0	0.040 1	−0.309 1	−0.769 6
	80~100m	−1.000 9	0.091 6	−1.092 4	−1.844 9
水系干流影响距	0~50m	0.304 6	−0.131 1	0.435 6	1.404 6
	50~100m	−0.508 7	0.126 7	−0.635 5	−1.546 5
	100~150m	0.129 2	−0.046 6	0.175 8	0.536 0

4. 条件独立性检验与证据因子优选

在完成各证据因子权重计算的基础上，对计算结果进行分析，筛选出合适的证据因子进行叠加计算，得到后验概率。证据因子的优选分为两步：①去除条件独立性差的因子；②分析证据因子权重计算结果，选择与滑坡关系密切的证据因子，剔除与滑坡关系不密切的证据层。

1) 条件独立性检验

证据权法的理论基础是贝叶斯法则，该理论以条件独立性假设为前提，如果一对滑坡影响因素不是条件独立的，就会过高估计滑坡影响因素的正权而低估负权。证据权法是基于卡方（χ^2）检验进行条件独立性检验。本书的条件独立性检验在 Arc-WofE 扩展模块中进行，表 3 给出 8 个证据因子间的条件独立性检验概率。

表 6-6 中证据因子关于滑坡点的条件独立检验概率均小于 0.5，表示两相交证据因子间相对于滑坡点分布的条件独立性较好，故各因子均可参与后验概率计算。

表 6-6 证据因子间条件独立性检验概率

证据因子	高程	地质构造	坡度	坡向	道路	人类活动	水系干流
地层	0.391 6	0.000 1	0.072 9	0.002 7	0.000 2	0.349 2	0.099 5
高程		0.056 6	0.055 8	0.083 9	0.007 6	0.436 1	0.000 0
地质构造			0.095 3	0.000 0	0.001 0	0.000 0	0.000 2
坡度				0.275 4	0.002 1	0.493 1	0.004 8
坡向					0.000 7	0.237 3	0.001 6
道路						0.000 1	0.006 5
人类活动							0.056 5

2) 证据因子优选

证据因子可以通过对比度 C 值和学生化对比度值 $Stud(C)$ 优选，在大面积和大量训练点的情况下，通常通过 C 值的比较来筛选证据因子。其中 C 值越大表明证据因子与滑坡空间相关性越强。在较小面积和少量训练点时，权重值的不确定性变大，可采用学生化对比度优选证据因子。$Stud(C)$ 是滑坡发生点和研究区域间空间联系的近似检验，在筛选证据因子时比 C 值更有效。

本书通过拐点线性图显示各证据因子每类的权重、对比度及学生化对比度，通过对比分析选出合适的证据层。

以坡向因子为例,图 6-4 给出了坡向因子每类的权重 W^+ 和 W^-、对比度 C、学生化对比度 Stud(C),图中显示,Stud(C)比 C 更能突出表现坡向因子中每类对滑坡发生的贡献情况,东南坡、南坡与滑坡呈高度正相关,北坡、西北坡与滑坡呈高度负相关。因此,坡向因子中可以优选出东南坡、南坡、北坡和西北坡 4 个证据层参与最后的后验概率计算。按照此方法进行证据层优选,优选出地层因子:第四系堆积物、巴东组三段、巴东组三段、巴东组二段、巴东组一段、嘉陵江组;高程因子 135～300m、>500m;坡度因子:15°～30°、30°～45°、>45°;地质构造影响距间:0～100m、200～300m、400～500m;人类工程活动:强、中等;道路影响距区间:0～20m、40～60m、80～100m;干流影响距区间:0～50m、50～100m;一级支流影响距区间:0～40m、40～80m;二级支流影响距区间:0～20m、20～40m。

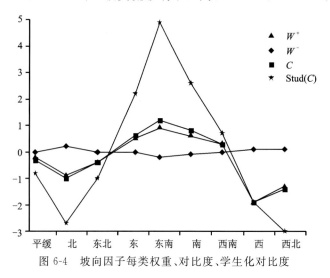

图 6-4 坡向因子每类权重、对比度、学生化对比度

5. 后验概率计算滑坡危险性分区

经过证据层优选后,将筛选出的证据层叠加,利用 Arc-WofE 扩展模块计算后验概率,生成滑坡危险性区划图(图 6-5)。后验概率值的大小对应着危险度的大小,其值在 0～1 之间。后验概率值越大,其稳定性越差,越易发生滑坡。研究区后验概率值介于 0～19.9% 之间,采用自然断点法(natural break)对研究区进行滑坡危险性分区,将其分为极高危险区、高危险区、中危险区、低危险区 4 类。

图 6-5 显示高危险区主要分布在长江左岸,因为该段广泛发育有三叠系巴东组砂泥岩互层和第四系松散堆积物,为滑坡发育提供了良好的物质基础。另外,该段居民地、道路等分布众多,成为滑坡发生的主要诱发因素。

6. 结果验证

采用分离样本法对研究区滑坡危险性区划结果进行验证,参与验证的滑坡灾害点共有 32 个,经统计准确率为 81%(其中 65% 分布在极高和高危险区,16% 分布在中危险区)。

7. 结论

证据权法以贝叶斯条件概率为基础,利用数学方法计算滑坡评价因素(证据因子)的权重值,并通过条件独立性检验剔除相关性大的评价因素,采用学生化对比度 Stud(C) 比较各证据因子的每个类别与滑坡的相关性,据此进行滑坡评价因素的选择。通过验证表明证据权法作为一种数据驱动方法,可以客观定量地进行滑坡评价因素选择及权重赋值。

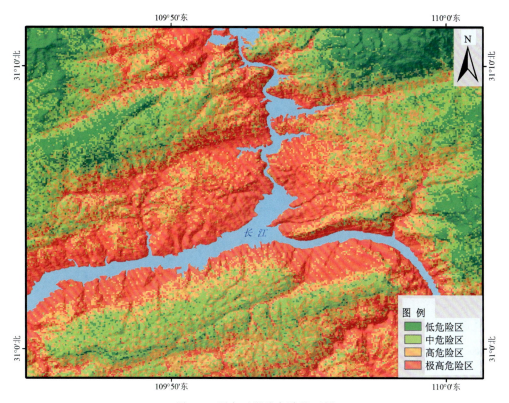

图 6-5 研究区滑坡危险性区划

第三节 机器学习预报模型

一、聚类模型

聚类就是对大量未知标注的数据集,按照数据的内在相似性将数据集划分为多个类别(在聚类算法中称为簇),使类别内的数据相似度高,类别间的数据相似度低或者数据达到组内距离最小、组间距离最大。

聚类分析具有不依赖数据的特点,能够对研究对象进行定量评价(桂蕾等,2013)。因此,聚类分析已经被广泛应用于构建滑坡危险性评估模型的研究中(毛伊敏等,2019)。

而聚类效果的好坏主要依赖于两个因素:距离度量方法(distance measurement)和聚类算法(algorithm)。

(一)距离度量方法

在聚类算法中,大多数算法都是需要计算两个数据点之间的相似度。计算簇之间的相似性和差异性时常常要使用距离来进行度量,内部指标也都是以距离度量为基础的。

距离常常分为度量距离和非度量距离,其中度量距离满足非负性,对称性,直递性(三角不等式),而非度量距离往往不满足直递性。

而对于属性可以分为连续属性和离散属性,但这个分类法对距离度量没有多大意义。在考虑距离的时候,属性更多的是考虑有序性,例如高,中,低是有序的,即高>中>低。但是桌子,椅子,这些便是没有顺序的,无法对这些物品的类别进行比较排序。

对于样本 $x_i = (x_{i1}; x_{i2}; \cdots; x_{im})$ 与 $x_j = (x_{j1}; x_{j2}; \cdots; x_{jn})$,最常使用的是闵科夫斯基距离:

$$\text{dist}_{mk}(x_i, x_j) = \left(\sum_{u=1}^{n} |x_{iu} - x_{ju}|^p\right)^{1/p}, p \geq 1 \tag{6-58}$$

而当 p 取不同值的时候,便可得到实际使用的距离度量。当 $p=1$ 时,为曼哈顿距离:

$$\text{dist}_{mk}(x_i, x_j) = \sum_{u=1}^{n} |x_{iu} - x_{ju}| \tag{6-59}$$

当 $p=2$ 时,为欧式距离:

$$\text{dist}_{mk}(x_i, x_j) = \sqrt{\sum_{u=1}^{n} |x_{iu} - x_{ju}|^2} \tag{6-60}$$

当 p 等于无穷大时,为切比雪夫距离:

$$D_{\text{Chebyshew}}(p, q) = \max_i(|p_i - q_i|) \tag{6-61}$$

对于无序属性,使用 VDM(value difference metric)来表示,令 $m_{u,a}$ 表示在属性 u 上取值为 a 的样本数,$m_{u,a,i}$ 表示第 i 个样本簇中在属性 u 上取值为 a 的样本数,k 为样本簇数,则属性 u 上两个离散值 a,b 的 VDM 距离为:

$$\text{VDM}_p = \sum_{i=1}^{k} \left| \frac{m_{u,a,i}}{m_{u,a}} - \frac{m_{u,b,i}}{m_{u,b}} \right| \tag{6-62}$$

(二)聚类算法

假设易发性相同的空间单元影响因子的值也应该比较接近。将 n 个滑坡因子在空间离散后形成 n 个向量,聚类就是从 n 个向量组成的点集中划分不同的子集或子类,并计算每个子集的统计特征值(胡凯衡等,2012)。

以大家最为熟知的 K 均值聚类为例,K 均值聚类步骤如下:

(1)选择 K 个初始质心,初始质心随机选择即可,每一个质心为一个类。

(2)计算其他样本数据到每个初始聚类中心的距离,并按照最小距离原则按下式将数据分配至最邻近的初始聚类中心,与质心形成新的类。

(3)重新计算每个类的质心,所谓质心就是一个类中的所有观测的平均向量(这里称为向量,是因为每一个观测都包含很多变量,所以把一个观测视为一个多维向量,维数由变量数决定)。

(4)重复步骤(2)和(3)。

(5)直到质心不再发生变化时或者达到最大迭代次数时。

(三)聚类模型的特点

聚类与分类不同,简单地说就是把相似的东西分到一组,聚类的时候,我们并不关心某一类是什么,需要实现的目标只是把相似的东西聚到一起。因此聚类分析通常并不需要使用训练数据进行学习,这在机器学习中被称作无监督学习。聚类既可以作为一个单独的过程,也可以作为其他机器学习任务的预处理模块。

二、决策树模型

决策树(decision tree)是在已知各种情况发生概率的基础上,通过构成决策树来求取净现值的期望值大于或等于零的概率,评价项目风险,判断其可行性的决策分析方法,是直观运用概率分析的一种图解法。

机器学习中,决策树是一个预测模型;它代表的是对象属性与对象值之间的一种映射关系。树中每个节点表示某个对象,每个分岔路径则代表的某个可能的属性值,而每个叶结点则对应从根节点到该叶节点所经历的路径所表示的对象的值。决策树仅有单一输出,若欲有复数输出,可以建立独立的决策树以处理不同输出。决策树结构图如图6-6所示。

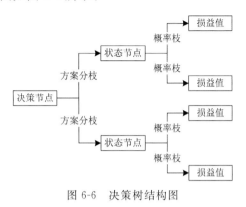

图6-6 决策树结构图

(一)ID3决策树模型

ID3采用信息增益作为选择最优的分裂属性的方法,选择熵作为衡量节点纯度的标准,递归地拓展决策树的分枝,完成决策树的构造。

1. 信息增益

信息熵(information entropy)是度量样本集合纯度最常用的一种指标。假定当前样本集合D中的第k类样本所占的比例为$p_k(k=1,2,\cdots,|y|)$,则D的信息熵定义为:

$$\text{Ent}(D) = -\sum_{k=1}^{|y|} p_k \lg_2 p_k \tag{6-63}$$

$\text{Ent}(D)$的值越小,则D的纯度越高。

假定离散属性a有V个可能的取值$\{a^1,a^2,\cdots,a^V\}$,若使用a来对样本集D进行划分,则会产生V个分支节点,其中第V个分支点包含了D中所有在属性a上取值为a^V的样本,记为D^V。根据上式计算出D^V的信息熵,再考虑到不同的分支节点所包含的样本数不同,给分支节点赋予权重$|D^V|/|D|$,即样本数越多的分支节点的影响越大,于是可计算出用属性a对样本集D进行划分所获得的"信息增益(information gain)"。

$$\text{Gain}(D,a) = \text{Ent}(D) - \sum_{V=1}^{V} \frac{|D^V|}{|D|} \text{Ent}(D^V) \tag{6-64}$$

在信息增益中,衡量标准是看特征能够为分类系统带来多少信息,带来的信息越多,该特征越重要。

2. ID3算法

ID3算法的核心是在决策树各个子节点上应用信息增益准则选择特征,递归的构建决策树,具体方法是:从根节点开始,对节点计算所有可能的滑坡影响特征的信息增益,选择信息增益最大的特征作为根节点,由该特征的不同取值建立子节点;再对子节点递归调用以上方法,构建决策树。直到所有特征的信息增益均很小或没有特征可以选择为止,最后得到决策树。

(二)C4.5 决策树模型

C4.5 在 ID3 算法上进行改进,其主要使用信息增益比来选择属性。

1. 增益率

信息增益准则对可取值数目较多的属性有所偏好,为减少这种偏好可能带来的不利影响。如 C4.5 决策树算法不直接使用信息增益,而是使用"增益率(gain ratio)"来选择最优划分属性。增益率定义为:

$$\text{Gain.ratio}(D,a) = \frac{\text{Gain}(D,a)}{IV(a)} \tag{6-65}$$

其中,

$$IV(a) = -\sum_{v=1}^{V} \frac{|D^v|}{|D|} \lg_2 \frac{|D^v|}{|D|} \tag{6-66}$$

称为属性 a 的"固有值(intrinsic value)"。属性 a 的可能取值数目越多(V 越大),则 $IV(a)$ 的值通常会越大。信息增益率可以理解为节点信息增益与节点分裂信息度量的比值。

2. C4.5 算法

C4.5 是一系列用在机器学习和数据挖掘的分类问题中的算法。它的目标是监督学习:给定一个数据集,其中的每一个元组都能用一组属性值来描述,每一个元组属于一个互斥的类别中的某一类。C4.5 的目标是通过学习,找到一个从属性值到类别的映射关系,并且这个映射能用于对新的类别未知的实体进行分类。

具体步骤是先对数据集中滑坡与非滑坡的类别信息熵,而每个滑坡影响因子的信息熵对应一种条件熵,它代表的是在某种属性的条件下,各种类别出现的不确定性之和。然后计算信息增益,它表示的是信息不确定性减少的程度。如果一个属性的信息增益越大,就表示用这个属性进行样本划分可以更好地减少划分后样本的不确定性。最后计算各个滑坡影响因子的信息增益率,选择增益率高的继续分裂属性。

在 ID3 基础上改进的 C4.5 采用信息增益比选择特征,减少因特征值多导致信息增益大的问题。可以在决策树构造过程中进行剪枝,可以处理非离散数据也能够对不完整数据进行处理。

(三)CART 决策树模型

CART 决策树在 ID3 和 C4.5 的基础上得到进一步改进,使其可以进行分类处理,同时也可以进行回归处理。

1. 基尼指数

CART 决策树使用"基尼指数"来选择划分属性。数据集 D 的纯度可用基尼指数来度量:

$$\text{Gini}(D) = \sum_{k=1}^{|y|} \sum_{k' \neq k} p_k p'_k = 1 - \sum_{k=1}^{|y|} p_k^2 \tag{6-67}$$

直观来说,$\text{Gini}(D)$ 反映了从数据集 D 中随机抽取两个样本,其类别标记不一致的概率。因此,$\text{Gini}(D)$ 越小,则数据集 D 的纯度越高。

属性 a 的基尼指数定义为:

$$\text{Gini.index}(D,a) = \sum_{V=1}^{V} \frac{|D^V|}{|D|} \text{Gini}(D^V) \tag{6-68}$$

于是在候选属性集合 A 中,选择那个使得划分后基尼指数最小的属性作为最优划分属性,即 $a_* =$ argminGini_index$(D,a)(a \in A)$。基尼系数代表了模型的不纯度,基尼系数越小,不纯度越低,特征越好。这和信息增益(比)相反。

2. CART 算法

CART 分类树算法对连续值的处理、思想和 C4.5 相同,都是将连续的特征离散化。唯一区别在选择划分点时,C4.5 是信息增益比,CART 是基尼系数。如果特征值是离散值:CART 的处理思想与 C4.5 稍微有所不同。如果离散特征值多于两个,那么 C4.5 会在节点上根据特征值划分出多叉树。但是 CART 则不同,无论离散特征值有几个,在节点上都划分成二叉树。

3. 决策树模型特点

(1)计算复杂度不高,对中间缺失值不敏感。
(2)解释性强,在解释性方面甚至比线性回归更强。
(3)与传统的回归和分类方法相比,决策树更接近人的决策模式。
(4)可以用图形表示,非专业人士也可以轻松理解。
(5)可以直接处理定性的预测变量而不需创建亚变量。
(6)决策树的预测准确性一般比回归和分类方法弱,但可以通过用集成学习方法组合大量决策树,显著提升树的预测效果。

三、支持向量机模型

支持向量机(support vector machines)是一种二分类模型,它的目的是寻找一个超平面来对样本进行分割,分割的原则是间隔最大化,最终转化为一个凸二次规划问题来求解(戴福初等,2007)。

(一)两类支持向量机

对于一个有两类构成的线性可分样本点 $x_i(i=1,2,\cdots,n)$,表示为 $y_i = \pm 1$。支持向量机的目的是找到一个 n 维的超平面—最大间隔区分样本点,即:

$$\min \frac{1}{2} \|w\|^2 \tag{6-69}$$

约束条件为:

$$y_i((w \cdot x_i) + b) \geqslant 1 \tag{6-70}$$

$\|w\|$ 是超平面法向量的范数,b 是标量,· 表示标量乘积。引入拉格朗日乘数法则求极值,生成辅助函数:

$$L = \frac{1}{2} \|w\|^2 - \sum_{i=1}^{n} \lambda_i \{y_i[(w \cdot x_i) + b] - 1\} \tag{6-71}$$

式中,λ 为拉格朗日乘子,通过对偶最小方法求解方程(6-71)中的 w 和 b。

对于线性不可分样本,引入松弛因子 ξ_i 来调整约束条件,式(6-70)改进为:

$$y_i[(w \cdot x_i) + b] \geqslant 1 - \xi \tag{6-72}$$

式(6-71)调整为:

$$L = \frac{1}{2} \|w\|^2 - \frac{1}{vn} \sum_{i=1}^{n} \xi \tag{6-73}$$

$v \in (0,1]$ 为对决策产生作用的样本的比率,也就是支持向量占整个训练集的百分比(B S 等,

(2)一般情况下在贝叶斯分类中所有属性都潜在地对分类结果发挥作用,能够使所有的属性都参与到分类中。

(3)贝叶斯分类实例的属性可以是离散的、连续的,也可以是混合的。

五、人工神经网络模型

人工神经网络是由大量处理单元互联组成的非线性、自适应信息处理系统。它是在现代神经科学研究成果的基础上提出的,试图通过模拟大脑神经网络处理、记忆信息的方式进行信息处理。人工神经网络具有4个基本特征。

(1)非线性。非线性关系是自然界的普遍特性。大脑的智慧就是一种非线性现象。人工神经元处于激活或抑制两种不同的状态,这种行为在数学上表现为一种非线性关系。具有阈值的神经元构成的网络具有更好的性能,可以提高容错性和存储容量。

(2)非局限性。一个神经网络通常由多个神经元广泛连接而成。一个系统的整体行为不仅取决于单个神经元的特征,而且可能主要由单元之间的相互作用、相互连接所决定。通过单元之间的大量连接模拟大脑的非局限性。联想记忆是非局限性的典型例子。

(3)非常定性。人工神经网络具有自适应、自组织、自学习能力。神经网络不但处理的信息可以有各种变化,而且在处理信息的同时,非线性动力系统本身也在不断变化。经常采用迭代过程描写动力系统的演化过程。

(4)非凸性。一个系统的演化方向,在一定条件下将取决于某个特定的状态函数。例如能量函数,它的极值相应于系统比较稳定的状态。非凸性是指这种函数有多个极值,故系统具有多个较稳定的平衡态,这将导致系统演化的多样性。

(一)神经元结构

人工神经网络是由大量的简单基本元件——神经元相互连接而成的自适应非线性动态系统。每个神经元的结构和功能比较简单,但大量神经元组合产生的系统行为却非常复杂。神经元结构如图6-7所示。

与数字计算机比较,人工神经网络在构成原理和功能特点等方面更加接近人脑,它不是按给定的程序一步一步地执行运算,而是能够自身适应环境、总结规律、完成某种运算、识别或过程控制。

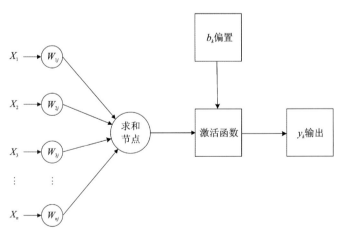

图6-7 神经元模型图

于是在候选属性集合 A 中,选择那个使得划分后基尼指数最小的属性作为最优划分属性,即 $a_* =$ argminGini_index$(D,a)(a \in A)$。基尼系数代表了模型的不纯度,基尼系数越小,不纯度越低,特征越好。这和信息增益(比)相反。

2. CART 算法

CART 分类树算法对连续值的处理、思想和 C4.5 相同,都是将连续的特征离散化。唯一区别在选择划分点时,C4.5 是信息增益比,CART 是基尼系数。如果特征值是离散值:CART 的处理思想与 C4.5 稍微有所不同。如果离散特征值多于两个,那么 C4.5 会在节点上根据特征值划分出多叉树。但是 CART 则不同,无论离散特征值有几个,在节点上都划分成二叉树。

3. 决策树模型特点

(1)计算复杂度不高,对中间缺失值不敏感。
(2)解释性强,在解释性方面甚至比线性回归更强。
(3)与传统的回归和分类方法相比,决策树更接近人的决策模式。
(4)可以用图形表示,非专业人士也可以轻松理解。
(5)可以直接处理定性的预测变量而不需创建亚变量。
(6)决策树的预测准确性一般比回归和分类方法弱,但可以通过用集成学习方法组合大量决策树,显著提升树的预测效果。

三、支持向量机模型

支持向量机(support vector machines)是一种二分类模型,它的目的是寻找一个超平面来对样本进行分割,分割的原则是间隔最大化,最终转化为一个凸二次规划问题来求解(戴福初等,2007)。

(一)两类支持向量机

对于一个有两类构成的线性可分样本点 $x_i(i=1,2,\cdots,n)$,表示为 $y_i = \pm 1$。支持向量机的目的是找到一个 n 维的超平面—最大间隔区分样本点,即:

$$\min \frac{1}{2} \parallel w \parallel^2 \tag{6-69}$$

约束条件为:

$$y_i((w \cdot x_i) + b) \geqslant 1 \tag{6-70}$$

$\parallel w \parallel$ 是超平面法向量的范数,b 是标量,· 表示标量乘积。引入拉格朗日乘数法则求极值,生成辅助函数:

$$L = \frac{1}{2} \parallel w \parallel^2 - \sum_{i=1}^{n} \lambda_i \{y_i[(w \cdot x_i) + b] - 1\} \tag{6-71}$$

式中,λ 为拉格朗日乘子,通过对偶最小方法求解方程(6-71)中的 w 和 b。

对于线性不可分样本,引入松弛因子 ξ_i 来调整约束条件,式(6-70)改进为:

$$y_i[(w \cdot x_i) + b] \geqslant 1 - \xi \tag{6-72}$$

式(6-71)调整为:

$$L = \frac{1}{2} \parallel w \parallel^2 - \frac{1}{vn} \sum_{i=1}^{n} \xi \tag{6-73}$$

$v \in (0,1)$ 为对决策产生作用的样本的比率,也就是支持向量占整个训练集的百分比(BS 等,

2001)。此外,Vapnik(2000)引进核函数 $K(x_i,x_j)$ 来处理非线性边界。

常用的核函数有:

$$\text{线性核函数 } K(x_i,x_j) = x_i^T x_j \tag{6-74}$$

$$\text{多项式核函数 } K(x_i,x_j) = (x_i^T x_j)^d \tag{6-75}$$

$$\text{高斯核函数 } K(x_i,x_j) = \exp\left(-\frac{\|x_i-x_j\|^2}{2\sigma^2}\right) \tag{6-76}$$

$$\text{拉普拉斯核函数 } K(x_i,x_j) = \exp\left(-\frac{\|x_i-x_j\|}{\sigma}\right) \tag{6-77}$$

$$\text{Sigmoid 核函数 } K(x_i,x_j) = \tanh(\beta x_i^T x_j + \theta) \tag{6-78}$$

(二)单类支持向量机

针对负类样本不易获取的情况,Tax D、Scholkopf B 等提出了单类支持向量机。此方法只要求有一类样本,目标是寻求一个尽可能小的超球体(半径 R,中心 c)去包含训练样本 $x_i(i=1,2,\cdots,n)$。其受约束形式的公式为:

$$(x_i-c)^T \cdot (x_i-c) \leqslant R^2 + \xi \tag{6-79}$$

引入松弛因子 ξ 的公式为:

$$L = R^2 - \frac{1}{vn}\sum_{i=1}^{n}\xi \tag{6-80}$$

其同样需要引入核函数去处理非线性决策边界的问题,通常采用较健壮的径向基函数作为单类支持向量机的核函数。

(三)支持向量机特点

支持向量机模型的优点如下。

(1)SVM 是一种有坚实理论基础的新颖的适用小样本学习方法。它基本上不涉及概率测度及大数定律等,也简化了通常的分类和回归等问题。

(2)计算的复杂性取决于支持向量的数目,而不是样本空间的维数,这在某种意义上避免了"维数灾难"。

(3)少数支持向量决定了最终结果,对异常值不敏感,这不但可以帮助我们抓住关键样本、"剔除"大量冗余样本,而且注定了该方法不但算法简单,而且具有较好的"鲁棒性"。

(4)SVM 学习问题可以表示为凸优化问题,因此可以利用已知的有效算法发现目标函数的全局最小值。

(5)有优秀的泛化能力。

支持向量机模型的缺点如下。

(1)对大规模训练样本难以实施。

SVM 的空间消耗主要是存储训练样本和核矩阵,由于 SVM 是借助二次规划来求解支持向量,而求解二次规划将涉及 m 阶矩阵的计算(m 为样本的个数),当 m 数目很大时,该矩阵的存储和计算将耗费大量的机器内存和运算时间。

如果数据量很大,SVM 的训练时间就会比较长,如垃圾邮件的分类检测,没有使用 SVM 分类器,而是使用简单的朴素贝叶斯分类器,或者使用逻辑回归模型分类。

(2)解决多分类问题困难。

经典的支持向量机算法只给出了二类分类的算法,而在实际应用中,一般要解决多类的分类问题,可以通过多个二类支持向量机的组合来解决。主要有一对多组合模式、一对一组合模式和SVM决策树；再就是通过构造多个分类器的组合来解决。主要原理是克服SVM固有的缺点，结合其他算法的优势，解决多类问题的分类精度。如：与粗糙集理论结合，形成一种优势互补的多类问题的组合分类器。

（3）对参数和核函数选择敏感。

支持向量机性能的优劣主要取决于核函数的选取，所以对于解决一个实际问题而言，是根据实际的数据模型选择合适的核函数，从而构造SVM算法。目前比较成熟的核函数及其参数的选择都是人为的，根据经验来选取的，带有一定的随意性。在不同的问题领域，核函数应当具有不同的形式和参数，所以在选取时应该将领域知识引入进来，但是目前还没有好的方法来解决核函数的选取问题。

四、贝叶斯分类模型

贝叶斯分类技术在众多分类技术中占有重要地位，也属于统计学分类的范畴，是一种非规则的分类方法，贝叶斯分类技术通过对已分类的样本子集进行训练，学习归纳出分类函数（对离散变量的预测称为分类，对连续变量的分类称为回归），利用训练得到的分类器实现对未分类数据的分类（胡华锋，2011）。

（一）贝叶斯理论

基于统计学的贝叶斯分类模型以贝叶斯理论为基础，通过求解后验概率分布，预测样本属于某一类别的概率。贝叶斯公式可写成如下形式：

$$P(c \mid x) = \frac{P(c)P(x \mid c)}{P(x)} \tag{6-81}$$

式中，$P(c)$为类"先验"概率；$P(c \mid x)$为样本x相对于类标记c的类条件概率，或称"似然"；$P(x)$为用于归一化的"证据"因子。对于给定样本x，证据因子$P(x)$与类标记无关，因此估计$P(c \mid x)$的问题就转化为如何基于训练样本D来估计先验$P(c)$和似然$P(x \mid c)$。

概率模型的训练过程就是参数估计过程。根据数据采样来估计概率分布参数的经典方法。令D_c表示训练集D中第c类样本组合的集合，假定这些样本是独立同分布的，则参数θ_c对于数据集D_c的似然是：

$$P(D_c \mid \theta_c) = \prod_{x \in D_c} P(x \mid \theta_c) \tag{6-82}$$

对θ_c进行极大似然估计，就是寻找能最大化似然$P(D_c \mid \theta_c)$的参数值$\overline{\theta_c}$。直观上看，极大似然估计是试图在θ_c所有可能的取值中，找到一个能使数据出现的"可能性"最大的值。

由于上式连乘易造成下溢，通常使用对数似然：

$$LL(\theta_c) = \lg P((D_c \mid \theta_c)) = \sum_{x \in D_c} \lg P(x \mid \theta_c) \tag{6-83}$$

此时参数θ_c的极大似然估计$\overline{\theta_c}$为：

$$\overline{\theta_c} = \arg\max_{\theta_c} LL(\theta_c) \tag{6-84}$$

（二）贝叶斯分类模型的特点

（1）贝叶斯分类不把一个实例绝对地指派给某一种分类，而是通过计算得到实例属于某一分类的概率，具有最大概率的类就是该实例所属的分类。

（2）一般情况下在贝叶斯分类中所有属性都潜在地对分类结果发挥作用，能够使所有的属性都参与到分类中。

（3）贝叶斯分类实例的属性可以是离散的、连续的，也可以是混合的。

五、人工神经网络模型

人工神经网络是由大量处理单元互联组成的非线性、自适应信息处理系统。它是在现代神经科学研究成果的基础上提出的，试图通过模拟大脑神经网络处理、记忆信息的方式进行信息处理。人工神经网络具有4个基本特征。

（1）非线性。非线性关系是自然界的普遍特性。大脑的智慧就是一种非线性现象。人工神经元处于激活或抑制两种不同的状态，这种行为在数学上表现为一种非线性关系。具有阈值的神经元构成的网络具有更好的性能，可以提高容错性和存储容量。

（2）非局限性。一个神经网络通常由多个神经元广泛连接而成。一个系统的整体行为不仅取决于单个神经元的特征，而且可能主要由单元之间的相互作用、相互连接所决定。通过单元之间的大量连接模拟大脑的非局限性。联想记忆是非局限性的典型例子。

（3）非常定性。人工神经网络具有自适应、自组织、自学习能力。神经网络不但处理的信息可以有各种变化，而且在处理信息的同时，非线性动力系统本身也在不断变化。经常采用迭代过程描写动力系统的演化过程。

（4）非凸性。一个系统的演化方向，在一定条件下将取决于某个特定的状态函数。例如能量函数，它的极值相应于系统比较稳定的状态。非凸性是指这种函数有多个极值，故系统具有多个较稳定的平衡态，这将导致系统演化的多样性。

（一）神经元结构

人工神经网络是由大量的简单基本元件——神经元相互连接而成的自适应非线性动态系统。每个神经元的结构和功能比较简单，但大量神经元组合产生的系统行为却非常复杂。神经元结构如图6-7所示。

与数字计算机比较，人工神经网络在构成原理和功能特点等方面更加接近人脑，它不是按给定的程序一步一步地执行运算，而是能够自身适应环境、总结规律、完成某种运算、识别或过程控制。

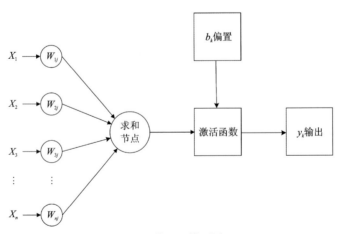

图6-7 神经元模型图

神经元接收来自 n 个其他神经元传递过来的输入信号,这些输入信号通过带权重的连接进行传递,神经元接收到的总输入值将与神经元的阈值进行比较,然后通过"激活函数"(图 6-8)处理以产生神经元的输出。

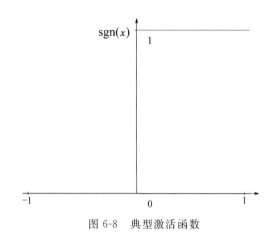

图 6-8　典型激活函数

(二)BP 算法

BP(back propagation)算法由信号的正向传播和误差的反向传播两个过程组成(谭龙等,2014)。

正向传播时,输入样本从输入层进入网络,经隐层逐层传递至输出层,如果输出层的实际输出与期望输出(导师信号)不同,则转至误差反向传播;如果输出层的实际输出与期望输出(导师信号)相同,结束学习算法。

反向传播时,将输出误差(期望输出与实际输出之差)按原通路反传计算,通过隐层反向,直至输入层,在反传过程中将误差分摊给各层的各个单元,获得各层各单元的误差信号,并将其作为修正各单元权值的根据。这一计算过程使用梯度下降法完成,在不停地调整各层神经元的权值和阈值后,使误差信号减小到最低限度。

权值和阈值不断调整的过程,就是网络的学习与训练过程,经过信号正向传播与误差反向传播,权值和阈值的调整反复进行,一直进行到预先设定的学习训练次数,或输出误差减小到允许的程度(哈宗泉和喻晗,2009)。

BP 神经网络的结构分为 3 层:输入层、隐含层、输出层(图 6-9)。

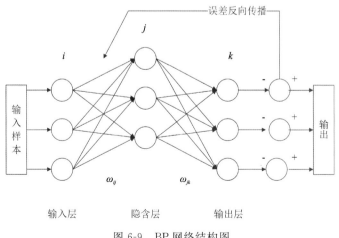

图 6-9　BP 网络结构图

假设输入矢量 $X=(x_1,x_2,\cdots,x_n)^T$，则隐含层的输出为 x_j'，输出层的输出为 y_j。假设隐含层有 n_1 个神经元，输入层有 n 个神经元，输出层有 m 个神经元，则：

$$x_j' = f_1(\sum_{i=1}^{n}\omega_{ij}x_j - \theta_j), 1 \leqslant j \leqslant n_1 \qquad (6-85)$$

$$y_k = f_2(\sum_{i=1}^{n_1}\omega_{jk}x_j' - \theta_k), 1 \leqslant k \leqslant m \qquad (6-86)$$

式中，ω_{ij}、ω_{jk} 分别为输入层节点 i 与隐含层节点 j、隐含层节点 j 和输出层节点 k 间的连接权值；θ_j、θ_k 分别为隐含层节点 j 和输出层节点 k 的阈值。对于权值的调解，采取 Newton 下降方向计算，则调整后的权重为：

$$\Delta W = (J^T J + \mu I)^{-1}J^T E \qquad (6-87)$$

式中，J 为误差对权重微分的雅克比矩阵；I 为初始迭代矩阵；E 为误差向量；μ 很大时，得到：

$$W_{ij}(t+1) = W_{ij}(t) + \Delta W \qquad (6-88)$$

使用递归算法从输出层开始逆向传播误差，使用式(6-88)调整权值，使得输出 d_k 与理想输出 y_k 的误差 E 达到或小于规定的误差 ε，这就完成了网络的训练过程。

$$E = \frac{1}{2}\sum_{k=1}^{n}(d_k - y_k)^2 \qquad (6-89)$$

（三）人工神经网络特点

(1) 自适应，自组织性，可以通过后天学习开发更多功能。

(2) 泛化能力，即对没有训练过的目标，有预测和控制能力。

(3) 非线性映射能力，神经网络的非线性映射能力，它不需要对系统进行透彻的了解，同时能达到输入与输出的映射关系，这就大大简化了设计的难度。

(4) 高度并行性，神经网络是根据人的大脑而抽象出来的数学模型，因为人可以同时做一些事，所以从功能的模拟角度上看，神经网络也应具备很强的并行性。

六、集成学习模型

在机器学习的过程中，多数情况下模型很难在各个方面都表现较好，有时我们只能得到多个有偏好的模型（弱监督模型，在某些方面表现得比较好）。集成学习就是组合这里的多个弱监督模型以期得到一个更好更全面的强监督模型。

（一）集成学习模型基础

集成学习就是将多个"个体学习器(individual learner)"用某种策略结合起来，组成一个"学习委员会(committee)"，使得整体的泛化性能得到大大提高（图6-10）。

集合方法可分为以下两类。

(1) 序列集成方法。序列方法的原理是利用基础学习器之间的依赖关系。通过对之前训练中错误标记的样本赋值较高的权重，可以提高整体的预测效果，以 Boosting 系列为代表。

(2) 并行集成方法。并行方法的原理是利用基础学习器之间的独立性，通过平均可以显著减少错误，以随机森林(random forest)系列为代表。

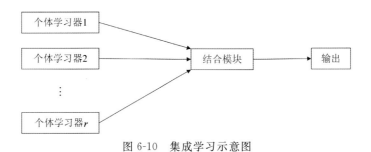

图 6-10 集成学习示意图

(二)Boosting

Boosting 方法是一种用来提高弱分类算法准确度的方法,这种方法通过构造一个预测函数系列,然后以一定的方式将它们组合成一个预测函数。Boosting 是一种提高任意给定学习算法准确度的方法。它的思想起源于 Valiant 提出的 PAC(probably approxi mately correct)学习模型。

以 Adaboost 为例,算法流程如下。

1. 初始化训练数据的权值分布

每一个训练样本,初始化时赋予同样的权值 $w=1/N$。N 为样本总数。

$$D_1 = (w_{11}, w_{12}, \cdots, w_{1N}), w_{1i} = \frac{1}{N}, i = 1, 2, \cdots, N \tag{6-90}$$

式中,D_1 为每个样本第一次迭代的权值;w_{11} 为第一次迭代的是第一个样本的权值。

2. 进行多次迭代

$m = 1, 2, \cdots, N$。m 表示迭代次数。

(1)使用具有权值分布 D_m 的训练样本进行学习,得到弱的分类器。

$$G_m(x): \chi \rightarrow \{-1, +1\} \tag{6-91}$$

上式表示第 m 次迭代时的弱分类器,样本被分为 -1 或 $+1$。得到弱分类器的准则是该弱分类器的误差函数最小,也就是分错的样本对应的权值之和最小:

$$\varepsilon_m = \sum_{n=1}^{N} w_n^{(m)} I(y_m(x_n) \neq t_n) \tag{6-92}$$

(2)计算弱分类器 $G_m(x)$ 的话语权,话语权 a_m 表示 $G_m(x)$ 在最终分类器中的重要程度。其中 e_m 为上式中的 ε_m(误差函数的值)。

$$a_m = \frac{1}{2} \lg \frac{1-e_m}{e_m} \tag{6-93}$$

(3)更新训练样本集的权值分布。用于下一轮迭代。其中,被误分的样本的权值会增大,被正确分的权值减小。

$$D_{m+1} = (w_{m+1,1}, w_{m+1,2}, \cdots, w_{m+1,i}, \cdots, w_{m+1,N}) \tag{6-94}$$

$$w_{m+1,i} = \frac{w_{m,i}}{Z_m} \exp[-a_m y_i G_m(x_i)], i = 1, 2, \cdots, N \tag{6-95}$$

$$Z_m = \sum_{i=1}^{N} w_{m,i} \exp[-a_m y_i G_m(x_i)] \tag{6-96}$$

D_{m+1} 用于下一次迭代,是样本的权值,$w_{m+1,1}$ 为下一次迭代,第 i 个样本的权值。y_i 代表第 i 个样本对应的类别,$G_m(x_i)$ 表示弱分类器样本对样本 x_i 的分类。其中 Z_m 是归一化因子,所以样本对应的权值之和为1。

3. 迭代完成后，组合弱分类器

$$f(x) = \sum_{m=1}^{M} a_m G_m(x) \tag{6-97}$$

然后加上 sign 函数，该函数用于求数值的正负，得到强分类器。

$$G(x) = \text{sign}(f(x)) \tag{6-98}$$

（三）随机森林（random forest）

随机森林利用随机的方式将许多决策树组合成一个森林，每个决策树在分类的时候投票决定测试样本的最终类别。构建随机森林步骤如下。

1. 随机选取样本

有放回的随机选取 N 个样本构成训练集。

2. 随机选取特征

当每个样本有 M 个属性时，在决策树的每个节点需要分裂时，随机从这 M 个属性中选取出 m 个属性，满足条件 $m \in M$。然后从这 m 个属性中采用某种策略（比如说信息增益）来选择1个属性作为该节点的分裂属性。

3. 构建决策树

决策树形成过程中每个节点都要按照步骤2来分裂，一直到不能够再分裂为止。注意整个决策树形成过程中没有进行剪枝。

4. 随机森林投票分类

按照步骤1～3建立大量的决策树，这样就构成了随机森林。

（四）集成学习模型特点

(1) 多个分类方法聚集在一起，提高了分类的准确率。
(2) 集成学习法由训练数据构建一组基分类器，然后通过对每个基分类器的预测投票来分类。
(3) 严格来说，集成学习并不算是一种分类器，而是一种分类器结合的方法。
(4) 通常一个集成分类器的分类性能会好于单个分类器。

七、深度学习模型

深度学习是机器学习的一种，而机器学习是实现人工智能的必经路径。深度学习的概念源于人工神经网络的研究，含多个隐藏层的多层感知器就是一种深度学习结构。深度学习通过组合低层特征形成更加抽象的高层表示属性类别或特征，以发现数据的分布式特征表示。研究深度学习的动机在于建立模拟人脑进行分析学习的神经网络，它模仿人脑的机制来解释数据，如图像、声音和文本等（韦坚等，2017）。

深度学习是一类模式分析方法的统称，就具体研究内容而言，主要涉及卷积神经网络、堆栈自编码网络、深度置信网络三大类（曾向阳，2016）。

(一)卷积神经网络

在无监督预训练出现之前,训练深度神经网络通常非常困难,而其中一个特例是卷积神经网络(convolutional neural network,CNN)。卷积神经网络受视觉系统的结构启发而产生。第一个卷积神经网络计算模型是在Fukushima的神经认知机中提出的,基于神经元之间的局部连接和分层组织图像转换,将有相同参数的神经元应用于前一层神经网络的不同位置,得到一种平移不变神经网络结构形式。后来,Le Cun等在该思想的基础上,用误差梯度设计并训练卷积神经网络,在一些模式识别任务上得到优越的性能。

卷积神经网络通过结合3个方法来实现识别位移、缩放和扭曲不变性:局域感受野、权值共享和池化。局域感受野指的是每一网络层的神经元只与上一层的一个小邻域内的神经单元连接,通过局域感受野,每个神经元可以提取初级的特征。权值共享使得卷积神经网络具有更少的参数,需要相对少的训练数据。池化可以减小特征的分辨率,实现对位移、缩放和其他形式扭曲的不变性。

1. CNN结构

CNN结构包括卷积层、池化层和全连接层(图6-11)。

1)卷积层(convolutional layer)

每层卷积层由若干个卷积单元组成,每个卷积单元的参数都是通过反向传播算法最佳化得到的。卷积运算的目的是提取输入的不同特征。

2)池化层(pooling layer)

池化是卷积神经网络中另一个重要的概念,它实际上是一种形式的降采样。有多种不同形式的非线性池化函数,而其中"最大池化(max pooling)"是最为常见的。它是将输入的图像划分为若干个矩形区域,对每个子区域输出最大值。

3)全连接层(fully connected layer)

全连接层的每一个结点都与上一层的所有结点相连,用来把前边提取到的特征综合起来。由于其全相连的特性,一般全连接层的参数也是最多的。

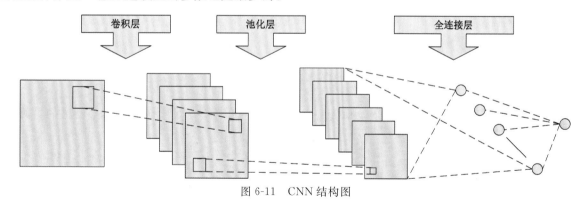

图6-11 CNN结构图

2. CNN特点

卷积网络在本质上是一种输入到输出的映射,它能够学习大量的输入与输出之间的映射关系,而不需要任何输入和输出之间的精确的数学表达式,只要用已知的模式对卷积网络加以训练,网络就具有输入输出对之间的映射能力。

由于CNN的特征检测层通过训练数据进行学习,所以在使用CNN时,避免了显式的特征抽取,而隐式地从训练数据中进行学习;再者,由于同一特征映射面上的神经元权值相同,所以网络可以并行学习,这也是卷积网络相对于神经元彼此相连网络的一大优势。CNN 布局更接近于实际的生物神经网络,权值共享降低了网络的复杂性,特别是多维输入向量的图像可以直接输入网络这一特点避免了特征提取和分类过程中数据重建的复杂度。

(二)堆栈自编码网络模型

堆栈自编码神经网络是由 Hinton 等 2006 年提出的一种由自编码器堆叠而成的深度神经网络。

1. 自编码器结构

自编码器具三层神经网络结构:一个输入层、一个隐藏层和一个输出层(邓俊锋和张晓龙,2016)。

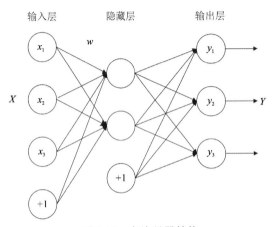

图 6-12 自编码器结构

其中,输入层和输出层具有相同的规模,都为 n 维,隐藏层为 m 维。从输入层到隐藏层是编码过程,从隐藏层至输出层是解码过程。设 f 和 g 分别表示编码和解码函数:

$$h = f(x) := s_f(wx + p) \tag{6-99}$$

$$y = g(h) := s_g(\bar{w}h + q) \tag{6-100}$$

式中,s_f 为编码器激活函数;s_g 为解码器激活函数;权值矩阵 $\bar{w}$ 通常取 w^T;AE 参数 $\theta = \{w, p, q\}$。输出层的输出 Y 可以看作输入层的输入 X 的预测,AE 算法通过 Y 与 X 尽可能接近来训练网络参数。Y 与 X 的接近程度用重构误差函数 $L(x,y)$ 表示。对于训练样本集 $S = \{X^{(i)}\}_{i=1}^{N}$,AE 的整体损失函数:

$$J_{AE}(\theta) = \sum_{x=S} L\{x, g[f(x)]\} \tag{6-101}$$

通过梯度下降算法对 AE 的损失函数作最小化处理,即可以求解出自动编码器神经网络的参数 θ。

2. 自动编码器的特点

(1)压缩编码的数据维度一定要比元时输入数据更少。
(2)不管是编码器,还是解码器,本质上都是神经网络层,神经网络层一定要具有一定的"容量"。

(三)深度置信网络模型

深度置信网络(deep belief network,DBN)由 Geoffrey Hinton 在 2006 年提出(刘方园等,2018)。它是一种生成模型,通过训练其神经元间的权重,我们可以让整个神经网络按照最大概率来生成训练数据。

DBN 的关键组成元件是受限玻尔兹曼机(RBM),通过将多层 RBM 组合并结合最终分类器对输入数据进行检测、识别以及分类。

1. 受限玻尔兹曼机结构

RBM组成结构中含有两层神经元（显元、隐元），且每一层可用一个向量表示，向量的维数由每层神经元的个数决定，具体结构图如图6-13所示。

RBM结构图中层内的神经元之间无连接，层间的神经元之间双向连接。该结构保证层内神经元无互连的条件独立性，即在给定显元的取值时所对应的隐元的取值是互不相关的，同样在给定隐元值时显元也保留该特性。

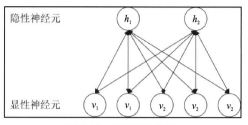

图6-13　RBM结构图

DBN的组成元件RBM需通过训练优化特征提取能力，目的是求得一个最接近训练样本的联合概率分布从而能够更准确、抽象地提取或者还原特征，即求得决定训练样本最大概率产生分布的影响因素——权值。训练RBM的过程简单来说就是寻找可视层节点和隐藏层节点之间连接的最优权值。

2. 深度置信网络结构

本书以两层受限玻尔兹曼机和Softmax分类层为例，模型构建如图6-14所示。v代表显层神经元，h代表隐藏层神经元，y代表标签已知的样本，o代表分类结果输出。DBN模型构建在于：固定第一个训练好的RBM的权重和偏置，将其隐元所处的状态作为第二个RBM的输入，对第二个RBM进行训练后堆叠于第一个RBM上，对于多层RBM重复上述过程。若训练数据集中含有带标签的样本，在第二个RBM训练时需加入，最终采用Softmax对数据进行分类。

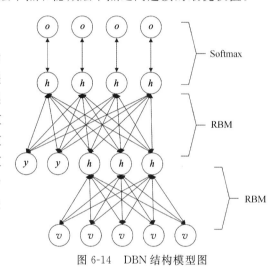

图6-14　DBN结构模型图

八、模型应用流程

本节以CNN-LSTM模型为例，以三峡库区秭归至巴东段作为研究区，进行动态滑坡预测，研究区地理位置如图6-15所示。

滑坡空间预测的具体思路如下。

（一）滑坡评价因子提取

基于地形地貌、基础地质、水文条件、地表覆盖、气象和灾害情况，在前人的研究基础上，提取滑坡控制因素（包括地层岩性、断层距离、高程、坡度、坡向、斜坡结构、斜坡形态）和诱发因素（包括植被覆盖、土地利用极变化、重大工程活动极变化、降雨、地震、库水波动等）共计27个滑坡易发性评价因子。部分滑坡评价因子专题图如图6-16所示。

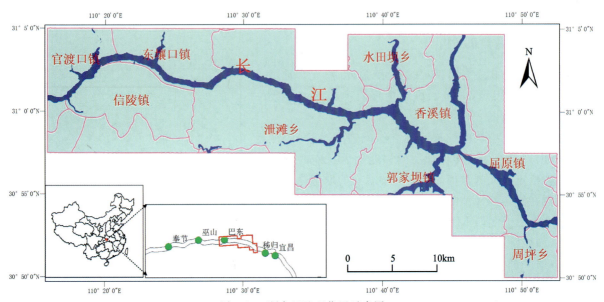

图 6-15　研究区地理位置示意图

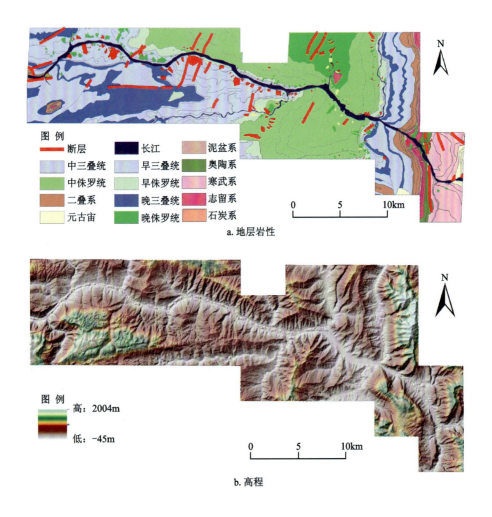

a. 地层岩性

b. 高程

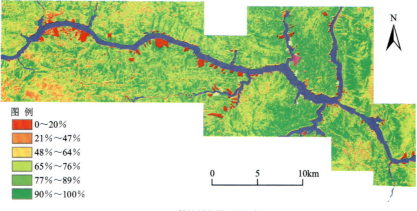

c. 植被覆盖图（2017年）

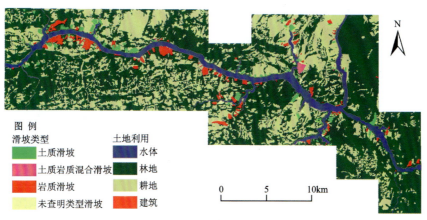

d. 土地利用

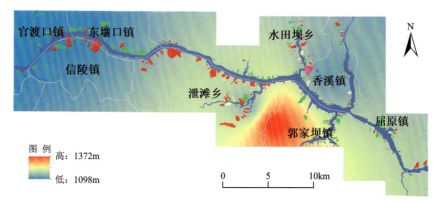

e. 降雨（2010年）

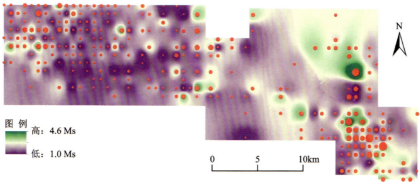

f. 历史震级（1978—2015年）

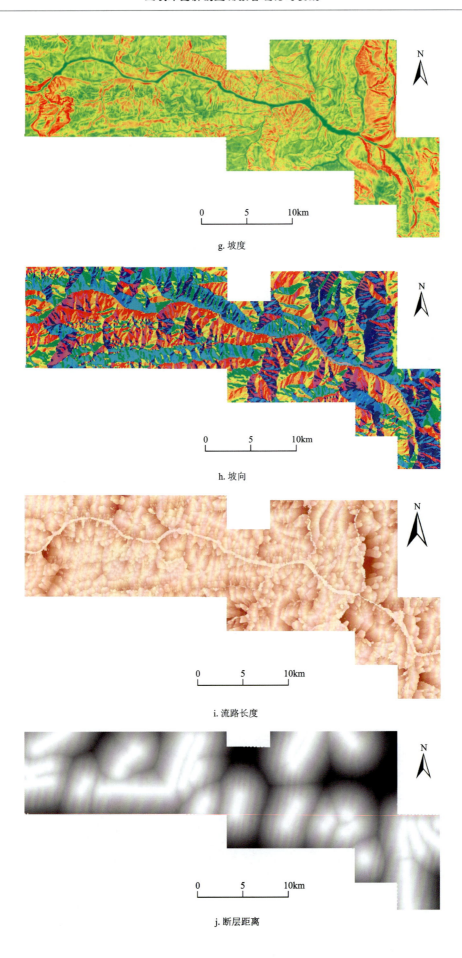

g. 坡度

h. 坡向

i. 流路长度

j. 断层距离

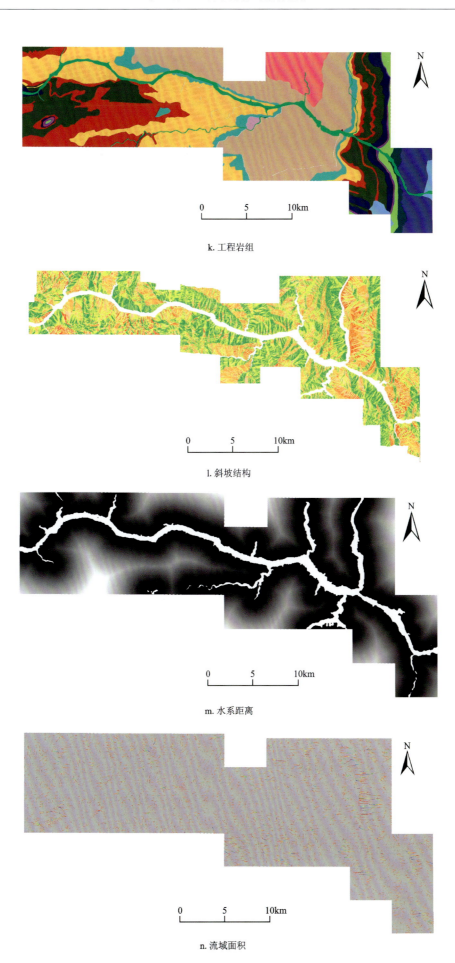

k. 工程岩组

l. 斜坡结构

m. 水系距离

n. 流域面积

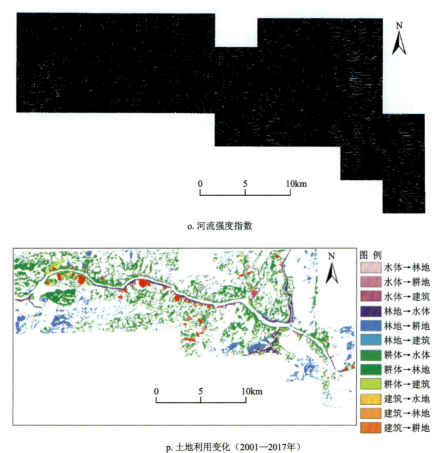

o. 河流强度指数

p. 土地利用变化（2001—2017年）

图 6-16 滑坡评价因子

（二）对数据进行预处理

将 27 个因子作为模型的输入特征，使用滑坡编录数据作为类别标签。在输入到模型之前，需要先将评价因子叠加，形成一幅多波段的图像。波段数目和评价因子的数目一致。本书采用网格单元为处理单元，网格单元大小为 16×16，即每个单元是一个有 16×16 个像素的多波段小图像。再使用线性插值的方法，将处理单元的数据扩增 3 倍（图中绿色框）。扩增完成之后的网格单元变成了 48×48 大小（图 6-17）。

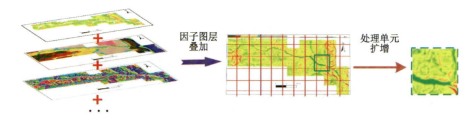

图 6-17 CNN-LSTM 模型输入因子处理示意图

考虑到样本中滑坡与非滑坡样本数量比例相差较大，使用 SMOTE 算法对样本进行平衡。

(三) 构建滑坡动态预测模型

CNN 本质上仍然是前馈神经网络,即信息前向流动、不向后反馈,因此,如果不和其他方法结合就不能很好地处理与时间序列相关的问题。深度学习中的长短期记忆神经网络(LSTM)本质上是一种反馈神经网络,为处理时间序列数据而提出,在处理动态变化的数据方面具有很大的优势。由于其记忆块的机制,使得它可以用于描述时间状态上的连续输出。将 CNN 和 LSTM 进行结合,则能获得 CNN 优秀的空间特征抽取能力,也能利用 LSTM 的时间记忆能力。模型示意图如 6-18 所示。

CNN-LSTM 序列节点每次计算时,都会加载前一个时间节点存储的超参数,然后使用贝叶斯优化算法进行微调,得到最优超参数,利用最优超参数来进行当前时间点的滑坡灾害空间预测。

CNN 模型是由经典 AliexNet 模型的基础改进而来,去掉全连接层,包含 5 个卷积层、5 个最大池化层和 5 个 drop-out 层。

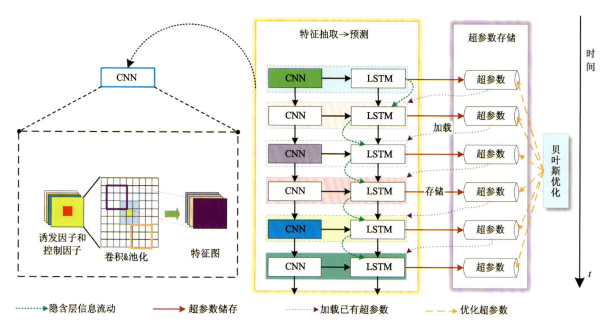

图 6-18 CNN-LSTM 滑坡动态预测示意图

(四) 模型结果

预测的年份有 2001 年、2003 年、2006 年、2008 年、2010 年、2013 年、2015 年、2017 年,共 8 个时相。前一年份的数据(评价因子和滑坡编录数据)用于训练模型,后一年份的模型评价因子用于预测结果(图 6-19~图 6-26)。

预测的结果为概率值,表示当前点为滑坡区的概率。使用自然断点法,将危险性划分为 5 个等级:高危险性、较高危险性、中危险性、较低危险性、低危险性。

(五) 结果分析

各个时相的统计结果如表 6-7 所示。实验结果表明,该模型有着较强的预测能力,与实际的滑坡对比,CNN-LSTM 模型预测出了大部分的滑坡区,能够为滑坡监测预警研究工作提供参考,但是也存在误报,也就是将非滑坡区预测成了滑坡区。

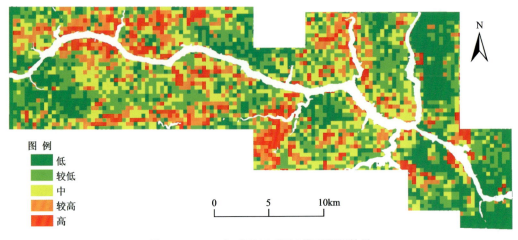

图 6-19 2001 年 CNN-LSTM 模型预测结果

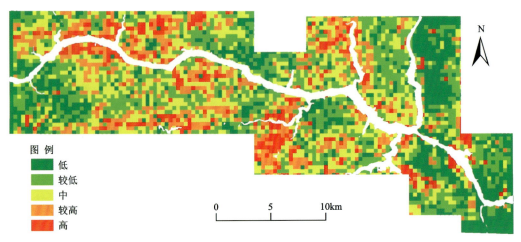

图 6-20 2003 年 CNN-LSTM 模型预测结果

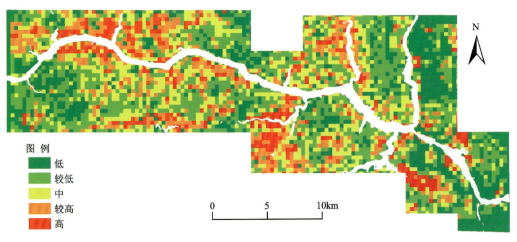

图 6-21 2006 年 CNN-LSTM 模型预测结果

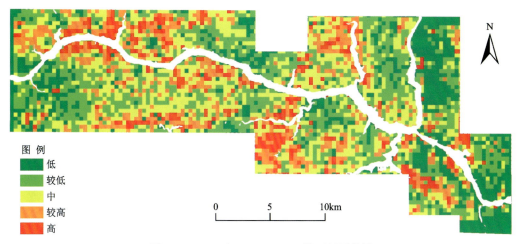

图 6-22　2008 年 CNN-LSTM 模型预测结果

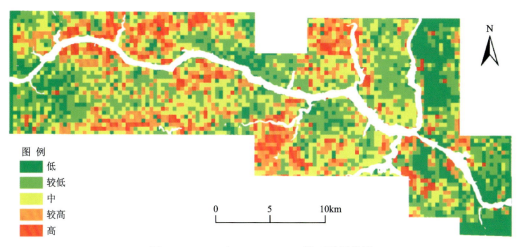

图 6-23　2010 年 CNN-LSTM 模型预测结果

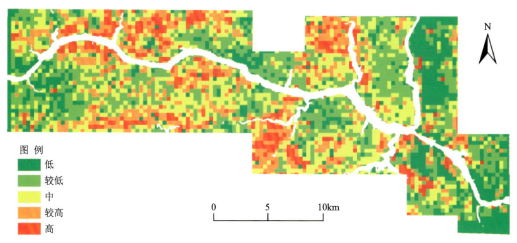

图 6-24　2013 年 CNN-LSTM 模型预测结果

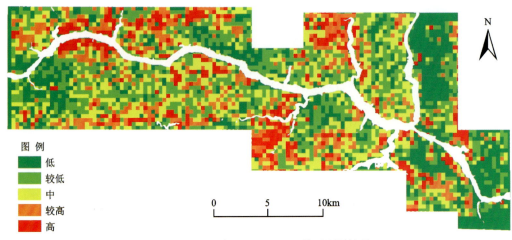

图 6-25 2015 年 CNN-LSTM 模型预测结果

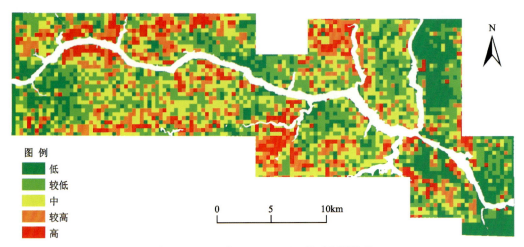

图 6-26 2017 年 CNN-LSTM 模型预测结果

表 6-7 CNN-LSTM 模型精度表

年份	召回率	准确率	年份	召回率	准确率
2001	0.796	0.851	2010	0.745	0.838
2003	0.776	0.852	2013	0.765	0.852
2006	0.776	0.833	2015	0.837	0.879
2008	0.776	0.849	2017	0.786	0.850

第四节 案例分析：白家包滑坡——滑坡位移预测[①]

香溪河流域的白家包滑坡是三峡库区重要的滑坡之一，自库区蓄水以来，该滑坡的变形逐步加剧。

---

① 注：专业监测资料参考：①《三峡库区秭归县地质灾害监测预警工程专业监测年报（2019 年）》；②《三峡水库水位日降幅对库区地质灾害防治工程影响的调查评价研究》。

2006年实行专业监测以来,曾发生过数次滑动变形,三峡库区135m水位蓄水前处于基本稳定,蓄水后滑体大面积发生变形裂缝,滑坡中部存在两个明显滑动面,后缘拉张,中前部膨胀,处于蠕动变形阶段。该滑坡主要诱发因素为库水涨落和季节性降雨。在外部诱发条件和触发因素改变情况下,滑坡体可能整体失稳发生大规模滑移,进而造成严重地质灾害(彭令、牛瑞卿,2011)。本章先介绍滑坡的基本概况、专业监测设计和监测数据,然后选取白家包滑坡2006—2011年的位移监测数据,采用长短期记忆神经网络(LSTM)对其进行位移预测研究,分析该模型在滑坡位移预测中的可行性。

一、滑坡概况

白家包滑坡位于秭归县归州镇向家店村二组,长江北岸支流香溪河右岸,距香溪河入江口2.5km,处于黄陵背斜与秭归向斜的交界地带(朱伟等,2017;李永康等,2017)(图6-27)。大地坐标:经度110°45′33.4″,纬度30°58′59.9″。滑坡上尚居住有8户20人,一旦滑坡成灾,将危及滑坡体上的村民生命财产安全,从滑体前缘通过的秭兴公路也将因滑坡而中断,入江土石将对香溪河航运及航行的船舶构成危害。

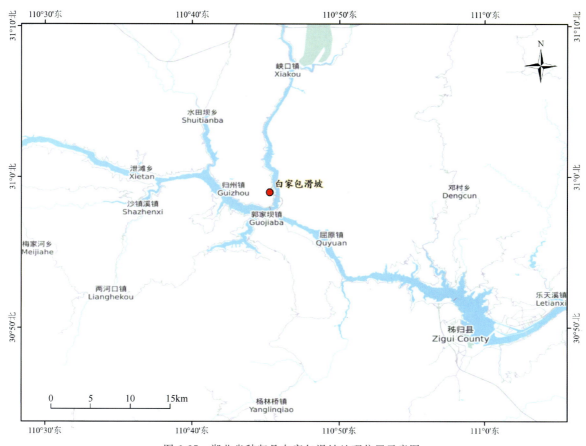

图6-27 湖北省秭归县白家包滑坡地理位置示意图

(一)滑坡区环境地质条件

滑坡在地貌上呈近北东向舌形凹地,滑坡区内无大的断裂通过,其南侧秭兴公路复建线高切坡有一个小型逆冲断层,断面倾向SE 105°∠70°,断面平整,见擦痕及阶步。滑坡区地层为侏罗系香溪组,岩性以中厚层黏质粉砂岩及紫红色泥岩为主,含少量碳质页岩。黏质粉砂岩及紫红色泥岩是构成滑床的主要岩层,其抗风化能力弱。岩层总体产状为NW280°∠30°,走向与岸坡总体走向相反,属逆向岸坡(陈小婷、黄润秋,2006)。

滑坡区地表水主要为三峡库区库水,地下水的主要类型为松散堆积物孔隙水,且松散堆积层为滑坡区内主要含水地层,滑带为隔水层。地下水水位与降雨和水库水位相关,地下水的主要补给源为大气降雨,水库水位上涨时库水倒灌入滑坡体,其次为人工浇灌水。由于滑体位于香溪河河谷坡地,地下水具有就地补给、就地排泄的特点(彭令、牛瑞卿,2011)。

(二)滑坡体特征及变形破坏模式

1. 滑坡体基本特征

白家包滑坡展布于香溪右岸,前缘直抵香溪河,滑坡剪出口位于高程125～135m,滑坡后缘以基岩为界,高程265m,滑坡左侧以山脊下部基岩为界,右侧以山梁为界,前缘宽500m,后缘宽300m,均宽400m,纵长约550m,滑坡面积22×10⁴m²。深层滑体前缘厚20～30m,中部厚47m,后缘厚10～40m,滑体平均厚度45m,滑体体积990×10⁴m³。浅层滑体前缘厚10～20m,中部厚35m,后缘厚10～40m,滑体平均厚度30m,滑体体积660×10⁴m³。白家包滑坡全貌见图6-28。

图6-28 白家包滑坡全貌

白家包滑坡为库岸型土质滑坡,降雨和库水位等诱发因素是导致滑坡体变形的主要因素(向玲等,2015)。滑坡物质为崩坡积物,坡积物厚度在空间上分布不均,前缘坡积物厚度较厚。滑体物质成分为碎块石土。滑体土主要由灰黄色粉质黏土夹一定量的块碎石及碎块石土组成,粉质黏土以及碎块石土基本为不规则状交替呈现。崩坡积物与下伏基岩接触带即为滑坡滑带,滑带物质主要为灰黄色夹杂紫红色可软塑状态的粉质黏土夹碎石角砾,角砾主要为灰黄色砂岩及紫红色泥岩,滑带厚度一般0.2～0.3m。滑床为下伏基岩,成分为长石石英砂岩及泥岩,产状285°∠30°,为逆向岩层(朱伟等,2017;闫国强等,2018)。

2. 滑坡变形破坏模式

白家包滑坡为一古滑坡,控制其成生和演变的是其地层岩性、地貌构造、滑坡体物质组成、坡体结构等,而诱发其复活的主要因素则是三峡库区周期蓄退水及大气降雨的联合作用。按照水库滑坡分类,属于动水压力型,按照力学成因,属于牵引式变形破坏。

白家包滑坡变形特征为典型的"阶跃型",滑坡岩土体渗透性较差,当水库水位下降时,坡体内地下水向水库排水缓慢,致使坡体内形成高渗透动水压力,导致坡体内稳定性降低,进而造成较大变形,具有汛期变形加剧、非汛期变形减缓的变形特征(卢书强等,2016)。

二、滑坡监测

(一)监测网点布设

由于白家包滑坡为以降雨和水库为主要诱发因素的阶跃型土质滑坡,根据滑坡体的结构特征、物质组成、形成机理和滑坡目前变形动态以及监测系统设计方案,滑坡的主要监测内容为地表位移和裂缝、应力应变、深部位移、降雨量、地下水、库水位变化和宏观巡视监测(表6-8)。在滑坡体上布设1纵1横的监测剖面,纵剖面(图6-30)与滑坡主滑方向一致,布置于滑坡体中轴线位置,横剖面与横穿该滑坡的秭兴公路大致平行。在该滑坡上共布设7个GPS监测点,2个倾斜监测孔(因卡测头已停测),2个滑坡推力监测孔、2个地下水监测孔;2016年5月,在滑坡中部新增ZG396、ZG397两个GPS监测点和LF1、LF2、LF3、LF4四个裂缝监测点,2016年6月获取初始数据。2017年结合"湖北省地质灾害监测(监控)预警工程建设示范工程"需要,增加了3个自动GPS监测点和2个深部位移和地下水综合监测孔,并于2017年10月获取初始数据。在原人工GPS监测墩边(ZG324、ZG325、ZG400)新建3个自动GPS监测点(ZD1、ZD2、ZD3),形成1条纵向人工、自动监测主剖面。在原GPS基点ZG221边新建自动GPS监测基点(ZDJ1)。在主监测剖面监测点ZG324和ZG325边,新建2个深部位移和地下水综合监测孔(QSK1和QSK2)。各监测点位布置详见图6-29。

表6-8 白家包滑坡监测内容与方法一览表

序号	监测项目	监测方法与仪器	监测方式	监测内容	监测点数量(个)
1	地表位移监测	GPS	人工和自动	滑坡地表位移变化和速率	10
2	地表裂缝监测	位移自动监测仪	自动	裂缝张开、闭合速率变化	4
3	应力应变监测	滑坡推力计	自动测度	获取滑坡体受力情况	2
4	深部位移监测	测斜仪	人工	深部位移变化情况	2
5	降雨量监测	自动雨量计	自动	获取降雨量数据	1
6	地下水监测	地下水动态自动监测仪	自动	掌握库区滑坡的地下水变化规律	2
7	库水位监测	水位计	人工和自动	监测滑坡前缘库区水位的变化情况	—
8	宏观地质巡查	—	人工巡查	通过地面巡查,获取滑坡宏观变形特征	—

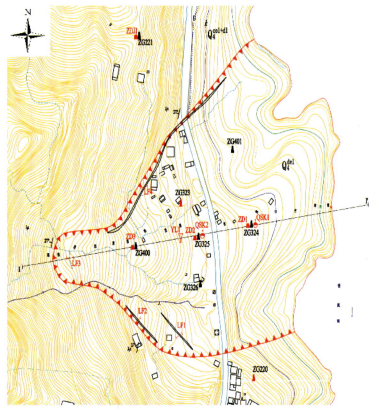

图 6-29　白家包滑坡专业监测网点分布图

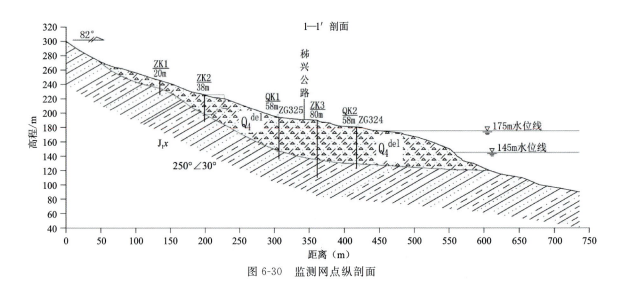

图 6-30　监测网点纵剖面

(二) 监测数据分析

1. 地表位移人工监测分析

白家包滑坡体上共布设 ZG323—ZG326 七个人工 GPS 监测点,位移变形监测结果见表 6-9 和图 6-31。从图 6-31 所示的位移-时间曲线可以看出:白家包滑坡一直处于蠕动变形,并表现出"阶跃型"变形特征。滑坡整体位移趋势呈阶梯状,每年 5—6 月均会发生一次阶跃位移,位移量约为 150mm,这期间库水位下降变化幅度较大,且该滑坡所在地区进入汛期,降雨量较大。8月至次年4月趋于平缓,该时期为水库蓄水阶段,降雨量骤减。7个测点位移方向63°~80°,总体指向香溪河。

表6-9 白家包滑坡GPS专业监测点变形分析表

点名	初测—2018年		2015年		2016年		2017年		2018年		
	累积变形量(mm)	位移方向(°)	年位移量(mm)	平均速率(mm/月)	年位移量(mm)	平均速率(mm/月)	年位移量(mm)	平均速率(mm/月)	年位移量(mm)	平均速率(mm/月)	位移方向(°)
ZG323	1 248.8	73	162.2	13.51	152.0	12.66	65.4	5.4	64.6	5.39	79
ZG324	1 462.3	73	208.6	17.38	177.7	14.81	84.8	7.1	79.1	6.59	68
ZG325	1 364.5	77	190.9	15.91	157.6	13.14	78.8	6.6	71.9	5.99	78
ZG326	1 728.5	80	251.5	20.96	202.2	16.85	102.4	8.5	89.9	7.49	96
ZG400	493.2	82	—	—	306.5	34.06	89.7	7.5	97.2	8.10	85
ZG401	275.4	63	—	—	146.48	24.88	71.0	5.92	54.6	4.55	62
ZG402	87.1	78	—	—	—	—	16.1	4.03	71.1	5.92	77

注:ZG323—ZG326累积位移量为本期监测值与初始监测值之差(初测时间为2006年10月);ZG400和ZG401初测时间为2016年3月;ZG401因桩位被水淹没,10月以后没有数据。ZG402从2017年9月开始监测。

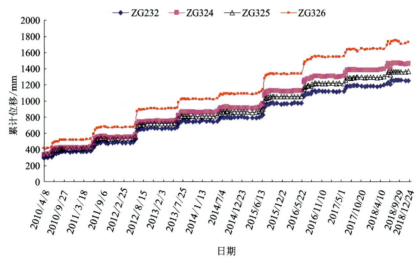

图6-31 白家包滑坡GPS监测点水平累积位移-时间曲线图

2.地表位移自动监测分析

2017年白家包滑坡新建自动GPS变形监测点基准点1个,在人工GPS监测墩(ZG324、ZG325、ZG400)旁分别布置了ZD1、ZD2、ZD3三个GPS自动监测点。于2017年10月12日开始采集数据,位移-时间曲线见图6-32。测点ZD1、ZD2、ZD3的累积位移值分别为74.8mm、87.6mm和132.2mm,平均位移速率分别为5.48mm、6.53mm和9.89mm。由图可知,测点ZD1、ZD2、ZD3的位移于2018年6月8日开始增大,位移-时间曲线突然抬升,而此时正是三峡水库水位下降至145m的时刻,表明白家包滑坡变形响应三峡水库水位的下降具有明显的滞后性,至6月下旬测点ZD1、ZD2的变形基本趋于稳定,阶跃型曲线回归平缓;测点ZD3位于滑坡中后部,变形还受降雨的影响,在降雨的叠加作用下,其变形继续增大,至7月下旬趋于稳定。

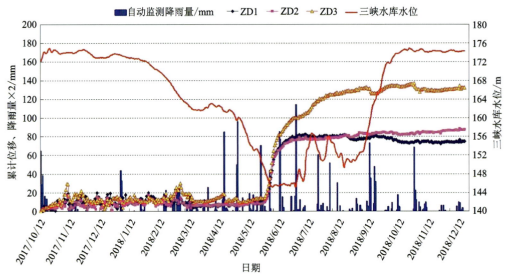

图 6-32 白家包滑坡 GPS 自动监测点累积位移-时间曲线图

3. 地表裂缝监测结果

在白家包滑坡上布置了 4 个地表裂缝位移自动监测仪,自 2017 年 4 月 22 日开始监测,由图 6-33 可知,截至 2018 年 12 月 26 日,裂缝 LF1、LF2、LF3 和 LF4 的累积宽度分别为 390.40mm、456.09mm、76.20mm 和 366.28mm,年度位移值为 79.83mm、106.50mm、15.59mm 和 120.87mm。裂缝 LF1、LF2、LF4 分别于 2017 年 6 月、于 2017 年 9~10 月、2018 年 6~7 月发生了一次大的阶跃;位于滑坡后缘的裂缝计 LF3 于 2017 年 11 月 27 日被人为破坏,于 2017 年 12 月 17 日完成修复,自修复以来,其位移值不明显。

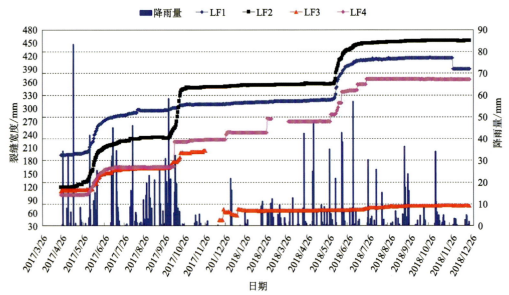

图 6-33 白家包滑坡地表裂缝监测位移-降雨量-时间曲线

4. 宏观变形情况

以下为三峡工程蓄水后滑坡地表变形的特征。

(1)白家包滑坡在 2007 年 5 月以前,地表没有出现明显的变形迹象。6 月在滑坡右侧公路一带路面出现拉裂缝,7月滑坡后缘出现弧形拉裂缝,右侧裂缝宽1~3cm,左侧裂缝宽1~5cm,下错10cm,左、右两侧裂缝已相连,形成弧形拉裂缝,为滑坡后缘边界,总长约160m;此外,在滑坡体中部公路上出现拉裂缝,公路路面损毁严重。

(2)2008年7月,从滑坡中部穿过的公路及滑坡两侧边界处出现裂缝,路面受损。

(3)2009年5月27日,白家包滑坡前部右侧公路路面出现拉裂变形,至2009年6月13日,前缘沿香溪河岸坡坍岸明显,形成规模不等的坡面坍塌、地面变形、边界裂缝等。2009年8月,除滑坡中部公路路面在滑坡两侧裂缝有小拉张外,其他部位无明显位移。

(4)2012年6—7月,滑坡地表再次出现明显变形,滑坡北侧边界裂缝有新张现象,裂缝走向190°,新张1~8cm,裂缝沿滑坡边界向后缘延伸;滑坡南侧边界地表出现拉张裂缝并向下延伸至河边,裂缝走向100°,缝宽2~10cm,裂缝断续向后缘延伸,滑坡后缘弧形裂缝有连通趋势,显示滑坡整体位移特征明显。

(5)2014年7—8月,滑坡后缘262m处有拉张裂缝和下错裂缝,其中拉张裂缝长约30m,走向160°~180°,下错裂缝错距约40cm;滑坡190m高程公路上部房屋开裂,裂缝宽6~10cm;190m高程公路产生下错裂缝,裂缝走向300°,长约10m,下错5~8cm;滑坡右侧边界公路出现下错裂缝,走向345°,长约15m,下错10cm;右侧消落带部位,阶梯出现垮塌,而且在水位下降后出现坡面坍塌现象,规模约5m³。滑坡前缘变形类型主要表现为塌岸,类型为坍塌型塌岸和侵蚀剥蚀型塌岸,主要分布于滑坡前缘155m高程以下,塌岸规模20~80m³。

从地表宏观变形迹象分析,滑坡后缘出现拉裂缝,两侧边界原有裂缝亦产生拉张变形,滑坡周缘裂缝基本连通,具整体性变形特征。

三、滑坡影响因素分析

(一)库水位对滑坡变形的影响

白家包滑坡累积位移-月降雨量-库水位相关性分析如图6-34所示,由图可以看出,三峡库区库水位每年均经历不同水位的涨落,与各监测点的位移变形变化过程有很好的对应关系,具体为:库水位上涨及平稳水位运行阶段滑坡无明显位移;而库水位下降过程,滑坡变形明显,显示水库水位下降对滑坡变形影响很大,即库水位的每次下降均会导致滑坡累积位移曲线上扬(2007—2018年经历了12个库水位下降过程,通常为每年的4~6月,而相应的累积位移变形曲线对应出现了12级台坎),说明库水位下降过程对滑坡的稳定性会产生重要影响。三峡水库水位下降速率及持续下降时间对滑坡稳定影响较大,具有时间滞后效应。

(二)大气降雨对滑坡变形的影响

三峡库区降雨有明显季节性,而降雨量集中的时段,都是各监测点位移变形出现明显阶跃的时段,具体为:每年10月至次年3月,为降雨量较少的旱季,此阶段滑坡位移变形不明显;而当每年4—9月,库区进入汛期,降雨集中,此时滑坡开始有明显位移变形,尤其是6、7月多发生100mm以上的暴雨,该时段的滑坡位移变形往往更加明显,这说明集中降雨对滑坡的变形同样会产生重要影响。滑坡右侧原来公路涵洞经滑坡持续变形,路基沉陷,导致涵洞损毁,随公路路基逐年填高,在滑坡内侧形成凹形地形,深达3~6m,暴雨时形成积水,并大量入渗地下,诱发滑坡产生位移,是导致滑坡位移和降雨相关性增强的重要原因。

三峡库区库水位每年均经历不同水位的涨落,与各监测点的位移变形变化过程有很好的对应关系,

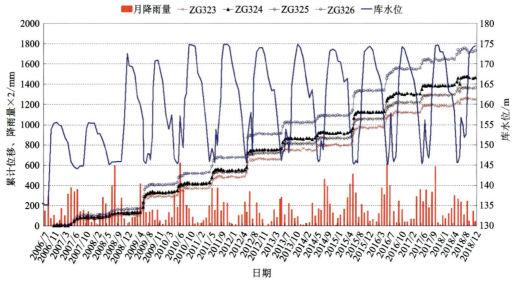

图 6-34 白家包滑坡累积位移-月降雨量-库水位关系曲线

具体为:库水位上涨及平稳水位运行阶段滑坡无明显位移;而库水位下降过程,滑坡变形明显,显示水库水位下降对滑坡变形影响很大,即库水位的每次下降均会导致滑坡累积位移曲线上扬(2007—2018年经历了12个库水位下降过程,通常为每年的4—6月,而相应的累积位移变形曲线对应出现了12级台坎),说明库水位下降过程对滑坡的稳定性会产生重要影响。三峡水库水位下降速率及持续下降时间对滑坡稳定影响较大,具有时间滞后效应。

滑坡变形主要发生在每年的降雨集中汛期(即4—9月),表现为位移速率峰值段与降雨量集中段、降雨强度峰值段在时间上较为吻合,尤其是6、7月滑坡位移变形最大的时段,通常都伴随着集中和强度大的降雨过程,这进一步说明白家包滑坡变形与降雨存在着相关性。白家包滑坡变形与暴雨发生在时间上有吻合,但也并非强相关。由图6-34可以看出,2007年6月、2008年7月、2011年6月滑坡位移变形量和速率达到该年度的最大值,而对应这3个时间段也的确出现了暴雨;2009年6月、2012年6月出现了监测过程中最大的两次滑坡位移变形,但这两个时段并未出现暴雨。比如2014年8月31日—9月2日的持续强降雨,滑坡并没有出现对应的大的变形。

(三)坡体结构对滑坡变形的影响

水库蓄水或正常调度(水位骤然升降)期间,地表水位的变化将直接导致岸坡地下水动力场的变化,滑坡体的坡体结构会对地下水动力场的变化产生重大影响;比如在库水位下降时,库水位对坡体的影响如图6-35所示。

在库水位下降过程中,坡体的淹没面积由大变小,库水位上升过程中,坡体的淹没面积由小向大转化,库水位的升降变化对坡体的稳定产生较大影响;比如在库水位上升时,滑坡体的抗剪强度明显降低,由 $\tau_f = \sigma_n \mathrm{tg}\varphi + c$ 减小为 $\tau_f = (\sigma_n - p_n)\mathrm{tg}\varphi + c$,见图6-35和图6-36。在白家包滑坡的上升过程中,由于坡体悬浮减重效应,坡体的稳定性变差。但在滑坡的地表位移监测曲线上表现不明显,这也取决于坡体的渗透与库水位上升速率间的大小,白家包前缘滑体物质为含砾石黏土,渗透性差;当三峡水库蓄水时,水向坡体内渗透,库水位与滑坡体地下水水位形成负落差,反压坡体,有利于滑坡体稳定。在库水位下降过程中,水向坡体外渗透速率小于库水位的下降速率,产生明显孔隙水压力效应,坡体在库水位下降期间产生明显变形。

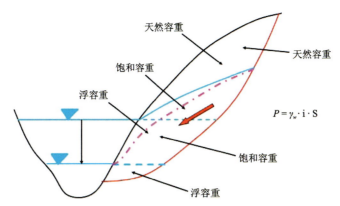

图 6-35　库水位下降对滑坡的影响（以白家包的剖面形态替换）

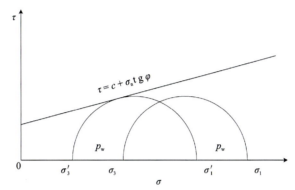

图 6-36　靠椅状滑坡示意图及抗剪强度包络线变化

四、滑坡位移预测

（一）LSTM 方法简介

长短期记忆神经网络（long short-term memory neural network，LSTM）是一种特殊的递归神经网络（recurrent neural network，RNN）。递归神经网络在自然语言处理和音视频处理中取得了巨大进展并且被广泛应用。递归神经网络和传统神经网络的区别在于它包含一个定向循环，可以一定程度上记忆历史数据。而传统神经网络训练时，只使用当前时间点的数据，忽视了前后数据的关联。递归神经网络将前一个时间点隐层中的输出，同时作为当前时间点的输入。通过这种方式，将不同时间点的数据联系了起来。图 6-37 展示了二者的区别。

但是 RNN 有个缺陷，它无法处理长期依赖关系。假定预测 t 时刻的位移 y_t，需要依赖 y_{t-1}，…，y_{t-6} 这些历史位移，时间点越靠前，RNN 处理这种依赖的能力也会越来越弱，最终不能处理这个依赖关系。Hochreiter 和 Schmidhuber 于 1997 年提出了 LSTM 网络来处理这种依赖关系。LSTM 和 RNN 的区别在于，它的隐层节点中，引入了三类门函数，这样的节点称为细胞。每个细胞中包含的 3 个门函数分别是遗忘门、输入门、输出门。门函数的值在 [0，1] 之间。0 表示不允许信息通过，而 1 表示允许信息通过，介于它们之间的值表示允许部分信息通过。门函数选择性地过滤信息，即选择性遗忘或者记忆信息。通过这个机制就可以消除不必要的甚至负面信息的影响，而保留对预测结果有用的信息，这样就具有了处理长期依赖的能力（图 6-38）。

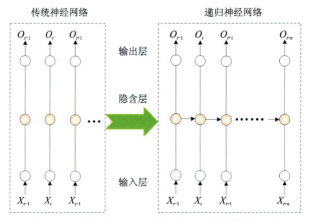

图 6-37 传统神经网络与递归神经网络结构对比

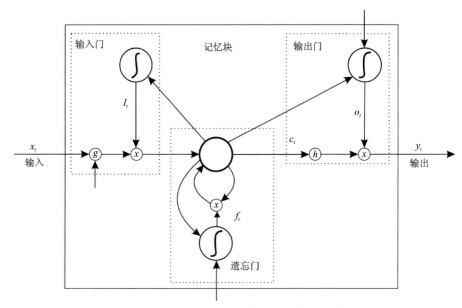

图 6-38 LSTM 的记忆块和门函数示意图

上面 3 种门函数可以表达如下：

$$I_t = \sigma(W_{i1}x_t + W_{i2}h_{t-1} + b_i) \quad (6-102)$$

$$f_t = \sigma(W_{f1}x_t + W_{f2}h_{t-1} + b_f) \quad (6-103)$$

$$O_t = \sigma(W_{O1}x_t + W_{O2}h_{t-1} + b_O) \quad (6-104)$$

式中，I_t、f_t、O_t 分别为输入门、遗忘门、输出门；W_1 为输入层和隐层之间的权重；W_2 为隐层和输出层之间的权重；b 为相应的偏置。

（二）滑坡预测数据

选取白家包滑坡 GPS 专业监测数据，时间范围从 2006 年 12 月到 2011 年 11 月，以月为周期（每月获取 1 次数据，加密期每月获取 2 次数据），总共 73 期数据。

一般认为，滑坡和其影响因素是非线性关系。库水位的下降是引发滑坡变形的一个重要因素。同时，强降雨期，也是位移增大区域，也就是说，降雨是引发滑坡变形的诱发因素之一。为了验证库水波动、降雨和滑坡位移的关系，利用互信息和皮尔逊相关系数，来计算它们之间的非线性相关性和线性相关性。皮尔逊相关系数用协方差除以两个变量的标准差得到，它是一个介于 −1 和 1 之间的数值，正数时为正相关关系,负数时为负相关关系。如果皮尔逊相关系数为 0,表明它们之间不存在相关关系。也就是皮尔逊相关系数的绝对值越大,表示因子之间的相关性越大。皮尔逊相关系数的公式如下:

$$\rho = \frac{\text{cov}(X,Y)}{\sigma_X \sigma_Y} \tag{6-105}$$

为了衡量诱发因素和滑坡位移的非线性关系,使用互信息来计算它们之间的非线性相关性大小。变量 X 和变量 Y 的互信息定义如下:

$$I(x,y) = \sum_{x \in X}\sum_{y \in Y} p(x,y) \lg \frac{p(x,y)}{p(x)p(y)} \tag{6-106}$$

式中,$p(x)$ 和 $p(y)$ 为 X 和 Y 的概率;$p(x,y)$ 为 X 和 Y 的联合概率。

由于降雨与库水反映在多方面,例如平均降雨量、上个月持续降雨量、两月降雨量等,因此,选择上月降雨量、两月累计降雨量、月库水位、库水波动率、月库水升率、月库水降率这些因子,计算其与当前月累计位移的皮尔逊相关系数与归一化互信息。计算结果如表 6-10、表 6-11 所示。

表 6-10 皮尔逊相关系数

	ZG323	ZG324	ZG325	ZG326
月降雨量	0.154	0.175	0.166	0.167
两月累计降雨量	−0.200	−0.213	−0.219	−0.220
月库水位	0.231	0.220	0.230	0.231
库水波动率	0.119	0.131	0.128	0.129
月库水升率	0.303	0.322	0.319	0.321
月库水降率	−0.246	−0.253	−0.255	−0.255

表 6-11 归一化互信息

	ZG323	ZG324	ZG325	ZG326
月降雨量	0.991	0.996	0.991	0.993
两月累计降雨量	0.993	0.998	0.993	0.996
月库水位	0.972	0.977	0.972	0.974
库水波动率	0.949	0.954	0.949	0.952
月库水升率	0.932	0.937	0.932	0.934
月库水降率	0.958	0.963	0.958	0.960

从上面两个表可以看出,影响因子和滑坡位移的线性关系并不是很强,皮尔逊相关系数都在 0.4 以下,都是一个弱线性相关性。值得注意的一点是,月库水降率和滑坡位移的相关系数是负数,是由于库水下降和滑坡形变存在着滞后关系。库水下降的两个月后,滑坡形变才开始加大。而从归一化互信息可以看出,各因子与滑坡位移的互信息数值均在 0.9 以上,证明它们之间有很强的非线性相关关系。另外,不同的 GPS 监测点相关关系差异并不大。

目前滑坡发生的机制并未完全弄清楚,各种因子与滑坡形变的关系并不能简单地用代数公式来描述。而且,引发滑坡的因素很多,不同的滑坡其影响因素和主导变形的因素也不同。在滑坡的不同变形阶段,因素的作用大小也不尽相同。虽然滑坡形变预测不一定准确,但是仍然可以具有一定的参考价值。

在滑坡位移预测过程中,可以考虑影响因素,也可以不用考虑。

(1)若是不考虑影响因素,只能利用已知的位移,来预测未知的位移。这种方式的误差较大。

(2)考虑影响因素的情况下,就是利用因子和已知的历史滑坡位移数据,预测未来的位移。这种方式由于考虑了影响因子,预测误差相对第一种方式要小。在研究区内,降雨和库水是主要的两个因素。因此,本书尝试利用这两个相关因子,建立起因子和滑坡形变量的时间变化关系模型,预测未来可能发生的滑坡位移。

在考虑影响因子的情况下,有两种处理方式,一种是直接预测总位移,另一种是将滑坡位移分解,分别预测周期项和趋势项。直接预测方法已经被许多学者采用,本书不使用直接预测法进行预测,而是使用分解预测法来预测白家包滑坡 GPS 监测点 ZG325 处的位移。

(三)分解预测

许多研究者认为滑坡位移由两部分组成:趋势项和周期项。趋势项反映滑坡的整体变形趋势,是一个持续性作用的结果。而周期项反映的是影响因子对滑坡作用的周期性变化。例如,研究区内的降雨库水,就有很强的周期性。因此将两者分开预测,是一种有效的预测方式。此时,滑坡位移可以如下表达:

$$Y_t = T_t + p_t + s_t + \varepsilon_t \tag{6-107}$$

式中,T_t、p_t、s_t、ε_t 分别为趋势项、周期项、脉动项、随机项。一般情况下,脉动项是由偶然的突发因素造成的,随机项是不确定因素,这两项均不予考虑。

整个预测过程如图 6-39 所示,预测流程如下。

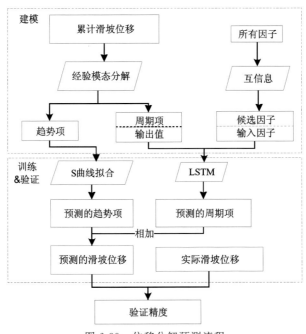

图 6-39 位移分解预测流程

(1)预测月份 t 的位移时,将历史滑坡位移$[y_1, y_2, \cdots, y_{t-1}]$利用经验模态分解方法分解为两个部分:趋势项和周期项。

(2)根据分解得到的历史趋势项$[r_1, r_2, \cdots, r_{t-1}]$,使用曲线拟合的方法预测月份 t 的趋势项$\hat{r}_t$。

(3)根据分解得到的历史周期项$[p_1, p_2, \cdots, p_{t-1}]$,使用 LSTM/BP/SVR/Elman 4 种机器学习方法,预测月份 t 的周期项$\hat{p}_t$。

(4)周期项与趋势项之和$\hat{r}_t + \hat{p}_t$,就是最后预测的总滑坡位移$\hat{y}_t$。

(5)预测月份 $t+1$ 的滑坡位移,重复以上 4 个步骤。

本书将使用 LSTM、BP、SVR、Elman 4 种方法进行周期项预测。由于 LSTM 是深度学习方法,需要更多的训练数据,而实际测量得到的数据只有73期。因此,采用两种方式来进行周期项预测。第一种是直接分解位移项,第二种是将位移项和影响因子进行线性插值,增加数据量,然后再进行经验模态分解,预测其周期项。线性插值可以最大限度地保留数据的原始分布,为了尽可能地使得插值后的数据能够与实际数据接近,在插值过程中,加入一些白噪声,最后得到的滑坡位移插值序列如下。

$$[I_{t-1}, i_1+n_1, i_2+n_2, \cdots, i_4+n_4, I_t] \tag{6-108}$$

式中,I_t 和 I_{t-1} 为实测位移;i_k 为插值数据;n_k 为加入的白噪声。

本次预测过程中,白家包滑坡位移实测数据总共有73期。前面64期数据作为训练数据,后面9期作为测试数据进行验证。经验模态分解、BP和Elman预测在Matlab软件中完成,LSTM和SVR使用Keras和Scikit-learn软件包编码完成。

(四)趋势项预测

趋势项的预测相对于周期项要简单一些。由观察可知,白家包滑坡的位移趋势项呈现"S"形曲线特征,因此采用多项式拟合方法来进行趋势项预测。具体过程是:要预测第72期(月)的滑坡位移,那么将历史滑坡位移,也就是将前面的71期位移分解为趋势项和周期项,然后利用71期趋势项预测72期趋势项。用类似的方法,预测73期位移趋势项。下表是将前面64期作为训练数据,预测后面9期滑坡位移的结果。从表6-12可以看出,预测的精度还是比较高,平均误差是5.363 mm,但是误差波动较大,达到了4.796 mm。这说明,虽然该方法可行,但是输出结果并不稳定。

表6-12 趋势项预测结果

时刻	分解值(mm)	预测值(mm)	绝对误差(mm)	相对误差(%)
65	436.701	437.860	1.159	0.265
66	440.805	452.210	11.405	2.587
67	468.249	466.320	1.929	0.412
68	470.972	484.060	13.088	2.779
69	516.434	506.110	10.324	1.999
70	497.359	501.160	3.801	0.764
71	488.092	490.680	2.588	0.530
72	488.479	489.840	1.361	0.279
73	465.257	467.870	2.613	0.562
Mean			5.363	
Maximum			13.088	
Minimum			1.159	
SD			4.796	

(五)周期项预测

预测周期项可以使用多种方法,例如常用的SVR、BP、Elman以及深度学习方法LSTM(许石罗,2018)。这里使用4种方法进行周期项预测,并比较它们在插值与不插值两种策略下的优劣。这4种方法中,SVR和BP属于静态方法,而Elman和LSTM属于动态方法。

(1)不使用插值策略时,从周期项预测结果可以看到,表6-13的4种方法中,LSTM的精度最高,同时误差波动也最小；Elman次之。整体看来，动态方法具有更高的精度。虽然动态方法比静态方法具有更高精度，但是优势并不是非常明显。相对于BP，LSTM预测平均误差仅仅小了1.44 mm，Elman的预测平均误差比BP仅小了1.33 mm。而误差的标准差（SD值），SVR、BP、Elman都在5 mm左右波动，LSTM误差的标准差最小，为3.788 mm。总体来说，4种方法在这种情况下都是可行的。

（2）使用了插值策略后，其精度如表6-14所示。可以发现，此时深度学习方法LSTM具有了明显优势，误差均值为0.743 mm，而其他3种方法的误差均值都大于5 mm。相对于未插值时来说，LSTM精度有较大的提升，而其他3种方法，精度基本保持不变，甚至轻微降低。造成这种现象的原因是LSTM本身具有更多的网络层级，具有更多的参数，因此需要更多训练数据，才能达到充分训练。未使用插值策略时，数据集总数目为73，网络训练不充分，LSTM记忆历史信息的能力表现得也就不明显，此时预测精度与其他方法差异并不大。当数据集增大时，LSTM网络训练更加充足，其优势就表现出来了，最后的预测精度也比其他方法要好。同属于动态网络的Elman方法，由于数据集的增加并不能给它带来实质性的益处，因此其精度与未使用插值策略时相差无几。这说明在数据量足够多的情况下，深度学习方法在预测滑坡位移上相对于浅层机器学习方法具有一定的优势。

表6-13　周期项预测结果（基于原始数据）

时刻	分解值（mm）	预测值（mm）				绝对误差（mm）			
		LSTM	SVR	BP	Elman	LSTM	SVR	BP	Elman
65	70.744	67.454	57.562	71.803	85.004	3.290	13.182	1.059	14.259
66	71.208	60.573	58.026	59.458	79.462	10.635	13.182	11.750	8.254
67	63.142	61.556	55.881	46.693	58.380	1.586	7.261	16.449	4.762
68	45.396	36.322	58.515	54.820	45.580	9.074	13.119	9.424	0.184
69	30.385	40.311	33.401	25.036	22.995	9.926	3.016	5.349	7.390
70	34.118	37.586	47.301	32.255	36.399	3.468	13.183	1.863	2.281
71	41.086	43.095	43.712	49.564	44.816	2.009	2.626	8.478	3.730
72	36.224	37.557	42.534	39.085	36.338	1.333	6.310	2.861	0.114
73	60.383	57.085	45.352	60.029	65.040	3.298	15.031	0.354	4.657
Mean						4.958	9.657	6.399	5.070
Maximum						10.635	15.031	16.449	8.254
Minimum						1.333	2.626	0.354	0.114
SD						3.788	4.856	5.504	4.448

表6-14　周期项预测结果（基于插值数据）

时刻	分解值（mm）	预测值（mm）				绝对误差（mm）			
		LSTM	SVR	BP	Elman	LSTM	SVR	BP	Elman
65	49.090	50.806	39.855	48.566	42.761	1.716	9.235	0.524	6.329
66	45.298	45.639	49.856	47.193	47.560	0.341	4.558	1.895	2.262
67	80.002	79.082	55.527	62.221	54.881	0.920	24.475	17.781	25.121
68	36.948	36.631	36.232	27.915	35.440	0.317	0.716	9.033	1.508
69	34.243	34.454	25.249	32.391	33.859	0.211	8.994	1.852	0.384

续表 6-14

时刻	分解值（mm）	预测值（mm）				绝对误差（mm）			
		LSTM	SVR	BP	Elman	LSTM	SVR	BP	Elman
70	21.325	20.468	26.950	16.341	20.890	0.857	5.625	4.984	0.435
71	12.871	13.013	16.354	10.122	25.834	0.142	3.483	2.749	12.963
72	7.678	7.193	3.720	13.000	12.168	0.485	3.958	5.322	4.490
73	−17.829	−16.135	−10.194	−14.143	−16.861	1.694	7.635	3.686	0.968
Mean						0.743	7.631	5.314	6.051
Maximum						1.716	24.475	17.781	25.121
Minimum						0.142	0.716	0.524	0.384
SD						0.607	6.893	5.306	8.204

（六）总位移预测

通过对比发现，经过经验模态分解后的 4 个 imf 函数中，第 2 个 imf 函数的频率与降雨数据的频率非常相似，如图 6-40 所示。这表明对于白家包滑坡来说，降雨确实和滑坡位移有非常紧密的联系，印证了降雨是引起白家包滑坡的一个重要诱发因素，也间接证明了由降雨引起的库水波动也是引发滑坡的另一个重要因素。

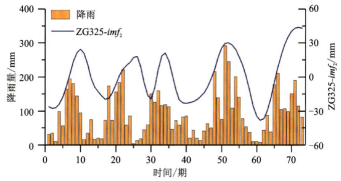

图 6-40　2006—2011 年降雨量与经验模态分解结果的第二分量对比图

总预测位移是预测的趋势项和周期项之和。插值与非插值的结果对比见表 6-15。从整体上看，LSTM 是精度最高的。相关系数 r 最高，说明和实际曲线的拟合程度最高。对比插值和不插值两种策略发现，不插值的情况下，评价精度的几个参数 SD、RSME、r 均具有较小的值，也就是不插值时，总体精度比插值时要高。

表 6-15　总位移预测精度对比

	原始数据				插值数据			
	LSTM	SVR	BP	Elman	LSTM	SVR	BP	Elman
SD	3.791	4.854	5.503	4.448	7.892	7.663	10.611	9.892
RSME	6.112	10.686	8.237	6.579	8.648	13.418	13.014	13.370
r	0.902	0.898	0.683	0.623	0.626	0.574	0.427	0.562

从图 6-41 和图 6-42 对比可以看出,若将第 68 期数据移除,使用 LSTM 方法插值后的精度将大大优于未插值的结果。也就是个别期的数据,会导致整体误差增大许多。仔细对比第 67、68 期的数据发现,这两期的滑坡位移实际上没有太大变化,都是 529.46 mm,但是与之相对应的各个因子数据却不同。即不同的因子实际中产生了相同的输出。这是由于滑坡是一个复杂的系统,有时候诱发因素发生变化,并不总能导致滑坡位移产生变化。但是对于机器学习的方法来说,更加倾向于对于不同的输入,产生一个不同的或者有轻微差异的输出。即这些方法对输入因子是敏感的,但是实际滑坡却不一定。这也就导致了在第 67、68 期预测不准确。排除第 68 期预测结果,可以发现实际拟合度非常好。这表明插值策略实际上加强了滑坡影响因子和位移之间的关系。即数据量少时,滑坡因子和位移之间暗含的关系不能够很好地表达。而线性插值后,增强了这种隐含的关系,提高了拟合精度。但同时线性插值也会增强噪声,导致在个别时间点预测的结果误差很大。总体说来,若是排除个别数据的影响,对 LSTM 方法而言,使用插值策略增大数据集是可以大幅度提高精度的。

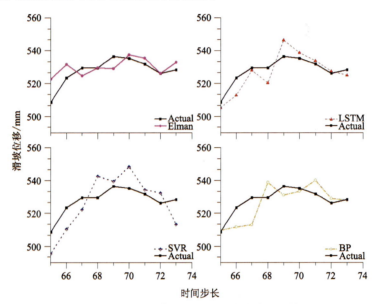

图 6-41　基于未插值数据时滑坡总位移预测结果

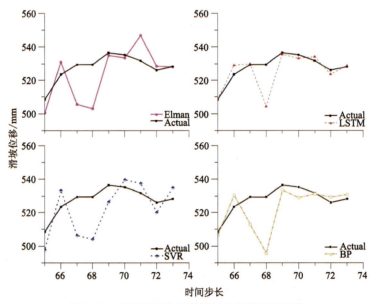

图 6-42　基于插值数据时滑坡总位移预测结果

五、结 论

从剖面结构角度来看,白家包滑坡为典型的靠椅状滑坡。在库水位下降过程中,坡体的淹没面积由大部分被淹没向小部分被淹没转化,库水位上升过程中,坡体的淹没面积由小部分被淹没向大部分被淹没之间转化,库水位的升降变化对坡体的稳定产生较大的影响。

由 GPS 监测结果,各监测点位移均呈现周期性阶梯状上升,变形陡增基本都集中在每年的 5~8 月,与三峡水库每年水位消落及汛期基本吻合。白家包滑坡属于动水压力型滑坡,受库水位降落及降雨共同影响,累积位移具有持续阶梯状增长趋势,但具有慢速蠕动变形特征。测点 ZD1、ZD2、ZD3 的位移于 2018 年 6 月 8 日开始增大,位移-时间曲线突然抬升,而此时正是三峡水库水位下降至 145m 的时刻,表明白家包滑坡变形响应三峡水库水位的下降具有明显的滞后性,至 6 月下旬测点 ZD1、ZD2 的变形基本趋于稳定,阶跃型曲线回归平缓,测点 ZD3 位于滑坡中后部,变形还受降雨的影响,在降雨的叠加作用下,其变形继续增大,至 7 月下旬趋于稳定。综合人工和自动 GPS 监测数据以及宏观地质巡查情况,综合分析认为白家包滑坡处于间歇性蠕滑变形状态。

本章还阐述了 LSTM 模型对白家包滑坡某段时间的 GPS 位移数据进行位移预测的实验。利用经验模态分解可以将位移分解为趋势项和周期项,使用 LSTM 可以从隐含层中获取历史信息。将 LSTM 结果与其他机器学习模型预测结果对比,表明 LSTM 方法在预测时间序列位移时,具有较好的效果。

第七章 滑坡预警判据

判据的建立是滑坡预警预报的核心之一,在滑坡预报中有着重要的意义和价值。根据滑坡预警判据适用条件将预警判据大致划分为长期预警判据和中短期及临滑预警判据,但"长期"和"中短期"并没有明确的界限,具体判据适用情况还需根据实际情况而定。针对三峡库区滑坡诱发条件,归类整理出暴雨诱发型滑坡判据和库水诱发型滑坡判据。本章最后还总结归纳了一些滑坡宏观预警判据。

第一节 中长期预警判据

一、稳定性系数

滑坡稳定性的定量分析,是在地质分析的基础上,通过数值计算,给滑坡稳定性以量的概念,以当前的滑坡稳定系数计算为主,可作为评定滑坡稳定性的一种依据(王恭先等,2004)。

目前常用的方法有极限平衡法、应力应变分析法、模型试验法及各种图表法等。这几种方法都还存在一定的局限和困难,但是由于极限平衡法相对来说概念较为明确,方法简单,在工程实践中得到了广泛的应用和发展。现在,大多数圆弧滑面的问题采用毕肖普(Bishop)等提出的将稳定系数定义为沿整个滑裂面的抗剪强度 τ_f 与实际产生的剪应力 τ 之比的方法,而大多数非圆弧滑面的问题是采用简布法(Janbu)与摩根斯登和普赖斯法(Morgenstern and Price)。

此处采用的极限分析法是以岩土塑性力学为基础,采用理想弹塑性体或刚塑性体处于极限状态下的普遍原理——上限定理和下限定理来求解极限荷载的一种分析方法,并依据能量守恒原理,即滑体在下滑时其总内力所消耗的功与总外力对其所做的功的关系,确定滑体的稳定性系数计算公式(王尚庆等,1999)见式(7-1)。

$$F = \frac{\vartheta W_B}{\vartheta W_A} \tag{7-1}$$

根据《滑坡防治工程勘察规范》(DZ/T 0218—2006),滑坡上有居民建筑,滑坡失稳会危及建筑物甚至人身安全,相应的滑坡稳定状态划分如表7-1所示。

表7-1 滑坡稳定状态划分表

滑坡稳定系数 F	$F<1.00$	$1.00 \leqslant F<1.05$	$1.05 \leqslant F<1.15$	$F \geqslant 1.15$
滑坡稳定状态	不稳定	欠稳定	基本稳定	稳定

(二)可靠概率

应用可靠性概率评价斜坡稳定性,近年来国内外发展较快。关于可靠性概率公式的推导比较复杂,在此只列出推导的结果(罗文强,1999)。

若土的抗剪强度指标 C、φ 和容量 λ 三者互不相关,斜坡的稳定性指标用可靠度 β 表示:

$$\beta = \frac{(X_1^* - \mu_{x1})A + [(X_2^* - \mu_{x2}(B + DX_3^*)]}{\sqrt{(\sigma_{x1})^2 + (B + DX_3^*)\sigma_{x2}^2 + (C + DX_2^*)^2 \cdot \sigma_{x3}^2}} -$$
$$\frac{(X_3 - \mu_{x3})(C + DX_2^*) - g(X_1^*, X_2^*, X_3^*)}{\sqrt{(A\sigma_{x1})^2 + (B + DX_3^*) + (C + DX_2^*)^2 \cdot \sigma_{x3}^2}} \tag{7-2}$$

式中,X_1^* 为验算点坐标,其算式为:

$$\begin{aligned} X_1^* &= \mu_{x1} + \beta\sigma_{x1}\cos\theta_1 \\ X_2^* &= \mu_{x2} + \beta\sigma_{x2}\cos\theta_2 \\ X_3^* &= \mu_{x3} + \beta\sigma_{x3}\cos\theta_3 \end{aligned} \tag{7-3}$$

$$\begin{aligned} \cos\theta_1 &= \frac{A\sigma_{x1}}{\sqrt{(A\sigma_{x1})^2 + (B + DX_3^*)^2\sigma_{x2}^2 + (C + DX_2^*)^2\sigma_{x3}^2}} \\ \cos\theta_2 &= \frac{(B + DX_3^*)\sigma_{x2}^*}{\sqrt{(A\sigma_{x1})^2 + (B + DX_3^*)^2\sigma_{x2}^2 + (C + DX_2^*)\sigma_{x3}^2}} \\ \cos\theta_3 &= \frac{(C + DX_2^*)\sigma_{x2}}{\sqrt{(A\sigma_{x1})^2 + (B + DX_3^*)^2\sigma_{x2}^2 + (C + DX_2^*)\sigma_{x3}^2}} \end{aligned} \tag{7-4}$$

$$g(X_1^*, X_2^*, X_3^*) = AX_1^* + BX_2^* + CX_3^* + DX_2^* X_3^* + E \tag{7-5}$$

$$\begin{aligned} A &= \sum_{i=1}^n l_i \cos a_i + \sum_{i=1}^n H_i \sin(a - a_{i+1}) \\ B &= \sum_{i=1}^n (F_x \text{tg} a_i - P_{yi})\cos^2 a_i \\ C &= \sum_{i=1}^n (V_i + \Delta v_i t)\text{tg} a_i \cos^2 a \\ D &= \sum_{i=1}^n (V_i + \Delta v_i t)\cos^2 a_i \\ E &= \sum_{i=1}^n (F_{x1} + P_{yi}\text{tg} a_i)\cos^2 a_i \end{aligned} \tag{7.6}$$

式中,μ_{x1}、μ_{x2} 及 μ_{x3} 分别为 C、$\text{tg}\varphi$、γ 的均值;σ_{x1}、σ_{x2} 及 σ_{x3} 分别为 C、tg、γ 的标准差。

求斜坡的可靠度指标 β 时,令时间 $t=0$,联立迭代求解,即可求出 β 值。

当 β 求出后,根据 β 与可靠概率 Ps 之间的关系,即可求得斜坡的可靠概率 Ps。

在岩土的工程性质指标中,抗剪强度指标和一对有密切联系的参数,它们从同一组试验中得出,分别代表莫尔强度包络线的截距和倾角,许多试验数据表明,同一土层中各组试验的 C、ϕ 值并不是相互独立的,有时还是密切相关的。因此,可以将它们作为相关量来考虑。

考虑 C、ϕ 值的相关性时,其可靠指标的计算公式更复杂一些,此处从略。

近年来国内外还有人采用可靠概率评价斜坡稳定性。根据可靠性理论可知,斜坡的安全系数指标 β 和 Ps 之间具有确定的关系。当已知 β 时,就可以求出 Ps。一般来说,当斜坡的安全系数小于 1 时,其 β 值小于 1.5,对应的可靠概率 Ps 小于 93%,也就是说,斜坡的失效概率 Pf 将达到 7%。随着 β 值的降低,可靠概率将很快减小。因此,将可靠概率判据取为 95%,此时的 β 值为 1.65。当斜坡的可靠性指标低于以下两个数值时,同样应发出警告,并加密观测周期。

与传统的安全系数法相比,可靠性理论明确地给出了斜坡的安全度指标(即可靠概率),这就使得不同情况下斜坡的安全具有可比性,这一点是用安全系数法难以做到的。另外,用可靠性理论计算斜坡的稳定性时,考虑了岩土的抗剪强度 C 和 φ 等指标的变异性,得出的结果更可信。因此将可靠概率理论用于滑坡预报中,对于提高滑坡的预报精度有重要意义。

三、声发射参数

声发射(AE)现象是指材料在应力作用下由于内部产生微破裂而发出声波的现象,也称为微地震。当岩体内的应力接近岩体的破坏强度时,单位时间内岩体的声发射次数或声发射率迅速增加,出现异常现象。一般情况下,岩石的声发射率比土的声发射率高得多,由于信号易于采集,因此对岩石声发射率现象的研究相对较深入。

实际和试验研究表明,岩土的声发射参数是滑体发展过程中滑体物质物理参数(包括电阻率、弹性波速、温度等)中最敏感的参数,将声发射作为预报边坡失稳的参数是可行的(易武等,2007)。

声发射率作为预报标准的判别式:

$$K_4 = \frac{A_0}{A} \tag{7-7}$$

式中,K_4 为边坡稳定系数;A_0 为岩土破坏时声发射率最大值(现场测定);A 为实际观测值。当 $K_4 \leqslant 1$ 时,边坡将发生失稳。

Merrill(1979)应用声发射法研究了美国加利福尼亚 Boron、Kimbley、Liberty 和 Tripp Veteran 等露天矿边坡破坏的声发射现象,得出以下经验性的结论。

对于露天矿边坡,当声发射频率为:0～10 次/h,边坡稳定;10～50 次/h,开采中的矿山边坡稳定差;大于 50 次/h,边坡失稳。

我国声发射技术应用起步较晚,利用 AE 方法结合位移观测也成功地预报了象鼻山露天矿边坡和宝成铁路观音山车站的山体变形。

四、塑性应变与塑性应变率

滑坡受到应力的作用,会产生应变,当应力较小时,将产生弹性应变,这种应变在应力消失时也随之消失。当应力增大到一定值后,应力与应变不再成正比关系,应力消失后将留下永久性的变形,称为塑性应变。塑性应变对时间进行求导,就是塑性应变率(孙冠华等,2010)。

对于小变形滑坡,滑动面或者滑带上任意一点的切向塑性应变 ε_t^p 若趋于无穷大,则滑坡非稳定。滑动面或者滑带上任意一点的切向塑性应变率 $d\varepsilon_t^p/dt$ 均趋于无穷大,则滑坡非稳定。

第二节 短期及临滑预警判据

一、变形速率

表 7-2 为 10 个滑坡破坏前的变形速率,实测位移计算出位移的月变化或日变化速率,绘出月变化(或日变化)速率的时间位移变化速率曲线。若变化速率逐渐增加,则边坡趋势不稳定。若变化速率呈波动性变化或速率逐渐减少,则边坡处于稳定状态。

表 7-2 10 个滑坡破坏前的变形速率

滑坡名称	破坏变形速率
新滩滑坡	滑前一个月(5.14—6.10)A3,B3 变化速率为 83.9～399mm/d

续表 7-2

滑坡名称	破坏变形速率
洒埠江滑坡	滑动前一个月变形速率为 10mm/d 左右
瓦依昂滑坡	滑前 10 天变化速率为 100～200mm/d
鸡鸣寺滑坡	滑前 3 天(6-26—6.28)G1、G4、G6、G7 变化速率为 90.7～162.0mm/d
虎山坡 1 号滑坡	滑前 2 天(7.25—7.26)A、E、F 点变化速率为 122.6～322.2mm/d
李家河滑坡	滑前 22 天,水平和垂直变化速率为 8.2mm/d、0.2mm/d
李家河滑坡	破坏前 22 天,平均水平位移为 8.2mm/d,垂直位移为 9.2mm/d
成昆线 337 号滑坡	滑前水平位移为 5～10mm/d,垂直位移为 1～5mm/d
白灰厂滑坡	滑坡前线,位移速率为 100mm/d
盐池河崩塌	滑前 15 天内平均垂直位移为 25～28mm/d,滑动前一天为 1008mm/d

二、变形加速度法

滑坡变形速率用 $\dfrac{dv}{dt}$ 表示,若临界变化速率为 V_0,实际变化速率为 V,则边坡变形速率稳定系数 K 可以用式(7-8)(贺小黑等,2013)表示为：

$$K = \frac{V_0}{V} \tag{7-8}$$

$K<1$,则失稳；$K=1$,临界；$K>1$,稳定。

变形加速度即位移速率的变化 $\dfrac{dv^2}{dt}$,当 $\dfrac{dv^2}{dt}=0$,稳定；$\dfrac{dv^2}{dt}>0$,不稳定。

三、切线角及改进的切线角法

当斜坡处于初始变形或等速变形阶段时,变形速率逐渐减小或趋于一个常值；当斜坡进入加速变形阶段时,变形速率将逐渐增大。显然,根据斜坡变形曲线各阶段的斜率变化特点,也可以采用数学方法进行完全定量地判断。斜坡变形曲线的斜率可以利用切线角 α_i(切线角是指变形曲线上某点切线与横坐标的夹角)来表达。可用切线角的线性拟合方程的斜率值 A 来判断斜坡演化阶段。A 值的计算公式如下：

$$A = \sum_{i=1}^{n}(\alpha_i - \bar{a})\left(i - \frac{(n+1)}{2}\right) \Big/ \sum_{i=1}^{n}\left(i - \frac{(n+1)}{2}\right)^2 \tag{7-9}$$

式中,$i(i=1,2,3,\cdots,n)$ 为时间序数；α_i 为累计位移 $X(i)$ 的切线角；$\bar{a}$ 为切线角 α_i 的平均值。

α_i 由下式进行计算：

$$\alpha_i = \arctan\frac{X(i)-X(i-1)}{B(t_i - t_{i-1})} \tag{7-10}$$

其中 B 为比例尺度,即：

$$B = \frac{X(n)-X(1)}{(t_n - t_1)} \tag{7-11}$$

当 $A<0$,边坡处于初始变形阶段；

当 $A=0$,边坡处于等速变形阶段；

当 $A>0$,边坡处于加速变形阶段。

值得说明的是,对于振荡型和阶跃型变形曲线,如果利用变形速率-时间曲线,其斜率变化较大,在实际操作时,一般应先对此类曲线进行平滑滤波处理,或直接利用累计位移-时间曲线通过计算定量判定。

但上述切线角也存在一定的问题,即同一组监测数据,不同的人可能会采用不同尺度的纵、横坐标来绘制变形-时间曲线,并由此导致同一时刻的切线角并不相同。从数学上讲,如果将纵、横坐标的任一坐标作拉伸或压缩变换,累计位移-时间曲线仍可保持其三阶段的演化特征,但同一时刻的位移切线角则会因拉伸(压缩)变换而发生改变。如图7-1所示,如果保持纵坐标尺度不变,对横坐标进行拉伸变换(单位时间所代表的位移量减小),则处于加速变形阶段的某一时刻的位移切线角 α 将会因拉伸变化而减小为 α'。反之,变换纵坐标的尺度将会得到与变换横坐标相反的结果。也就是说,同一个滑坡的变形监测资料,如果采用不同的坐标尺度作出变形-时间曲线(以下简称 $S\text{-}t$ 曲线),所测得的同一时刻的位移切线角将会有所差别,也即直接采用 $S\text{-}t$ 曲线定义位移切线角存在不确定和不唯一的问题。

为了解决上述问题,可通过对 $S\text{-}t$ 坐标系作适当的变换处理,使其纵、横坐标的量纲一致。

我们注意到,图7-1的 $S\text{-}t$ 曲线中等速变形阶段的变形速率基本保持恒定,位移 S 与时间 t 之间呈线性关系,即 $S = v \cdot t$,v 是等速变形阶段的平均变形速率。其余两个阶段 S 与 t 之间均呈非线性关系。

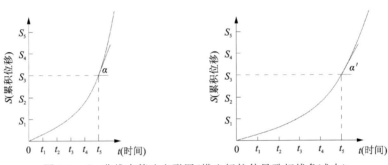

图 7-1 $S\text{-}t$ 曲线中等速变形图(横坐标拉伸导致切线角减小)

既然对于某一个滑坡来说,等速变形阶段的位移速率 v 为一个恒定值,那么,可通过用累计位移 S 除以 v 的办法将 $S\text{-}t$ 曲线的纵坐标变换为与横坐标相同的时间量纲。即定义:

$$T(i) = \frac{S(i)}{v} \tag{7-12}$$

式中,$S(i)$ 为某一单位时间段(一般采用一个监测周期,如1天、1周等)内斜坡累计位移量;v 为等速变形阶段的位移速率;$T(i)$ 为变换后与时间相同量纲的纵坐标值。

图7-2为经上述坐标和量纲变换后与滑坡 $S\text{-}t$ 曲线对应的 $T\text{-}t$ 曲线形式。

根据 $T\text{-}t$ 曲线,可以得到改进的切线角 α_i 的表达式:

$$\alpha_i = \arctan\frac{T(i) - T(i-1)}{t_i - t_{i-1}} = \frac{\Delta T}{\Delta t} \tag{7-13}$$

式中,α_i 为改进的切线角;t_i 为某一监测时刻;Δt 为与计算 S 时对应的单位时间段(一般采用一个监测周期,如1天、1周等);ΔT 为单位时间段内 $T(i)$ 的变化量。

显然,根据上述定义:

当 $\alpha_i < 45°$,斜坡处于初始变形阶段;

当 $\alpha_i \approx 45°$,斜坡处于等速变形阶段;

当 $\alpha_i > 45°$,斜坡处于加速变形阶段。

值得说明的是,根据上述改进切线角的计算方法在计算切线角时,$S\text{-}t$ 曲线的监测数据应采用累计位移-时间资料;并且,如果不同变形阶段监测周期(Δt)不相同,应采用等间隔化处理方法使监测周期统一,即保持不同变形阶段的 Δt 一致。

由前所述,为了获得具有唯一性的切线角,准确确定等速变形阶段的变形速率 v 是关键。由于外界

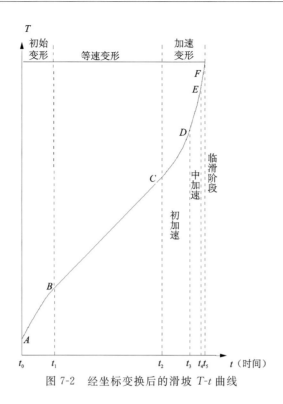

图 7-2 经坐标变换后的滑坡 $T\text{-}t$ 曲线

因素干扰以及测量误差等原因,即使斜坡处于等速变形阶段,各个时刻的变形速率也不可能绝对相等,往往呈现出在一定区间内上下波动的特性,因此,只能从宏观的角度计算等速变形阶段斜坡变形速率的均值,并将其作为等速变形速率 v。具体做法如下。

(1) 斜坡变形阶段的划分:根据变形监测曲线,结合斜坡宏观变形破坏迹象,综合判定和划分斜坡的变形阶段,并从中区分出等速变形阶段。

(2) 等速变形阶段速率 v 的确定:将等速变形阶段各时间段的变形等速作算术平均,即可得到等速变形阶段的速率 v:

$$v = \frac{1}{m}\sum_{i=1}^{m} v_i \tag{7-14}$$

式中,v_i 为等速变形阶段不同时间段(一般取一个监测周期)的变形速率;m 为监测次数。

通过对大量滑坡变形监测曲线切线角变化特点的研究发现:滑坡 $T\text{-}t$ 曲线切线角变形具有很强的规律性,在等速变形阶段,切线角变换幅度较小,主要在 45°上下波动。当斜坡变形进入加速变形阶段后,改进的切线角将从 45°逐渐递增。当切线角超过 80°后,滑坡变形速度明显加快;当滑坡体的切线角超过 85°时,滑坡开始出现明显的临滑征兆。切线角超过 85°后,变形速率和切线角随时间呈骤然增加趋势,直至下滑前切线角约等于 89°。

四、双参数判别

矢量角是表达位移特征的关键参数,由运动学可知,描述一个物体运动,不但需要速率的大小,还需要运动的方向。因外力作用不仅使滑体位移速率发生变化,而且使滑体位移方向也发生变化,所以说滑体位移是具有矢量特征的。

滑体虽且有块体的某些特性,但毕竟不是一个简单的刚性块体,而是一个复杂的刚柔结合体。滑动面的形成也不尽相同。不同的滑面类型,滑体的位移特征也不相同。在滑坡变形发展过程中,因坡体内应力场的调整,坡体各点位移矢量方向都有不同程度的变化。现以滑面形态为依据,指出滑体位移矢量会发生较大变化的部位。由表7-3可知,位移矢量变化在滑坡发展过程中具有普遍性,是其运动特征的客观体现。

表7-3 不同滑面的滑体观测要点

滑面类型	位移矢量显著变化部位
直线型滑面	前缘和后缘;临滑前,前缘位移矢量变化较明显,应重点观测
折线型滑面	前缘、后缘和转折处;转折处的位移矢量始终在变化。临滑前,前缘和转折处位移矢量变化较大
凹弧型滑面	前缘和后缘。临滑前,后缘位移矢量变化较大
凸弧型滑面	前缘、后缘和中间部位。临滑前三处位移矢量都有较大的变化
混合型滑面	根据初始阶段位移矢量变化特征,重新布置观测部位,再作观测,或者作综合观测

滑坡发展过程中蠕动变形、挤压滑移、剧滑等阶段相对应,位移矢量角也由小变大、近似稳定和又变小。临滑前,滑坡的位移矢量角锐减,此可作为滑坡临滑预报的重要依据。从堆积层滑坡来说,其前缘可作为重点观测部位,该处位移矢量角具有先增大、再稳定、后锐减的动态特征,且其阶段性与滑坡稳定状态一致。临滑前,位移速率急速增大,而位移矢量角锐减。为此提出双参数判别。

(1)速率 $|\vec{V}|$ 不断增大或超过某一临界值,其为第一个参数。

(2)滑体位移矢量角发生显著变化(应根据不同滑坡,确定其位移矢量角或变大或变小。如对于新滩堆积层滑坡,就以其剪出口处位移矢量角变小为据),其为第二个参数。位移矢量角的改变恰恰是滑体被切割后沿滑动面向临空方向剪胀滑移的反映。

五、变形极值(临界变形)法

变形极值(临界变形)法即用来确定边坡临界变形值的方法,确定的方式如下。

(1)对于古滑坡可将前一次滑坡变形作为本次滑坡的临界值。

(2)在治理中的滑坡:可将治理过程中出现最不利状态(如万县豆芽棚84个加固桩,全部挖空而又未加固。再叠加锚束张拉侧向集中力时,工程出现最不利状态。链子崖煤洞被挖空未回填,并且在施工的过程中破坏了爆柱,工程处于最不利状态)的实测位移,为最大位移(即初始加速变形)。

(3)历年变形的最大值,在特大暴雨、地震等外动力作用下,历年来出现的最大变形为初始加速的判据。

第三节 暴雨诱发型滑坡判据

一、滑坡与降雨形式的关系

降雨形式(暴雨型和久雨型)对触发滑坡的降雨量有明显的影响。暴雨型以暴雨和大暴雨为主,并与大雨和特大暴雨组合而形成一个连续的降雨过程,一般为2~3天;久雨型以大中雨为主,并与小雨和暴雨结合,历时6~10天,雨停时间间隔不超过2天。两种雨型在同样的地质地貌条件下,触发滑坡的累积降雨量(X_n)和日降雨量(X)存在着明显的差别。暴雨型降雨强度大,日降雨量高,触发滑坡的累积降雨量比久雨型约低50mm;久雨型降雨,触发滑坡的累积降雨量高,日降雨量变化幅度大。李明华等(1992)对川北1981年暴雨滑坡进行研究得出了该地区滑坡发生时累积降雨量和日降雨量之间的关系。

降雨触发滑坡大量发生时的临界线为：
$$X = 280 - X_n \tag{7-15}$$

暴雨型滑坡大量发生时的临界线为：
$$X = 235 - 0.96X_n \tag{7-16}$$

久雨型发生较多滑坡时的临界线为：
$$X = 311 - 1.8X_n \tag{7-17}$$

式中，X 为日降雨量；X_n 为累积降雨量。

从以上三式可以发现：暴雨型滑坡的累积降雨量偏低，日降雨量明显偏高；久雨型滑坡的累积降雨量明显偏高，日降雨量则偏低。同时也可以看出，两种雨型随着累积降雨量的增加，触发滑坡的日降雨量都有减少的趋势。

二、典型滑坡的降雨阈值

长江三峡库区，降雨丰沛，降雨诱发多处滑坡复活。1982年川东大暴雨，仅云阳县内就发生了鸡扒子、天宝滑坡等十余处大中型滑坡复活。经过深入分析研究不同类型降雨诱发滑坡复活，通过不同类型降雨对比，确定了鸡扒子、黄腊石、新滩典型滑坡的降雨阈值，以及典型滑坡降雨诱发的阈值参数，确定统计分析样本，并利用极值分布理论统计分析，选择相应的滑坡降雨诱发的概率分析方法分析了典型滑坡的降雨诱发的概率。分析结果如表7-4所示。

表7-4 典型滑坡的降雨阈值和降雨诱发的概率

滑坡名称	降雨量(mm)	降雨时间(d)	降雨强度(mm/d)	降雨诱发的概率
鸡扒子滑坡	280	2	140	0.013 4
黄腊石滑坡	488.8	26	12.5	0.027 6
新滩滑坡	43	29	15	0.011 5

第四节　库水诱发型滑坡判据

许强等(2006)提出：水库库岸滑坡既有一般山地滑坡的共性，又有其特殊的一面。其特殊性在于它的活动与库水位的升降有很大的关系。

(1)水库的蓄水过程可能会诱发水库地震，另外库水位的上升导致坡体浸水体积增加，滑面上的有效应力减少或抗滑阻力减少，部分滑带饱水后强度降低。

(2)库水位骤然下降时，由于坡体中地下水水位下降相对滞后，导致坡体内产生超孔隙水压力。所有这些都可能对滑坡的稳定产生不良的影响。

琼斯(Jones)等调查了 Roosevelt 湖附近地区 1941—1953 年发生的一些滑坡，结果发现：有49%发生在 1941—1942 年的蓄水初期，30%发生在水位骤降 10～20m 的情况下，其余为发生在其他时间的小型滑坡。在日本，大约60%的水库滑坡发生在库水位骤降时期，其余40%发生在水位上升时期，包括初期蓄水。

许强等对一些模型斜坡进行了稳定性计算和计算结果的检验，其结果如下：

(1)当滑动面的强度参数的黏聚力分量很小时，水库水位上升期存在一个斜坡稳定性很危险的水位。

(2)在库水位骤降期,由于滑体内的超孔隙水压力,稳定系数从水位上升期的同样位置还要进一步减小。如果在库水位降落时超孔隙压力消散了,那么稳定系数将和水位上升期相同水位时一样,消散的时间越长,稳定系数越小。

当库水位上升时稳定系数仅降低5%(从$F=1.0$减到最小值$F=0.95$),而当库水位降落时,稳定系数减小约31%(到最小值0.66)。特别是当库水位降低时,由于渗透系数的不同,稳定系数的变化很大,其值在0.24~22之间。对比渗透系数,最小的稳定系数在库水位上升和下降两种情况下都比较小。这是因为,当库水位上升时,水下斜坡渗透性较小,在滑动方向上的下滑力没有相应减小;而当库水位下降时,小渗透系数使库水位和地下水水位间有较大的差距,因而增大了孔隙水压。所以,斜坡的渗透性越大,库水位和地下水水位之间的差距超小,库水位上升和降落在同一水位时的稳定系数彼此接近,在同一库水位下,地下水的渗入和排出,库水位的升和降,稳定系数没有差别。

另外,随库水位降落速率而变的稳定系数不常是在最低水位时为最小,而是在水位降落期间为最小,它出现在库水位降落速率较大的低水位时。一般地,当库水位降落速率超过3m/d时,稳定系数在很短时间内急剧减小,而当降落速率变小时,稳定系数的减小是逐渐下降的。可以看出,库水位降落时稳定系数的减小比其上升时更大(最小的稳定系数在上升时为$F=0.95$,而下降时为$F=0.66$),而且库水位降落时的降落速率,视斜坡的渗透系数也是稳定系数的一个重要控制因素。这强调指出尽可能减小降落速率或在降落期间万一发生滑坡时保持库水位在一恒定值的重要性。因此,在可能产生滑坡的库岸,要加强水库管理,尽可能避免急剧降低水位,保持最大降落速率为2m/d左右是适宜的。对即将发生滑坡的库岸,规定降落速率为0.5~1.0m/d是合适的。如有可能,为防止岸坡破坏,应观测滑坡的位移。

滑体位移总体上有以下特征。

(1)滑坡的变形具有自前缘向后部递减的趋势。

(2)测点位移加速启动的时刻都滞后于库水位的上升。对同一剖面,位于前部的测点较后部测点的位移开始加速启动的时间要早,这表明库水位向滑体内的渗透存在一个由表及里、由前缘至中后部的发展过程。

第五节　宏观预警判据

一、前兆信息判别

根据经验,滑坡临滑前后经常会出现以下现象,见表7-5。

表7-5　滑坡前兆信息表

序号	类别	内容	等级
1	地形变形迹	后缘张开变形,突然增大或闭合,形成陷落带、陷落坑	A
		房屋变形,树木歪斜,马刀树,醉叉林	B
		前缘岩体挤(剪)出,变形呈直线急剧上升	A
2	地声	摩擦响声,炮声,声射频率增加	B

续表 7-5

序号	类别	内容	等级
3	动物异常	狗、猫、猪、鸡、鸭、鼠、蜂、鸟鱼鳖和大牲畜等出现异常，如老鼠搬家，抢吃庄稼；黄鼠狼白天聚集相互乱咬；蛇爬树；塘中鱼、鳖翻滚；群猴下山抢吃山粮；狗狂吠流泪不进食，外逃；猪跳圈；耕牛狂奔乱跑；飞鸟强行搬窜，蜜蜂飞逃等	A
4	地下水变异	湿地(沼泽)增减	B
		新泉或泉水流剧增；泉水易减少或干	A
		水温增多，水压变高；水以及泥沙水流	
		地下水水质急剧变化	
5	冷热风	冬季热风溢出，夏天冷气外出	A
6	频繁崩滑	前缘小型崩塌，后壁崩塌频繁	B
7	地表水变异	地表水沿裂缝很快漏失，斜坡地段渠道水流大量流失	A

注：A 级证据可以利用单一迹象判断滑坡，B 级证据必须有两项。

二、裂缝判别

斜坡上的岩土体在重力作用下，都具有下滑的趋势。当自然或人为因素导致抗滑力减小、下滑力大于抗滑力时，斜坡就会失稳，在滑动体与不动体之间形成地面裂缝。由于滑体内部运动方向和快慢的差异，在滑坡内部也会形成各种裂缝。滑坡裂缝主要出现在斜坡上；力学性质以张性和剪切裂缝为多见，偶见挤压裂缝。对于土质滑坡，张性裂缝走向常与斜坡走向平行，弧形特征明显；剪切裂缝走向常与斜坡走向直交，多数情况下较平直。对于岩质滑坡，裂缝产状和性质受结构面控制。

滑坡裂缝的分析：左、右两翼裂缝各自的累积位移量应大致相等；两翼剪裂缝位移量自后缘向前缘递减时，属于推移式滑坡(如云南省兰坪县城南区滑坡)；自后缘向前缘递增时，则属于牵引式滑坡；当后缘出现边疆的弧形张裂缝、两翼裂缝表现为雁行式羽裂(左翼右行，右翼左行)时，说明滑坡正在形成。

以裂缝连通率的值作为判据，如：蠕变阶段小于 20%，等速蠕变 20%~60%，加速变形阶段 60%~90%，临滑变形阶段大于 90%。

三、滑面连通判别

在滑坡地质灾害勘查中，滑面的判别至关重要，只有在找到滑面的前提下，才能判断滑坡体的存在并将其形象地在剖面图上准确反映出来，从而对该灾害体的特性进行详细的论述，验算其稳定性。滑面的连通可以根据表 7-6 进行判别。

表 7-6 滑面连通判别

类别	内容	系统	专家
深部钻孔倾斜仪	坡体深部前、中、后滑面上的变形速率同步递增		
地表气与地下气连通	冬季热风溢出，夏天冷风外冒		

续表 7-6

类别	内容	系统	专家
水	沿裂缝很快漏失,不稳定斜坡的渠道内水流大量漏失		
	前缘湿地增多		
	地下水质变化一致		
	斜坡前缘同一高程地下水露头		
降雨	降雨时泉水数倍增加,很浑浊		

第六节　案例分析:旧县坪滑坡——预警判据

旧县坪滑坡位于重庆云阳段长江的左岸,为一大型、深层、顺层弯曲根部折断剪出型滑坡。近些年滑坡仍有较明显的蠕滑变形,2003—2004 年暴雨后滑坡体中部公路出现 1m 左右的沉降,前部泥岩与砂岩交接面可见滑动产生的擦痕,前缘鼓丘发育较明显,其变形特征较显著。2007 年 6 月 19 日、22 日,在连续强降雨的影响下,旧县坪后部堆积体滑坡村民房屋倒塌、土体出现裂缝。2009 年 6 月 9 日,在强降雨影响下,后部堆积体滑坡土体发生变形,出现裂缝。同时,该处居民房屋地面墙面也出现多条新裂缝。滑坡近期的变形破坏主要受水库蓄水和降雨的影响。滑坡体在纵向上存在差异变形破坏,同时在横向上也有明显解体特征。随着三峡库区的运行,旧县坪滑坡目前一直处于整体蠕滑变形状态。

一、滑坡概况

旧县坪滑坡位于重庆云阳段长江的左岸,距离云阳县城直接距离约 11.3km,属云阳县青龙街道复兴社区 5 组,建民村 1、2、3 组。滑坡主要威胁滑坡体上居民 76 户 186 人的生命财产安全和滑坡前缘船厂、驾校、长江航道及中部东侧陵园的安全。

(一)滑坡区环境地质条件

滑坡区属低山丘陵剥蚀地貌,斜坡坡度 15°～30°,剖面形态上部为近直线形,下部为平台,斜坡倾向为 140°,为顺向斜坡。该滑坡滑体表层物质主要为含碎块石粉质黏土。粉质黏土呈紫红色,可-硬塑状,粉质黏土中含有云母、植物根系和少量钙质结核;其中碎石含量 20%,粒径为 2～6cm,碎石成分为砂岩或者泥岩,较坚固,磨圆较差,呈次棱角状;块石含量 10%,粒径为 30～50cm,块石成分为砂岩,砂岩呈中风化状态。古滑坡滑体主要物质为滑床基岩,J_3s 地层,中厚层灰色砂岩、粉砂岩。滑体厚度平均为 40m。滑床基岩为 J_3s 地层,中厚层灰色砂岩、粉砂岩。旧县坪滑坡后缘滑床的基岩产状为 137°∠24°,前缘江边滑床基岩产状为 326°∠9°,可见滑坡为基岩滑坡,滑坡前缘基岩有反翘。滑坡浅表层土层与下伏岩层面呈不整合接触关系。

滑坡区位于黄柏溪向斜北翼,滑坡所在区域地质构造简单,无断层通过,云阳县地质构造形态以褶皱为主,断裂少见,主要背向斜大致从北向南依次排列。

在滑坡体左、右两侧边界都发育有季节性冲沟,排泄大气降雨。滑坡前缘地下水水位与降雨和水库水位相关,地下水的主要补给源为大气降雨,水库水位上涨时库水倒灌入滑坡体,水库下降时滑坡地下水补给库水。按地下水的储存条件,滑坡区地下水类型可分为第四系松散层孔隙水、碎裂岩体孔隙裂隙水和基岩裂隙水。

(二)滑坡体特征及变形破坏模式

1. 滑坡体基本特征

滑坡平面形态呈近圆弧状,滑体左、右侧均以冲沟为界,后缘以基岩陡壁为界,滑坡体前缘由于三峡库区蓄水部分被长江水淹没,滑坡整体边界条件较为清楚。滑坡体前缘高程约为95m,后缘高程385m(其后缘堆积体滑坡最大高程约515m),滑坡高差290m。滑坡体主滑方向144°,滑坡长约1200m,中部宽约850m,滑体平均厚度40m,滑坡面积为$144×10^4 m^2$,滑坡体积约$5700×10^4 m^3$,属特大型顺层岩质滑坡(图7-3)。

图7-3 重庆市云阳县旧县坪滑坡全貌

2. 滑坡总体变形特征

旧县坪滑坡滑坡体的中后部变形破坏迹象较为发育,且主要出现在地形坡度由缓变陡的部位,即滑坡的中部。滑坡体前缘拱起,临江一带为相对高差达50~70m的陡崖,因此常出现局部坍塌破坏。滑坡体在纵向上存在差异变形破坏,同时在横向上也有明显解体特征,表现为右侧较左侧变形大。

滑坡体变形特征有以下特点。

(1)滑坡整体变形相对较大,后缘堆积体滑坡变形较小。

(2)滑坡在汛期出现明显变形,变形规律完全一致并且总变形量接近。

3. 滑坡变形破坏模式

通过野外现场调查分析,推断目前该滑坡属于滑移-弯曲破坏模式,经历了如下3个变形破坏发展阶段。

1)轻微弯曲阶段

随着构造作用和长江的下蚀,斜坡表面的风化,斜坡在原始斜坡地形基础上进入轻微变形阶段,弯曲部位仅出现在顺层拉裂面,局部压碎,坡面微微隆起,岩体松动。

2)强烈弯曲、隆起阶段

随着长江不断下蚀,弯曲显著增强,并表现出剖面"X"形错动,其中一组逐渐发展为滑切出面。由于弯曲部位岩体强烈扩容,地面显著隆起,岩体松动加剧。长江前缘的侵蚀使得前缘塌岸发育,这种坡脚的塌岸"卸载"也更加促进了深部的变形与破坏。

3)切出面贯通阶段

滑移面贯通并发展为滑坡。前缘基岩出现变形甚至反翘,滑体前部隆起成为平台。

二、滑坡监测

(一)监测网点布设

该滑坡监测内容为地表变形监测、深部位移监测、地下水水位监测、地表裂缝位移监测、降雨量监测和宏观监测。监测方法选用 GNSS 自动监测、固定式自动化钻孔倾斜仪、地下水动态自动监测仪、裂缝自动监测仪、翻斗式雨量计监测,同时定期进行宏观地质巡查。各类监测方法仪器的主要技术指标见表 7-7。

表 7-7　监测仪器主要技术指标一览表

监测方法	监测仪器	监测时间	精度	备注
地表位移监测	GNSS	实时	水平:±2.5mm+1ppmRMS 垂直:±5mm+1ppmRMS	功耗:≤5W; 工作温度:-40~+80℃; 电源接口:LEMO 头; 电源输入:10~32V(DC); 通信接口:3 个 RS-232 接口、1 个 RJ45 接口; 传输方式:无线网桥、GPRS、3G、120W 太阳能、100Ah 蓄电池、数据传输模块
深部位移监测	固定式自动化钻孔倾斜仪	实时	±0.1%F.S.	供电电源:太阳能板,100W; 电池:20Ah; 温度范围:-20~+80℃; 长期稳定性:±0.25%F.S./年
地下水水位监测	地下水动态自动监测仪	实时	±0.25%、±0.5% (包括非线性、迟滞性和重复性)	供电电源:锂电池,16Ah; 工作温度:-25~+80℃; 长期稳定性:平均无故障时间>30 000h
地表裂缝位移监测	裂缝自动监测仪	实时	±1mm	供电电源:60W,太阳能/20Ah; 电池测量方向:双向; 长期稳定性:30 000h
降雨量监测	翻斗式雨量计	实时	0.1mm	双要素一体化; 平均无故障时间>30 000h; 工作温度:-25~+80℃; 数据采集仪、通信模块、供电系统一体化

根据该滑坡的地形、地质条件、变形特征与《重庆市地质灾害专业监测技术要求》(试行),确定该滑坡监测等级为一级。监测手段方法以地表位移自动化监测为主,辅以深部位移自动化监测、地下水水位自动化监测、地表裂缝位移自动化监测、降雨量自动化监测和宏观巡查。在滑坡区外稳定区域布设基准点 1 个;在Ⅰ—Ⅰ′和Ⅲ—Ⅲ′控制剖面上每条各布设 3 个 GNSS 地表位移自动化监测点,在Ⅱ—Ⅱ′剖面

上布设 5 个 GNSS 地表位移监测点,共 11 个点;在Ⅱ—Ⅱ′剖面的地表位移监测点旁设置 2 个深部位移自动化监测孔;在Ⅱ—Ⅱ′控制剖面的地表位移监测点旁设置 2 个地下水水位自动化监测孔;在滑坡后部和两侧边界布置 5 个地表裂缝位移自动化监测点;在滑体中部布设 1 个双要素自动雨量站(图 7-4,表 7-8)。

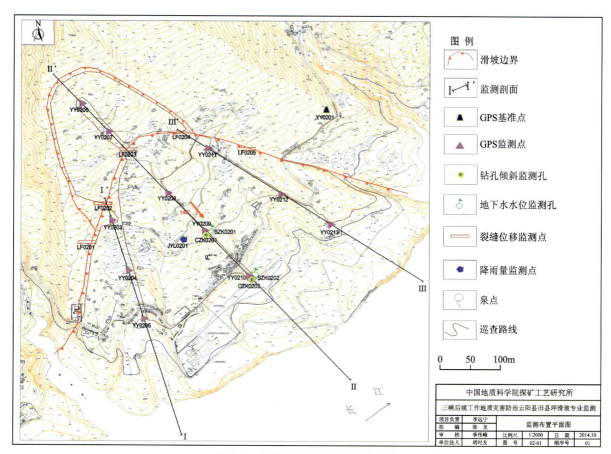

图 7-4 旧县坪滑坡监测网点布置图

表 7-8 监测网点统计表

监测内容	地表位移监测	深部位移监测	地下水水位监测	地表裂缝位移监测	降雨量监测
建设数量(个)	1+11	2	2	5	1

(二)监测数据分析

自动化监测频率为实时监测,采样间隔为 1 次/15s,数据推送间隔为 1 次/h。仪器设备在设定的监测频次下自动完成数据的采集、传输和处理,采集的数据统一上传至数据中心,自动监测仪器每月进行 3 次系统人工维护,维护工作包括供电系统检查维护、监测仪器与配套系统维护与保养等。

在宏观地质巡查方面,对旧县坪滑坡进行了 3 次/月的地表宏观巡查,汛期或强降水期对变形较为强烈滑坡进行了加密监测。在监测数据的检查与维护方面,按设计要求,每日早、晚两次对监测数据进行检查确认。滑坡专业监测预警工作监测频率见表 7-9。

表 7-9 2019 年度云阳县旧县坪滑坡监测实施频率

项目性质	季节			
	雨季		旱季	
	自动化	人工巡查	自动化	人工巡查
一般监测	实时监测	1 次/10d	实时监测	1 次/10d

根据表 7-10 和表 7-11 的旧县坪滑坡监测数据成果可以看出,旧县坪滑坡 GNSS 监测点在 2019 年 1—4 月变形不明显,5—10 月主要滑体各监测点变形有所增大,且各监测点变形增量较为接近,后缘堆积体滑坡变形不明显,11—12 月变形放缓。自 2016 年 6 月后规监测运行以来,主要滑体各监测点累计水平位移为 69.8~168.4mm,其中 2019 年 1—12 月水平位移增量为 5.9~25.4mm。后缘堆积体滑坡各监测点累计位移水 5.2~26.8mm,其中 2019 年 1—12 月水平位移增量水 1.5~4.4mm。各监测点滑坡位移矢量示意图见图 7-5。

表 7-10 监测点累计变形表

监测点编号	监测剖面	累计变形(mm)			
		2016 年	2017 年	2018 年	2019 年
YY0203	Ⅰ—Ⅰ′	26.4	23.9	13.5	6.1
YY0204		32.3	76.7	39.4	20.1
YY0205		21.8	79.1	29.6	16.7
YY0208	Ⅱ—Ⅱ′	25.5	66.8	39.8	27.3
YY0209		37.9	64.4	41.5	24.6
YY0210		34.3	67.3	40.1	24.7
YY0211	Ⅲ—Ⅲ′	17.4	64.2	39.9	24.2
YY0212		28.8	60.8	37.4	24.8
YY0213		32.9	64.2	33.4	25.9

表 7-11 旧县坪滑坡监测数据成果表

监测内容	监测点编号	监测剖面	累计变形(mm)	变形方向(°)	2019 年 1—12 月变形量(mm)	2019 年分阶段变形速率(mm/月)		
						1—4 月	5—10 月	11—12 月
GNSS 监测	YY0203	Ⅰ—Ⅰ′	69.8	142	5.9	<1	<1	<1
	YY0204		168.4	160	19.6	<1	2.8	<1
	YY0205		147.5	154	17.9	<1	2.1	<1
	YY0206	Ⅱ—Ⅱ′	5.2	258	1.5	<1	<1	<1
	YY0207		26.8	149	4.4	<1	<1	<1
	YY0208		158.4	145	25.2	<1	3.7	<1
	YY0209		167.6	142	23.6	<1	3.6	<1
	YY0210		166.3	141	25.2	1.1	3.4	<1
	YY0211	Ⅲ—Ⅲ′	145.9	143	23.8	<1	3.6	<1
	YY0212		152.1	140	25.4	<1	3.4	<1
	YY0213		157.2	143	24.9	<1	3.3	<1

续表 7-11

监测内容	监测点编号	监测剖面	累计变形（mm）	变形方向（°）	2019年1—12月变形量（mm）	2019年分阶段变形速率（mm/月）		
						1—4月	5—10月	11—12月
深部位移监测	CZK0201		60.1					
	CZK0202		46.8					
裂缝位移监测	LF0201		9.8					
	LF0202		2.7					
	LF0203		0					
	LF0204		0					
	LF0205		0					

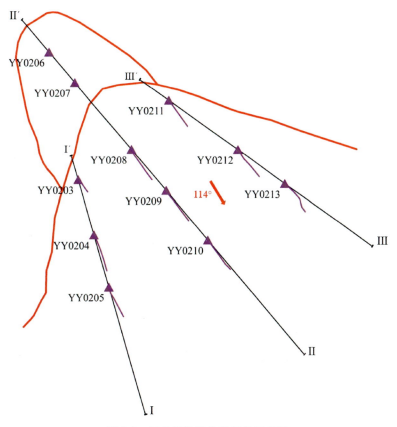

图 7-5 旧县坪滑坡位移矢量示意图

从变形速率来看，2019年1—4月主要滑体各监测点的变形速率均较小，水平位移变形速率在1～1.1mm/月，5—10月主要滑体各监测点的变形速率有所增大，水平位移变形速率为1～3.7mm/月，11—12月变形速率减小，在1mm/月以内。

1. 地表位移监测结果

旧县坪滑坡GPS监测点在2019年1—4月变形不明显，5—10月主要滑体各监测点变形有所增大，且各监测点变形增量较为接近，后缘堆积体滑坡变形不明显，11—12月变形放缓。自2016年6月后规监测运行以来，主要滑体各监测点累计水平位移为69.8～168.4mm，其中2019年1—12月水平位移增量为 5.9～25.4mm(图 7-6)。后缘堆积体滑坡各监测点累计位移为 5.2～26.8mm,其中 2019 年 1—12 月水平位移增量为 1.5～4.4mm。

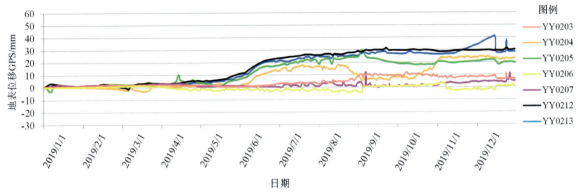

图 7-6　旧县坪滑坡 GNSS 监测 1—12 月位移-时间关系曲线图

2. 宏观地质调查

2019 年 5 月下旬宏观调查发现滑坡区内有施工单位在滑坡区域内进行开挖采石,用于库岸施工,如图 7-7、图 7-8 所示。在滑坡上进行人类工程活动,影响了监测点所控制区域的稳定性。

旧县坪滑坡前缘受长江的冲刷、淘蚀,前缘岸坡后退,临空面增大(图 7-9),为剪切破坏提供了有利条件。

图 7-7　旧县坪滑坡局部开挖取石远景(2019 年 5 月)

图 7-8　旧县坪滑坡局部开挖取石近景(2019 年 5 月)

图 7-9　旧县坪滑坡前缘(2019 年 7 月)

旧县坪滑坡左侧边界变形明显,新修公路产生明显裂缝且裂缝持续增大,陵园的火葬车间变形明显(图 7-10)。

图 7-10　旧县坪滑坡左侧边界变形情况

三、滑坡变形分析

(一)变形特征分析

1. 旧县坪滑坡 Ⅰ—Ⅰ′剖面

Ⅰ—Ⅰ′剖面位于滑坡体右侧,其上布设有 3 个 GPS 监测点,自上而下分别是 YY0203、YY0204、YY0205(图 7-11)。

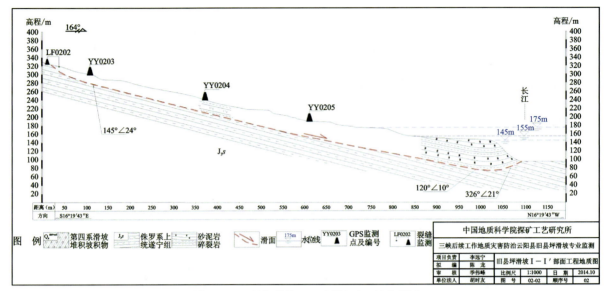

图 7-11　旧县坪滑坡 Ⅰ—Ⅰ′剖面工程地质图

图 7-12 监测曲线显示,旧县坪滑坡 Ⅰ—Ⅰ′剖面 2019 年 1—12 月各监测点累计变形为 5.9～19.6mm,总变形量在 69.8～168.4mm。通过曲线可以看出,6 月曲线出现跳跃,月变形量为 1～2.8mm/月。

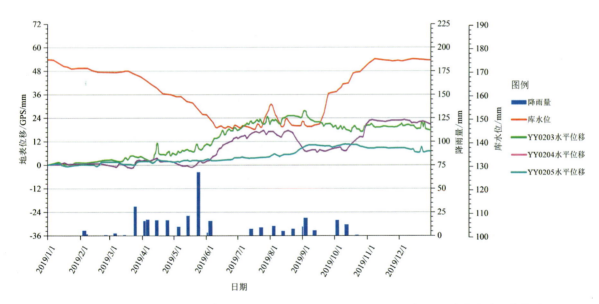

图 7-12　旧县坪滑坡 Ⅰ—Ⅰ′剖面 GNSS 监测 1—12 月位移-时间和降雨量、库水位关系曲线图

该滑坡为岩质滑坡,前缘受长江冲蚀切割作用,导致前缘阻滑力的下降,岩体在自重作用下,沿顺层软弱结构面发生卸荷滑动。叠加降雨量和库水位曲线可以看出,变形主要发生在降雨及库水位下降期间,表明降雨以及库水位的下渗,使结构面强度降低,成为滑坡变形的诱导因素。

2. 旧县坪滑坡 Ⅱ—Ⅱ′剖面

Ⅱ—Ⅱ′剖面位于滑坡体中侧,其上布设有 5 个 GPS 监测点,自上而下分别是 YY0206、YY0207、YY0208、YY0209、YY0210。同时在 YY0209、YY0210GNSS 监测点附近各布设了 1 个深部位移监测孔和 1 个地下水水位监测孔(图 7-13)。

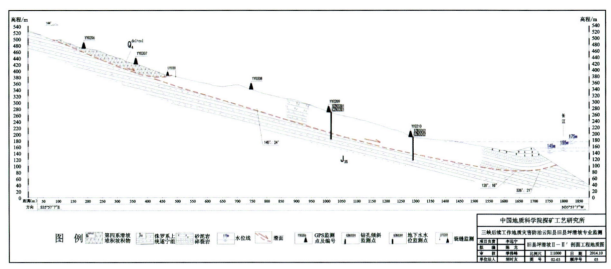

图 7-13　旧县坪滑坡Ⅱ—Ⅱ′剖面工程地质图

图 7-14 监测曲线显示,旧县坪滑坡Ⅱ—Ⅱ′剖面 2019 年 1—12 月主要滑体各监测点累计变形为 23.6～25.2mm,总变形量为 158.4～168.3mm,其中 YY0206、YY0207 监测点控制的后缘堆积体滑坡 2019 年 1—12 月累计变形为 1.5～4.4mm,总变形量为 5.2～26.8mm。通过曲线可以看出,6 月主要滑体各监测点曲线出现跳跃,月变形量为 3.4～3.7mm/月。表明Ⅱ—Ⅱ′监测剖面前段所控制的主滑坡发生变形(Ⅱ—Ⅱ′监测剖面后段控制后缘堆积体滑坡)。该滑坡为岩质滑坡,岩体在自重作用下,沿顺层软弱结构面发生卸荷滑动。

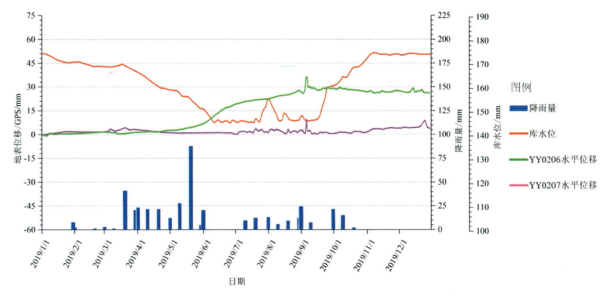

图 7-14　旧县坪滑坡Ⅱ—Ⅱ′剖面 GNSS 监测 1—12 月位移-时间和降雨量、库水位关系曲线图

深部位移监测方面,CZK0201 监测点(YY0209GNSS 监测点附近)孔深 55m 处的累计位移量为 88.3mm,孔深 67m 处的累计位移量为 61.3mm,孔深 73m 处的累计位移量为 16.9mm。滑坡深部位移有 61.3～88.3mm 的变形;CZK0202 监测点(YY0210GNSS 监测点附近)孔深 55m 处的累计位移量为 1.3mm,孔深 69m 处的累计位移量为 47.6mm,孔深 76m 处的累计位移量为 5.1mm。滑坡深部位移有 1.3～47.6mm 的变形。

从叠加降雨量和库水位曲线可以看出,变形主要发生在降雨及库水位下降期间,表明降雨以及库水位的下渗使结构面强度降低,成为滑坡变形的诱导因素。

3. 旧县坪滑坡Ⅲ—Ⅲ′剖面

Ⅲ—Ⅲ′剖面位于滑坡体左侧,其上布设有3个GPS监测点,自上而下分别是YY0211、YY0212、YY0213,分布位置如图7-15所示。

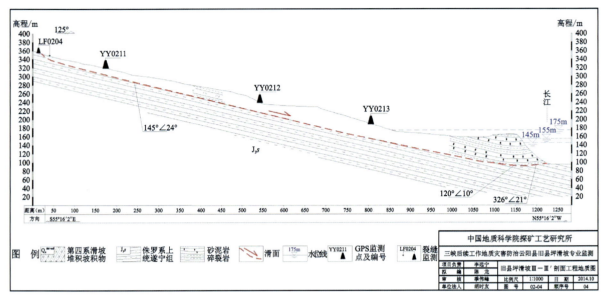

图7-15　旧县坪滑坡Ⅲ—Ⅲ′剖面工程地质图

图7-16监测曲线显示,旧县坪滑坡Ⅲ—Ⅲ′剖面2019年1—12月各监测点累计变形为23.8～25.4mm,总变形量为145.9～157.2mm。通过曲线可以看出,6月曲线出现跳跃,月变形量为3.3～3.6mm/月。该滑坡体在自重作用下,沿顺层软弱结构面发生卸荷滑动。从叠加降雨量和库水位曲线可以看出,变形主要发生在降雨及库水位下降期间,表明降雨以及库水位的下渗使结构面强度降低,成为变形的诱导因素。

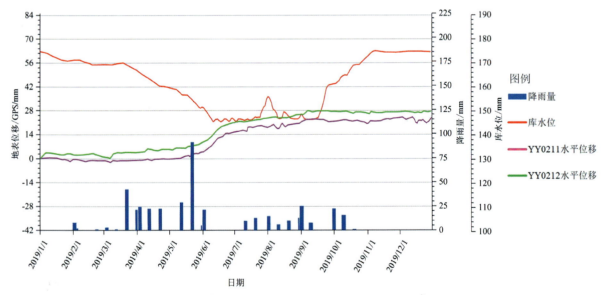

图7-16　旧县坪滑坡Ⅲ—Ⅲ′剖面GNSS监测1—12月位移-时间和降雨量、库水位关系曲线图

4. 总体变形分析

旧县坪滑坡 GNSS 监测点在 2019 年 1—4 月变形不明显,5—10 月主要滑体各监测点变形有所增大,且各监测点变形增量较为接近,后缘堆积体滑坡变形不明显,11—12 月变形放缓。自 2016 年 6 月后规监测运行以来,主要滑体各监测点累计水平位移为 69.8～168.4mm,其中 2019 年 1—12 月水平位移增量为 5.9～25.4mm。后缘堆积体滑坡各监测点累计位移为 5.2～26.8mm,其中 2019 年 1—12 月水平位移增量为 1.5～4.4mm。

从变形速率来看,2019 年 1～4 月主要滑体各监测点的变形速率均较小,水平位移变形速率为 1～1.1mm/月,5～10 月主要滑体各监测点的变形速率有所增大,水平位移变形速率为 1～3.7mm/月,11～12 月变形速率减小,在 1mm/月以内。

总体来看,滑坡体变形有以下特点:一是滑坡整体变形相对较大,后缘堆积体滑坡变形较小;二是滑坡在汛期出现明显变形,变形规律完全一致并且总变形量接近。主要受库水位下降和降雨共同影响。

(二)变形机理分析

该滑坡为一岩质顺层滑坡,滑坡前缘受长江冲蚀切割作用,导致前缘阻滑力的下降,岩体在自重作用下,沿顺层软弱结构面发生卸荷滑动致使岩体裂隙进一步发育,将岩体切割成块裂岩体,强度进一步下降,为后续的滑动奠定了物质基础。原滑坡斜坡坡度为 15°～30°,剖面形态上部为近直线形,下部为平台,斜坡倾向为 140°,为岩质滑动提供了变形空间条件。滑床物质为上侏罗统遂宁组紫红色细砂岩、粉砂质泥岩、泥质粉砂岩,不等厚互层,泥岩易风化,遇水易软化崩解,砂岩抗风化能力较强,差异风化现象,形成潜在软弱面,形成滑移面。

在库水位下降的过程中,该滑坡内部动水压力对滑坡产生了向外的推动作用,增大了其下滑力,此为影响该滑坡稳定的主要因素之一。大气降雨时,雨水一部分以地表径流形式汇入长江,一部分则被洼地截流或向下入渗,一方面增加了滑体的重力,导致下滑力增大;另一方面补给地下水,软化、润滑滑带,导致抗滑力降低,从而导致滑坡失稳。

该滑坡前部建有驾校、水泥搅拌站、船厂等企业,其人类工程活动对滑坡稳定不利。结合滑坡区地质环境背景条件、滑坡体结构特征和滑坡体变形动态,综合分析认为旧县坪滑坡处于欠稳定状态。

(三)变形因素分析

滑坡稳定性受多种因素影响,主要分为内在因素和外部因素两个方面。内在因素包括地质构造、地形条件、岩土体性质等;外部因素包括水的作用(降雨和库水)、地震、人类工程活动等。内在因素对滑坡稳定性起控制作用,外部因素往往会增加下滑力,导致岩土体强度降低而削弱抗滑力,促进滑坡变形破坏的发生和发展。

1. 内在因素

斜坡类型和地层岩性的组合是控制旧县坪滑坡变形的主要内在原因。

滑坡原始斜坡为缓倾顺向斜坡,岩体为 J_3s 地层,中厚层灰色砂岩、粉砂岩。岩层中有一层软弱夹层在长期的蠕变过程中缓慢弯曲,造成应力集中,这是导致滑坡产生的主要内在原因。

2. 外部因素

(1)降雨对滑坡稳定性的影响:大气降水,特别是短期内集中的降雨,将对滑坡的稳定性造成显著的影响,短期内的集中降雨,可以在较短时间内,使坡体内的地下水水位迅速抬升,从而改变了滑坡原有的应力状态,即孔隙水应力迅速增加,而有效应力迅速减少,这就造成坡体抗剪强度降低,从而使滑坡的稳定性条件迅速恶化,产生变形。另外,短期内的集中降雨,渗入到坡体和滑面,土体产生物理化学效应,软化滑面,而产生局部应力集中现象,这对滑坡的稳定性也是不利的。今后降雨将是影响旧县坪滑坡稳定性的主要因素之一。

(2)库水对滑坡稳定性的影响:一方面,旧县坪滑坡地下水较丰富,地下水对滑坡的稳定性恶化起到了一定作用,主要是软化斜坡岩土体强度。另一方面,三峡水库运行期间库水位产生升降变化,长江不断侵蚀滑体前部,使得塌岸加剧,滑坡临空条件变好,不利于滑坡稳定。

四、基于切线角判据的滑坡预警

对旧县坪滑坡进行改进切线角时间变化的曲线分析,来判定旧县坪滑坡的预警级别。根据《三峡库区滑坡灾害预警预报手册(第二版)》中的改进的切线角与滑坡四级预警机制配套的定量划分标准(表7-12):

表 7-12 滑坡预警级别的定量划分标准

变形阶段	等速变形阶段	初加速阶段	中加速阶段	加加速(临滑)阶段
预警级别	注意级	警示级	警戒级	警报级
警报形式	蓝色	黄色	橙色	红色
切线角	$\alpha\approx45°$	$45°<\alpha<80°$	$80°\leqslant\alpha<85°$	$\alpha\approx89°$

当切线角 $\alpha\approx45°$,斜坡变形处于等速变形阶段,进行蓝色预警;
当切线角 $45°<\alpha<80°$,斜坡变形进入初加速变形阶段,进行黄色预警;
当切线角 $80°\leqslant\alpha<85°$,斜坡变形进入中加速变形阶段,进行橙色预警;
当切线角 $\alpha\geqslant85°$,斜坡变形进入加加速变形(临滑)阶段,进行红色预警;
当切线角 $\alpha\approx89°$,滑坡进入临滑状态,应发布临滑警报。
根据以上定量划分标准对旧县坪滑坡进行变形阶段和预警级别的判定。

1. 旧县坪滑坡 Ⅰ—Ⅰ′剖面

根据各监测点的改进切线角-时间柱状分布(图7-17、图7-18、图7-19)可以看出,YY0203监测点2019年1—12月改进切线角为3°~58°,YY0204监测点2019年7—12月改进切线角为11°~75°,YY0205监测点2019年1—12月改进切线角为9°~66°。根据对应的变形阶段划分,综合分析认为该剖面变形进入黄色预警变形阶段。

2. 旧县坪滑坡 Ⅱ—Ⅱ′剖面

根据各监测点的改进切线角-时间柱状分布(图7-20、图7-21、图7-22)可以看出,YY0208监测点2019年1—12月改进切线角为4°~73°,YY0209监测点2019年7—12月改进切线角为7°~71°,YY0210监测点2019年1—12月改进切线角为5°~72°。根据对应的变形阶段划分,综合分析认为该剖面变形进入黄色预警变形阶段。

3. 旧县坪滑坡 Ⅲ—Ⅲ′剖面

根据各监测点的改进切线角-时间柱状分布(图7-23、图7-24、图7-25)可以看出,YY0211监测点2019年1—12月改进切线角为2°~75°,YY0212监测点2019年7—12月改进切线角为4°~74°,YY0213监测点2019年1—12月改进切线角为2°~72°。根据对应的变形阶段划分,综合分析认为该剖面变形进入黄色预警变形阶段。

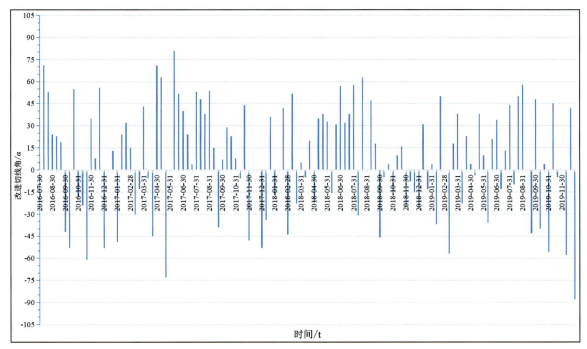

图 7-17 YY0203 改进切线角-时间柱状分布图

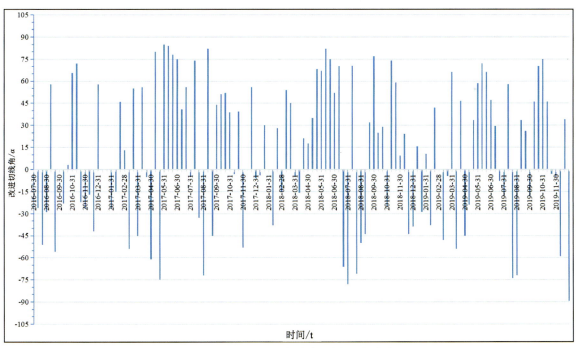

图 7-18 YY0204 改进切线角-时间柱状分布图

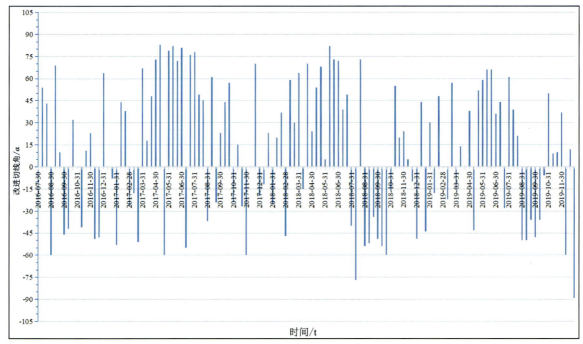

图 7-19　YY0205 改进切线角-时间柱状分布图

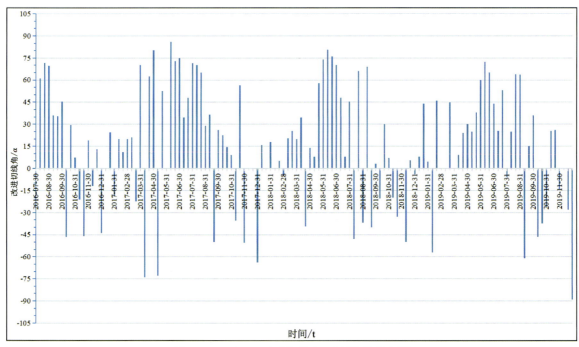

图 7-20　YY0208 改进切线角-时间柱状分布图

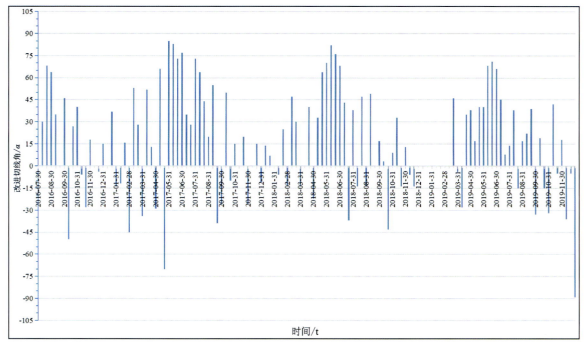

图 7-21 YY0209 改进切线角-时间柱状分布图

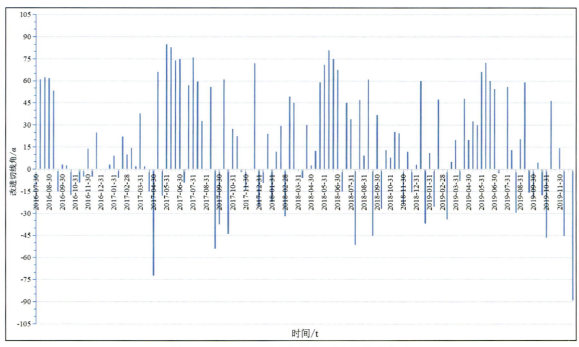

图 7-22 YY0210 改进切线角-时间柱状分布图

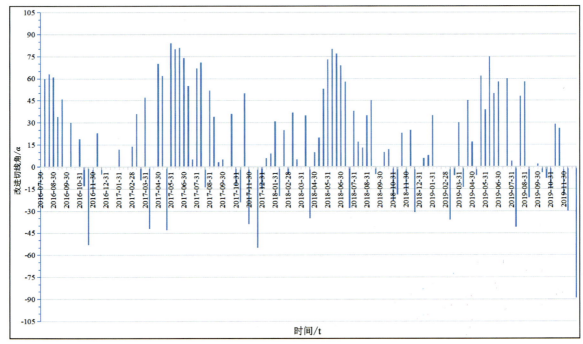

图 7-23 YY0211 改进切线角-时间柱状分布图

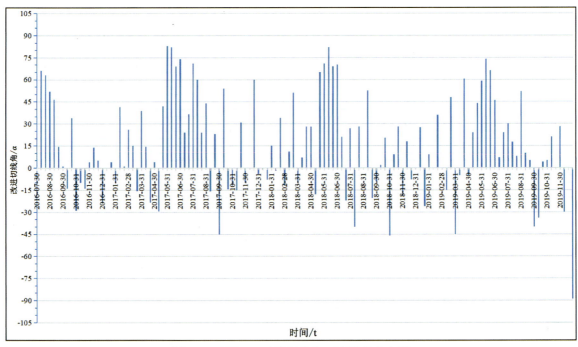

图 7-24 YY0212 改进切线角-时间柱状分布图

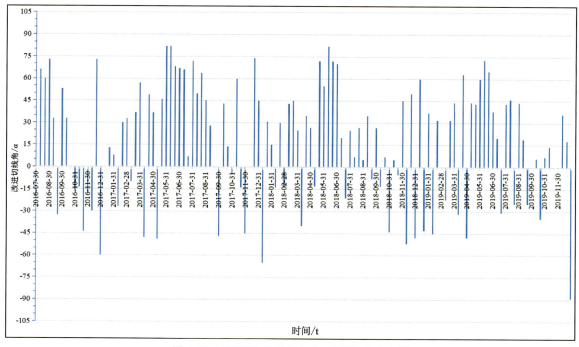

图 7-25 YY0213 改进切线角-时间柱状分布图

综上所述，旧县坪滑坡 3 个剖面变形均进入黄色预警变形阶段，斜坡变形在初加速变形阶段。

五、结 论

（1）旧县坪滑坡平面形态呈近圆弧状，滑体左、右侧均以冲沟为界，后缘以基岩陡壁为界，滑坡体前缘由于三峡库区蓄水部分被长江水淹没，滑坡整体边界条件较为清楚，属特大型顺层岩质滑坡。

（2）从旧县坪滑坡地表位移监测数据可以看出，滑坡体各监测点变形增量较为一致，表明该滑坡属于整体变形。从剖面分析结果来看，滑坡体变形有以下特点：一是滑坡整体变形相对较大，后缘堆积体滑坡变形较小；二是滑坡在汛期出现明显变形，变形规律完全一致并且总变形量接近。从监测的变形与降雨量和库水位耦合发现汛期的降雨和库水位下降对该滑坡的影响比较大。结合滑坡的专业监测资料可知，滑坡在每年雨季均有变形加剧趋势，几次大的位移突变的时间段均为汛期暴雨季节；库水位下降对其也有明显影响。位移值的持续增大表明滑坡应力调整过程还未结束，处于欠稳定状态。

（3）根据监测曲线，计算出改进切线角进行滑坡预警，得到旧县坪滑坡正处于黄色预警变形阶段，地质灾害隐患点有明显的变形特征，在数月或一年内发生大规模滑坡的概率较大，因此为黄色预警。滑坡体上及边界不宜进行人类工程活动。建议尽快开展相关勘查工作，为下一步防治工作提供依据。

第八章 滑坡预警管理

第一节 滑坡预警

一、概念

监测预警是对地质灾害进行监测、预报、预警和制定临灾紧急避让行动方案等的一种地质灾害防治的重要手段。对于有成灾隐患的(潜在不稳定的)地质灾害体,在其有明显活动之前,以监测预警作为主要的防范措施,准确地掌握崩滑体的变形过程,科学地分析判断崩滑体在不同时期的自稳状态和可能的破坏方式及危害区域,使防治工作有的放矢,抓住并抓准防治时机,采取合理的治理或避让措施,经济有效地减灾防灾(中国地质环境监测院,2015)。

地质灾害预警是指在某一地质灾害发生的时间、地点基本确定时,预先向可能受到灾害威胁的地区发出的警报。一般狭义上的地质灾害预警就是指警报,广义上的地质灾害预警指地质灾害预警预报到警报的全过程(中国地质环境监测院,2015)。

二、预警级别

根据《中华人民共和国突发事件应对法》和《国家突发地质灾害应急预案》之规定,进行三峡库区地质灾害险情级别划分。

1. 特大型地质灾害险情(Ⅰ级)

预测崩滑体入江涌浪造成需对长江干流封航,或受灾害威胁,需搬迁转移人数在1000人以上或潜在可能的经济损失1亿元以上的地质灾害险情为特大型地质灾害险情。

2. 大型地质灾害险情(Ⅱ级)

预测崩滑体入江涌浪造成需对长江一级通航支流封航,或可能较大规模的破坏铁路干线或公路干线(国道)造成交通较长时间中断,或受灾害威胁,需搬迁转移人数在500~1000人或潜在可能的经济损失在5000万元至1亿元的地质灾害险情为大型地质灾害险情。

3. 中型地质灾害险情(Ⅲ级)

预测可能较大规模的破坏省级公路造成交通较长时间中断,或受灾害威胁,需搬迁转移人数在100~500人或潜在可能的经济损失在500~5000万元的地质灾害险情为中型地质灾害险情。

4. 小型地质灾害险情(Ⅳ级)

预测可能破坏县级、乡(镇)级公路造成交通中断,或受灾害威胁,需搬迁转移人数在100人以下或潜在可能的经济损失在500万元以下的地质灾害险情为小型地质灾害险情。

按照《中华人民共和国突发事件应对法》预警级别的规定,将地质灾害监测预警按变形破坏的发展阶段、变形速度、发生概率和可能发生的时间排序分为四级:注意级、警示级、警戒级、警报级。将上述四级分别以蓝色、黄色、橙色、红色予以标示。

注意级(蓝色):地质灾害隐患点进入匀速变形阶段,有变形迹象,一年内发生地质灾害的可能性不大,定为蓝色预警(长期预报)。

警示级(黄色):地质灾害隐患点变形进入加速阶段初期,有明显的变形特征,在数月内或一年内发生大规模崩塌、滑坡的概率较大,定为黄色预警(中期预报)。

警戒级(橙色):地质灾害隐患点变形进入加速阶段中后期,有一定的宏观前兆特征,在几天内或数周内发生大规模崩塌、滑坡的概率大,定为橙色预警(短期预报)。

警报级(红色):地质灾害隐患点变形进入加速阶段,各种短临前兆特征显著,在数小时或数周内发生大规模崩塌、滑坡的概率很大,定为红色预警(临滑预报)。

对不同级别险情的地质灾害预警,首先表示其险情级别,其次为预警分级。具体表示如Ⅰ级红色预警、Ⅰ级橙色预警等。

对三峡库区地质灾害预警级别的判定,应根据每个滑坡的具体情况,结合实际情况进行具体的认定。

第二节 工作程序

滑坡预警流程一般包括预警会商、预警级别判定、预警级别发布及相关工作程序等内容,具体流程分述如下。

一、预警会商

专业监测单位应根据监测分析及时判断崩塌、滑坡当前所处的变形阶段,凡进入预警级别的,应及时编制、上报《三峡库区××滑坡(或崩塌)进入×色预警阶段的报告》。具体编制要求参照《关于专业监测滑坡变形阶段预警报告主要内容提纲及图件的规定》。

红色预警表示该崩滑体进入临滑阶段,是防灾减灾最为关键的阶段。专业监测单位应立即以电话、电子邮件、传真等多种方式上报。同时迅速编制、上报《三峡库区××区县××滑坡(或崩塌)进入红色预警阶段的报告》。

二、预警级别判定及相关工作程序

1. 蓝色预警(注意级)级别的认定以及相关工作程序

纳入专业监测的滑坡灾害点的蓝色预警(注意级别)由区县自然资源主管部门认定。区县自然资源主管部门可上报区县人民政府,同时调整该滑坡的群测群防监测等级,对其变形予以关注。进入蓝色预警后应编制该滑坡的防灾预案,进入黄色预警后应根据变形的具体情况对防灾预案予以调整。蓝色预警不对外发布。

由工程治理改为专业监测的,参照以上规定执行。

2. 黄色预警、橙色预警、红色预警的联席会商会议及预警级别的认定与发布

专业监测提出进入黄色预警、橙色预警、红色预警，省市自然资源主管部门需召开联席会商会议。首先进行专家组技术会商。技术会商后，专家组立即提交《三峡库区××区县××滑坡(或崩塌)监测预警技术会商专家组意见》，对是否进入黄色、橙色或红色预警进行技术认定并提出相应的专家组建议。在专家组意见的基础上，联席会议进行预警行政会商，形成预警行政会商会议纪要，批准后实施。属于特大型滑坡的，报上级主管部门。

滑坡黄色以上的预警，由省市自然资源主管部门组织召开联席会议和专家组技术会商，发布预警级别。

参加联席会商会议的部门和单位，一般为省(市)三峡库区地质灾害防治工作领导小组办公室、省市自然资源主管部门、区县人民政府、区县自然资源主管部门、省市级地质环境站、区县级地质环境监测站、三峡总公司枢纽管理局、险情涉及长江航运的有关海事局(长江海事部门和地方海事部门)、三峡库区地质灾害防治工作指挥部、专业监测单位和专家组。

为了保持对险情预警认识判断，预测评价的连续性和可靠性，对单体滑坡，专家组成员不宜频繁或大量更换。同样，参加联席行政会商会的成员亦应保持其稳定性。

橙色预警、红色预警级别认定后的相关工作程序：参加联席会商会的各部门(单位)应立即将会商会有关情况向各自主管部门上报，按《中华人民共和国突发事件应对法》的有关规定，在所管辖的范围内，发布相应级别的警报，决定并宣布有关范围进入预警期，在当地人民政府的统一组织领导下，立即部署防灾工作，按《中华人民共和国突发事件应对法》有关规定采取必要的应对措施。有关的具体要求如下。

1) 橙色预警

(1) 监测单位立即加密监测，加强对宏观变形形迹的监测，编制临滑应急监测方案，经审查后实施，以应对在无法进入滑坡险区情况时实施专业监测。变形持续加速时，应派人在现场24小时值守。对监测信息应及时处理分析判断，预测滑坡变形破坏趋势并及时上报，为防灾工作决策提供及时准确可靠的监测预警技术支撑。

(2) 对可能入江产生涌浪灾害的，应立即进行崩滑体入江涌浪估算和大体圈出涌浪灾害可能范围，并立即通知区县人民政府、海事部门和三峡总公司枢纽管理局及其他有关部门。

(3) 分级负责、属地管理、建立应急抢险救灾机构，明确责任。按照橙色预警级别可能提高到红色预警级别的要求，启动防灾预案，开展相关工作。

(4) 陆上地质灾害的防范：①应立即撤离滑坡体上及其下滑可能危及到的居民并妥善安置，在险区边界设立警示牌，并通过一定的渠道予以公布，严禁进入滑坡险区。②对于可能产生涌浪灾害范围内的居民进行调查登记并逐户告知，发放防灾明白卡，明确预警信号及撤离路线。

(5) 涌浪灾害的防范：①对涌浪灾害危及范围设立警示标志，发布橙色预警险情航行通告并颁布相关航行规定。②逐个清查涌浪灾害危及范围内的所有船舶(包括小型地方货船、地方客渡船、农用船、渔船等)、港口、码头(包括地方小型港口码头)，逐个造册登记，进行险情及防灾措施宣传及其撤离的准备。③确保一旦涌浪危及水域船舶通信，组织水上应急救助力量，开展必要的应急抢险救助演练。

2) 红色预警

(1) 监测预警。红色预警发布后，专业监测单位应立即启动应急专业监测，现场24小时值守，加强宏观变形监测及临滑短临前兆监测，及时分析预测，力争准确预报滑坡大规模滑动的时间。

(2) 专家组现场技术会商。对于Ⅰ级、Ⅱ级地质灾害险情，应组织专家立即赶赴现场，进行现场技术会商，对变形趋势、临滑时间现场分析预测，为政府的决策提供技术支撑。

(3) 根据《国家突发地质灾害预案》中应急响应的有关要求，对于特大型地质灾害险情(Ⅰ级)，在条件许可的情况下，经三峡库区地质灾害防治工作领导小组办公室批准，应立即启动远程应急指挥系统和决策支持系统，实现对现场的图像、声频、视频、监测数据等实时远程传输，进行远程会商，实现国务院、

自然资源部和省(市)政府的远程指挥。

对于大型地质灾害险情(Ⅱ级),可根据省(市)政府的有关要求,在条件许可的情况下,立即启动远程应急指挥系统和决策支持系统。

(4)按照《中华人民共和国突发事件应对法》第四十四条和四十五条之规定立即采取必要的应对措施。

(5)陆上地质灾害的防范应立即撤离位于陆上险区内的所有人员,包括崩滑体上、滑坡下滑危及的范围内、涌浪灾害范围内的居民和其他所有人员。设立警示标志,严禁进入险区。

(6)涌浪灾害的防范应立即发布红色预警险情航行通告,不允许上下游过往船驶入险区,立即撤离险区内的所有船舶,保护涌浪灾害波及范围内的港口码头和其他水上设施。做好水上应急救助的准备。

3)特殊情况下的红色预警

由于库区滑坡在强降雨和库水涨落作用下,具有较强的突发性。因此,在突发险情即将发生来不及上报、请示、会商的情况下,现场监测人员(专业监测人员、群测群防监测人员等)应果断报警,立即动员险区内的人员撤离,避免造成人员伤亡。若滑坡下滑入江可能造成涌浪灾害,应立即通知海事和航运部门。

三、预警级别的降低和预警警报的解除

1. 蓝色预警级别的降低

蓝色预警的解除与预警级别的降低,专业监测单位应及时编制《三峡库区××区县××滑坡(或崩塌)调整预警级别的报告》报区县自然资源主管部门,报告内容格式及具体要求按照附件的规定执行。区县自然资源主管部门认定后上报省市自然资源主管部门。

2. 黄色预警、橙色预警、红色预警级别的降低和预警警报的解除

黄色预警、橙色预警、红色预警级别的降低,由专业监测单位提出调整预警级别的报告后,应进行专家组技术会商认定,联席会议会商形成纪要后,由省市自然资源主管部门批准。预警警报的解除和预警期的终止,按《中华人民共和国突发事件应对法》的有关规定(第四十七条)执行。

(1)橙色预警级别的降低。由于种种原因,该崩滑体变形趋缓,则在进行会商认定后,可以降低预警等级,解除橙色预警。

(2)红色预警级别的降低分两种情况。①在崩滑体已大规模下滑、抢险救灾完成,突发灾害过程已经结束或已得到有效控制。②由于种种原因,该崩滑体没有整体下滑成灾,变形趋于缓和,监测表明其整体下滑成灾的险情当前已较大幅度降低。

第三节 案例分析:凉水井滑坡——应急处置

云阳县故陵镇凉水井滑坡是位于三峡库区内长江右岸的顺层推移式的深层大型、复活型老滑坡,历史上多次发生过滑动,近期的复活变形主要受到库水位的升降以及降雨的影响。凉水井滑坡最近一次发生滑动时间为2008年11月,三峡库区首次175m试验性蓄水过程中,滑坡出现了险情,并在下降至160m附近时,该滑坡变形加剧。当时险情受到国家领导和相关部门的关注,并到现场组织开展应急处置。该滑坡是三峡库区自175m蓄水高程以来的大型水库诱发滑坡,于2009年4月20日开始专业监测。该滑坡的进一步发展,将对长江航运安全构成潜在威胁。凉水井滑坡在发生险情前为群测群防监

测点，之后转为专业监测点，开展网点布设。本章除介绍专业监测预警外，另阐述滑坡险情和应急处置内容。

一、滑坡概况

凉水井滑坡位于重庆市云阳县故陵镇水让村八组，位于故陵镇老场镇下游长江右岸斜坡地带。乡村公路从滑坡区中前部穿过，连接着故陵镇与其他村社，当地居民还可靠水路出行，小型客船从滑坡区至故陵镇老场镇航程约8km，航行时间约30min，交通较方便。前缘原有居民房及平坝由于塌岸已经坍塌损毁，局部塌岸已形成高约1～6m的陡坎。

（一）滑坡区环境地质条件

1. 地形地貌

滑坡区位于长江右岸斜坡，属构造剥蚀丘陵地貌和河流阶地地貌。滑坡区内陆地部分主要为构造剥蚀丘陵地貌，地势起伏，南高北低，东西部较平缓，区内中部及后部地形较陡，后部可见圈椅状陡崖，自然坡度30°～35°，前部较缓，植被较发育，覆盖率约为55%。靠近长江水域地带以及长江水位下为河流阶地地貌，地形地貌受长江的侵蚀切割作用明显，地势起伏，南高北低，自然坡度25°～28°，江水以下长江水流冲刷作用明显，地势较缓，西高东低，自然坡度5°～15°。滑坡区内地势最低点为45.0m，最高点为345.5m，相对高差约305.5m。

2. 地层岩性

滑坡区内地层主要为第四系人工填土（Q_4^{ml}）、第四系残坡积含角砾粉质黏土（Q_4^{el+dl}）、第四系崩坡积含碎石、块石粉质黏土（Q_4^{col+dl}）、滑坡堆积体（Q_4^{del}）、冲洪积砂土（Q_4^{al+pl}）和中侏罗统沙溪庙组泥岩、砂岩互层（J_2s）。岩层产状在空间分布上有一定的变化，滑坡中部为340°∠45～48°，滑坡后部为340°∠51°。

3. 地质构造

滑坡区位于故陵向斜南翼，经调查和收集资料未发现断层及破碎带。区内裂隙发育，主要发育两组节理裂隙：产状295°∠90°，节理面延伸长2～6m，间距1～2m，张性，局部为泥、钙质充填，张开度为0～7cm，裂隙面粗糙，结合差，为硬性结构面；产状28°∠87°，节理面延伸长0.3～2m，间距0.2～3m，张性，局部为泥、钙质充填，张开度为0～5cm，裂隙面粗糙，结合一般，为硬性结构面。

4. 水文地质条件

滑坡区内两侧发育2条冲沟，地表水体径流和排泄条件较好。砂岩块石裂隙及空隙发育，为强透水层，且滑坡地形较陡，径流和排泄条件较好，大气降水一部分通过地表和冲沟排泄至长江，一部分下渗补给地下水。基岩为砂岩、泥岩互层，泥岩透水性较差，隔水性较好，地下水容易在滑带附近富集，但基岩层面较陡，砂岩中存在大量裂隙、空隙等径流渠道，向下排泄至长江，地下水赋存条件差。在长江水位上升时，江水位高于地下水水位时长江水补给地下水。滑坡区地下水主要类型为松散介质孔隙水和基岩裂隙水。

(二)滑坡体特征及变形破坏模式

1. 滑坡体基本特征

凉水井滑坡为土质滑坡,整体平面形态呈"U"形,后部地形呈近似圈椅状,南高北低,中后部地形较陡,前部地形较缓,自然坡度30°~35°。滑坡前缘高程约100m,后缘高程约319.5m,相对高差约221.5m,平面纵向长度约434m,横向宽358m,面积约$11.82×10^4 m^2$(图8-1)。凉水井滑坡滑体(Q_4^{del})为滑坡堆积,主要由含角砾粉质黏土、人工填土、含碎石、块石黏土及砂、泥岩块石组成;滑床为中侏罗统沙溪庙组(J_2s)互层砂岩、泥岩;滑动带为滑坡堆积与下伏基岩接触带,滑动方向与现坡向基本一致。凉水井滑坡为推移式的深层大型、复活型土质老滑坡。滑面为第四系滑坡堆积层与基岩接触面,滑面形态整体后陡前缓,后部坡度一般为35°~45°,前部坡度一般为8°~15°,穿过了原河漫滩上堆积的砂土层。纵剖面上滑面形态呈折线形,横向两侧滑面较陡,滑面成凹形。

图8-1 凉水井滑坡全貌

2. 滑坡变形破坏模式

长江水位以上部分地下水较贫乏,主要由大气降水补给,由于滑坡地形坡度陡,地表水径流条件好,大气降水补给地下水,滑面强度降低。而滑坡水域部分地下水主要受江水水位控制,随着水位上涨,受长江水位上升影响,原滑坡前部抗滑段在江水作用下,其稳定性计算滑体重度由天然重度逐渐变为浮重度,滑面抗剪强度值降低,滑坡整体抗滑力明显下降,从而导致滑坡整体稳定性降低;此外,三峡水库正常运行过程中,在库水长期涨落作用下,前缘堆积体受库水浸泡、库水位快速涨落及波浪冲刷淘蚀等作用影响,在前缘发生一定程度的库岸再造作用,形成新的卸荷、临空面,进一步减少了阻滑段长度,导致稳定性降低,并逐渐向中部发展,最终影响滑坡的整体稳定性,致使滑坡发生变形现象。

二、滑坡险情及应急处置

(一)滑坡险情

2008年11月底,三峡库区试验性蓄水至172m水位后,凉水井滑坡出现险情,滑坡后缘、中前部及两侧均出现了大量裂缝(图8-2)。且在试验性蓄水阶段,滑坡变形加剧,裂缝位移量明显增加(图8-3)。

图 8-2 滑坡边界与裂隙位置

A1.后缘张裂缝;A2.右侧裂缝;A3.左侧裂缝;B、C.中部横向鼓张裂缝

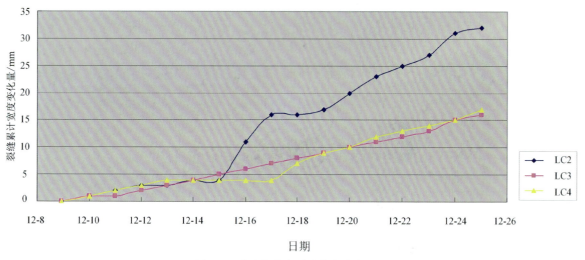

图 8-3 试验性蓄水裂缝宽度变化量图

2009年4月初,在三峡库区水位下降至160m附近时,该滑坡变形加剧,后缘发生显著下错,下错高度近2m,后缘弧形拉裂缝(图8-4)与两侧边界裂缝(图8-5)贯通延伸直达长江并及江水以下,滑坡中前部出现大量横向鼓张裂缝。该滑坡具备整体滑动条件,滑坡一旦失稳下滑,将对长江航运构成极大危害。

图 8-4 后缘张裂缝

图 8-5 右侧边界裂缝

2009年险情出现前,凉水井滑坡为群测群防监测点,监测表明在135m、156m蓄水没有明显变形。试验性蓄水至172m后(2008年11月)开始出现变形,主要原因是高水位淹没浮托减重造成老滑坡复活。

(二)应急处置

在险情发生之后,各级部门开展应急处置,一是云阳县启动了应急防灾专项预案,成立了应急处置工作领导小组。二是紧急疏散转移了滑坡体上的居民。三是加强了监测预警预报并保证信息畅通。四是立即进行了应急勘查,为应急处置提供了较好的技术依据。五是加强了航运安全管理,发布了航行通告,增设了险区航标,划定了交通管制区域,并对重点船舶夜间禁航,以确保安全。

由于凉水井滑坡的险情发生在首次175m试验性蓄水期间,当时引起了地质灾害相关部门及社会各界的广泛关注,时任国务院总理温家宝亲自作出批示进行应急监测并勘查治理。相关部门到现场组织开展应急处置。2009年4月6日,云阳县委副书记、县长滕英明召集县移民局、县国土房管局、县公安局、县交通局、县财政局、县建委、县政府新闻办、县规划局、县市政园林管理局、县港航处、云阳长江海事处、双江街道办事处和故陵镇等有关负责人,专题研究部署故陵镇凉水井滑坡地灾险情应急处置工作。

滑坡险情发生后,重庆海事部门调派了海巡船对滑坡附近水域实施临时水上交通管制,禁止客船、客渡船、高速客船、汽车滚装船和危险化学品运输船舶夜间和强降雨天通过滑坡水域。自4月2日以来,海事部门共投入144人次、海巡艇69艘次、安全警示船舶2314艘次,禁航船泊128艘次。云阳县政府紧急对滑坡范围内11户55人进行了搬迁。计算表明,在最不利工况条件下,滑坡若失稳下滑入江估计产生涌浪最大高度4.4m,中心点爬坡浪高7.7m,达到海拔高度183m;距中心点1km处,涌浪高2.2m,爬坡浪高2.8m,达到海拔高度178m。涌浪波及范围上、下游3km,对水上设施和船舶会造成一定危害。

为了掌握滑坡体的动向,对滑坡体实施24小时加密专业监测,并开展适时监测,尤其要加强汛期降雨和水库退水的监测及夜间监测。组织民兵应急分队在左右两侧50m处设置了2道警戒线和4块警示牌,在长江边设置了警戒线和3块警示牌。10名民兵在现场开展24小时轮流巡查和值班,防止无关人员进入险区。开展了详细地质勘查,进一步查明滑坡深部特征和水下滑坡变形情况,科学评估滑坡险情,完善滑坡综合治理方案。截至4月19日,完成钻孔4个,累计完成钻探进度300m,其中陆域275m、水域25m,对滑坡进行了详细勘查。针对滑坡体滑入水体后可能出现的涌浪灾害,云阳县和有关部门制定了滑坡水域上下3.5km范围内船舶及有关群众避险疏散预案。

三、滑坡监测

(一)监测网点布设

通过对该滑坡边界、变形特征、滑面形态、影响因素、一期治理施工等分析,结合监测原则要求及仪器设备使用现状,确定监测工作内容包括地表位移监测、深部位移监测、降雨量及地下水监测、人工地表裂缝监测及宏观地质调查监测(表8-1)。监测在滑坡左、中、右各布置一条剖面,每条剖面上布置3个监测点,共9个监测点(GNSS-JC1～GNSS-JC9),各监测点位置基本上靠近原来变形较大的监测点位置(图8-6)。深部位移监测在Ⅰ—Ⅰ′控制剖面上布置于2个深部位移孔。地下水监测在Ⅰ—Ⅰ′控制剖面上布置3个水位计,编号为LZK01～LZK03。在滑坡中部布置一个雨量计,编号为YLJ01。在滑坡后缘边界及滑坡右侧边界处布置,其中滑坡后缘边界布置1个监测点(后缘LF1、LF3由于施工削方已不存在),右侧边界布置3个监测点,共计4个监测点,编号:LF2、LF4~LF6。

表8-1 凉水井滑坡监测内容与方法一览表

序号	监测项目	监测方法与仪器	监测方式	监测内容	监测点数量(个)
1	地表位移监测	GPS、GNSS	人工和自动	滑坡地表位移变化和速率	23
2	地表裂缝监测	钢尺	人工	裂缝张开、闭合速率变化	4
3	深部位移监测	深部位移垂直倾斜仪	人工	深部位移变化情况	4
4	降雨量监测	自动雨量计	自动	获取降雨量数据	1
5	地下水监测	地下水动态自动监测仪	自动	掌握库区滑坡的地下水变化规律	2
6	库水位监测	水位水温计	人工和自动	监测滑坡前缘库区水位的变化情况	3
7	宏观地质调查	—	人工巡查	通过地面巡查,获取滑坡宏观变形特征	

图8-6 专业监测网点设施

(二)监测数据分析

1. 地表位移监测结果

凉水井滑坡位移监测于2009年4月20日开始,截至2019年6月30日,滑坡各监测点监测曲线见下图。其中凉水井滑坡由于2014年5月12日一期治理工程施工停止专业监测,一期治理工程结束后,于2015年6月1日继续专业监测。2017年7月21—9月9日监测仪器损毁,之后更换为新设备继续进行监测。由图8-7和图8-8可以看出,滑坡变形主要集中在降水期,这与稳定性计算中水位降落的抗滑稳定安全系数低相吻合。自监测开始以来,该滑坡整体都处于缓慢变形之中,累积水平位移量已达1 832.80mm(位于滑坡右中部的ZJC24号点),累积最小水平位移为192.22mm(位于滑坡左前部的ZJC26号点),水平平均位移变形量为1 241.52mm,总变形量集中在1100~1500mm之间;累积最大垂直位移沉降变化量969.36mm(位于滑坡右前部的ZJC22号点),累积最小垂直位移沉降变化量为212.9mm(位于滑坡中前部的ZJC15号点),平均垂直位移沉降变形量为586.15mm,总变形量比较集中在550~950mm之间。

由监测结果来看,自开始监测以来,监测点变形量最大的两个点(ZJC22 和 ZJC24)均位于滑坡右中部,变形量分别为 1 740.36mm 和 1 832.80mm,分析认为,这与上述两点所处地质环境条件有关,首先该两点所处勘探线左侧为一冲沟,使得测点存在侧向临空,其次两点所处位置点上覆碎石土厚度较大,故上述两监测点的数据反映的为滑坡表层滑动,而不代表滑坡整体变形。

总体上讲,由于滑坡一期治理削方减载已施工完毕,2015 年之后,滑坡变形量和变形速率较往年显著降低,但滑坡变形并未停止,滑坡整体处于蠕滑变形阶段。

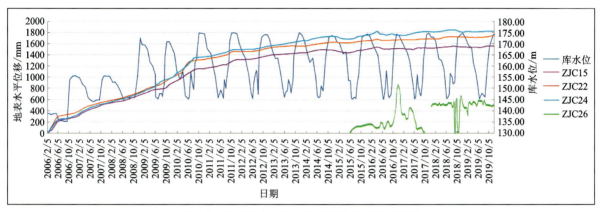

图 8-7　各监测点水平位移与库水位变化趋势图

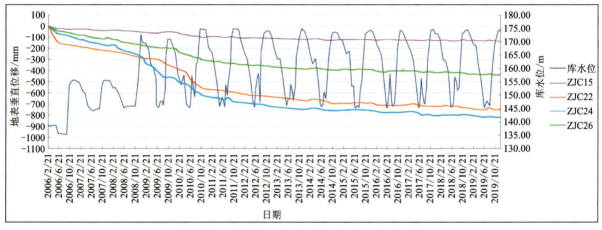

图 8-8　各监测点垂直位移与库水位变化趋势图

2. 深部位移监测结果

2015 年 11 月 12 日,在滑坡体设置了 2 个深部位移监测点,分别是深部位移斜拉式倾斜仪 XLSB1(3 个传感器)和深部位移垂直倾斜仪 CZSB1(1 个传感器)。截至 2019 年 12 月,CZSB1 的深部位移变形曲线图如图 8-9 所示。

从图中可以看出:①深部位移自监测开始整体呈现缓慢递增趋势,累计位移量为 1.72mm。②深部位移监测累积变化量-时间曲线总体倾斜斜率较稳定。③深部位移监测孔所测得的变形数据与其附近的地表位移监测点测得的变形数据在空间、时间及变形趋势上较吻合,即当附近地表及裂缝发生变形时,深部位移也出现变化,但深部位移变形量较地表位移及裂缝变化量要小。

3. 地表裂缝监测结果

根据凉水井滑坡 2011 年度监测总结报告的审查意见,专家组建议在原自动地表裂缝监测点位置增设人工裂缝监测点,在 2012 年 11 月 17 日设置了 6 个人工监测点,并开始人工监测,LC1、LC3 由于一

图 8-9　CZSB01 深部位移变形曲线图

期施工已损毁。监测期间,将 4 个人工裂缝监测点累积变形量与时间关系作变化曲线图,见图 8-10。

从图中可以看出:裂缝宽度自监测开始整体呈现逐日递增趋势,2014 年后变化不明显,人工裂缝宽度最大累计变化量达到 149mm(位于滑坡右侧边界后部的 LC4 号点),变化量最小仅为 24mm(位于滑坡右侧边界中部的 LC5 号点),平均变化量为 81.25mm,变形速率平均值为 0.033mm/d。

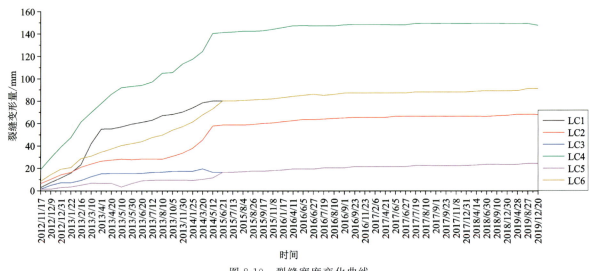

图 8-10　裂缝宽度变化曲线

裂缝宽度监测累积变化量-时间曲线总体倾斜率较稳定,仅位于滑坡后缘的 LC1 在 2013 年 3 月下旬,库水位下降速率较大的阶段出现了两次阶跃。

从开始监测以来,裂缝宽度累计变化量较大的监测点为位于滑坡右侧的 LC4,LC4 位于滑坡地表位移变形量最大的 ZJC22 监测点右后方,变形较活跃,且各时期内该裂缝宽度监测成果与自动地表位移监测点 ZJC22 揭示的变形趋势相近。

4. 宏观变形情况

仪器设备监测的同时,组织人员对整个滑坡进行宏观地质调查。2009 年蓄水开始以后,滑坡前缘受库水位变动影响,水位变动带 145～175m 之间塌岸明显,Ⅰ—Ⅰ′剖面前缘原有居民房及平坝由于塌岸已经坍塌损毁,且有个别监测墩(JC8、JC14、JC17)损毁。

目前,原有后缘拉张裂缝及侧缘剪裂缝贯通裂隙及延展至长江边的侧翼裂缝,由于长期自然作用,已大部分被泥土填充,现状裂隙较明显的为位于滑坡右侧的裂隙,且右侧局部可见显著下错和溜滑。

自 2009 年 4 月 5 日开始监测以来,综合地表位移及裂缝的监测数据,结合地面宏观巡查情况,各变形量及变形活跃部位均相吻合,证明监测数据真实可信。截至2019年12月31日,地表水平位移累积变化量在9.16~15.63mm;人工裂缝宽度累积变化量为24~149mm(2012年11月17日开始计);宏观巡查未发现滑坡有变形加速迹象。

四、滑坡变形分析

凉水井滑坡属于顺层推移式的深层大型、复活型老滑坡,根据影响滑坡发生变形的因素进行如下分析。

(1)根据本滑坡地形地貌、滑面形态、物质组成等特征,分析其形成原因为原岩质顺层老滑坡前缘在江水侵蚀、剥蚀以及河床切割作用下,前缘临空,产生滑移,并堆积于原地面上而形成该新滑坡。由于滑坡中前部及前部滑体主要为砂岩块石,其强度、刚度均较大,在滑动过程中,将原地面以下松散土层及强风化泥岩推移至新滑坡前缘,并在江水长期作用下产生库岸再造,并最终形成现状地形地貌。此外,新滑坡形成后,在长期风化、剥蚀等作用下,南部基岩陡崖产生的崩坡积层以及陡崖上方的残坡积层在水以及自身重力作用下堆积于新近形成的滑坡表层,最终形成现状滑坡滑体中前部较厚,后部逐渐变薄的滑体形态。

(2)从滑坡宏观变形现象和监测成果分析,滑坡目前后缘边界裂缝已贯通完毕,侧翼裂缝已延展至江中,滑坡完整的边界已形成,同时,滑坡中部张拉裂缝发育,且裂缝呈持续延展、增宽发展趋势。裂缝的分布位置及发展趋势与滑坡形成的地质模型条件及稳定性影响因素吻合,从2008年三峡工程175m试验性蓄水后开始,滑坡堆积体在暴雨及库水位作用下,滑面抗剪强度降低,滑坡前部抗滑段自身有效重力减小,且在库水位的长期侵蚀作用下,前缘滑体被剥蚀,导致滑坡抗滑段阻力减少,滑坡稳定性降低,从而致使滑坡整体变形失稳。

(3)由于库水位,滑坡前缘地形发生了显著变化。滑坡前缘由于库水位变动影响,水位变动带145~175m之间塌岸明显,Ⅰ—Ⅰ′剖面前缘原有居民房及平坝由于塌岸已经坍塌损毁,局部塌岸已形成高约1~6m的陡坎。

五、结论

自2009年4月5日开始监测以来,综合地表位移及裂缝的监测数据,结合地面宏观巡查情况,各变形量及变形活跃部位均相吻合,证明监测数据真实可信。截至2019年12月31日,地表水平位移累积变化量为9.16~15.63mm;人工裂缝宽度累积变化量为24~149mm(2012年11月17日开始计);宏观巡查未发现滑坡有变形加速迹象。

通过变形分析,滑坡变形跟库水位升降呈显著相关,滑坡在每年3月底到6月底(降水期)出现明显变形,前缘监测点先开始变形,前缘变形大约20天后后缘开始变形,后缘的监测点一期治理施工后累计位移最大。通过治理后的监测分析,滑坡变形速率较往年显著降低,变形速率趋缓。滑坡后缘由于施工削方减载,中后部主要形成4个台阶,左、右两侧未进行削方,为原始地形。根据削方后稳定性计算结果,一期施工治理后滑坡处于基本稳定状态。通过监测分析,2015年以后滑坡变形速率较往年显著降低,变形速率趋缓,滑坡趋于基本稳定状态。滑坡稳定性计算结果与监测数据分析一致。同时,滑坡后缘削方减载后稳定性整体提高,也证明了滑坡属于顺层推移式滑坡。

一期治理后滑坡变形速率显著趋缓,但变形并未停止。库水位涨落过程中变形速率较大,汛期低水位期间、高水位运行期间滑坡变形速率低。由于一期治理主要对滑坡中部进行削方减载,滑坡右部未进行治理,故滑坡右部较中部变形速率显著。结合以往监测数据分析,滑坡一期工程治理后,滑坡变形缓慢,处于蠕变阶段。

第四节 案例分析:树坪滑坡——预警成效分析

树坪滑坡为形成年代久远的特大型滑坡,是典型的古崩滑堆积型滑坡,其稳定性较差。自 2003 年三峡水库蓄水以来,树坪滑坡就一直持续变形。在库水位蓄水至 175m 后发生整体变形,由下部变形牵引上部滑动,具有牵引式滑坡的变形特征。树坪滑坡特有的地形地貌、地层岩性及地质构造等地质因素控制着滑坡的形成和发展,三峡库水位的升降诱发了滑坡复活,降雨则加速了滑坡的变形。树坪滑坡于 2014 年 8 月开始应急治理,滑坡体积大、滑体厚,彻底治理难度较大,应急治理的主要目的是降低树坪滑坡发生重大滑移的可能性,在 2015 年 6 月应急工程全面竣工完成后,监测曲线逐渐变缓,滑坡变形速率逐渐降低。

一、滑坡概况

树坪滑坡位于三峡库区湖北省秭归县沙镇溪镇树坪村一组,长江南岸,下距三峡工程大坝坝址约 47km,地理坐标:经度 110°37′0″,纬度 30°59′37″(图 8-11)。树坪滑坡形成年代比较久远,是一个老滑坡,为了确保当地居民生命财产的安全,2014 年开始对树坪滑坡实施应急治理工程。经过治理后,滑坡位移变化明显减小,但滑坡仍然有变形,此项工程降低了发生重大滑移的可能性,但是仍然无法完全消除发生滑坡灾害的隐患,后期还应持续对此滑坡进行专业监测(贾雨欣,2019)。

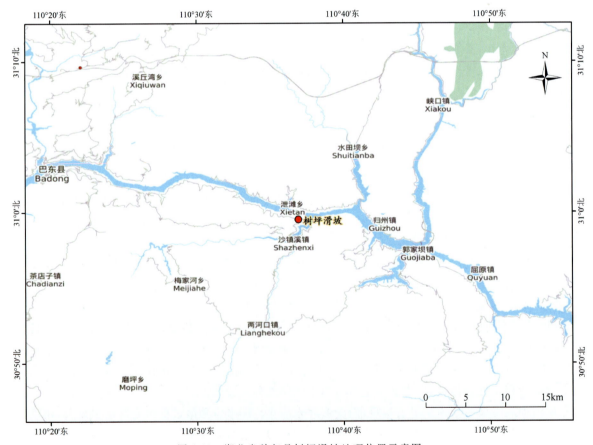

图 8-11 湖北省秭归县树坪滑坡地理位置示意图

滑坡区地处鄂西山地间的秭归盆地,属于侵蚀构造中、低山地貌,斜坡坡度60°~70°,剖面形态呈陡缓相间的阶梯状,平面形态呈马鞍形。

滑坡区为单斜地层,发育于中三叠统巴东组(T_2b)地层,出露的基岩主要为中三叠统巴东组上段(T_2b^3)的紫红色厚层状泥岩、粉砂岩,中段(T_2b^2)的浅灰色中厚层状灰岩、泥灰岩,下段(T_2b^1)的紫红色、灰绿色中厚层状粉砂岩夹泥岩、页岩;地表覆盖第四系崩滑堆积层。滑坡区岩层总体产状为120°~175°,走向总体上与岸坡走向近于平行坡(卢书强等,2016)。

滑坡区位于百福坪-流来观背斜东端南翼,裂隙发育较好。滑坡区地下水类型具有两类:一类是处于松散堆积物中的孔隙水,具有弱—中透水性,弱富水;另一类是处于基岩中的裂隙水,具有弱透水性,弱富水。三峡水库蓄水和大气降雨是地下水补给的主要来源,地下水排泄是以地下水和泉水的形式最终排泄至长江内(谈云志等,2017)。

树坪滑坡属古崩滑堆积体,滑坡呈南北向展布,向北倾斜,发育于沙镇溪背斜南翼,位于由中三叠统巴东组泥岩、粉砂岩夹泥灰岩组成的逆层向斜坡地段,地层产状倾向120°~173°,倾角9°~38°。滑带为堆积层与基岩接触带,以碎石土为主,滑床为中三叠统巴东组地层,由一套棕红色砂质泥岩、泥质粉砂岩互层,以及褐灰色泥灰岩组成,滑体总体形态为比较明显的圈椅状,后缘以姜家湾至上树坪后山高程380~400m一带为界,前缘直抵长江(前缘剪出口高程60m),后缘高程390~420m(图8-12),滑体南北纵长约800m,东西宽约700m,面积约$55×10^4 m^2$,厚30~70m,平均厚约50m,总体积约$2750×10^4 m^3$(胡畅、牛瑞卿,2013)。

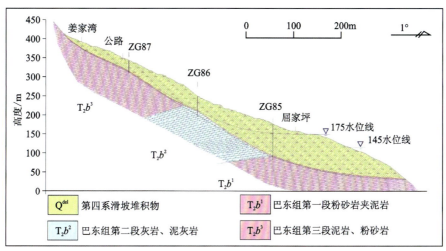

图8-12 树坪滑坡工程地质剖面图(据苑谊等,2015)

二、滑坡预警级别

秭归县沙镇溪镇树坪滑坡属二期规划的专业监测点,自2003年7月监测以来,滑坡一直处于变形中,滑坡范围内的居民于2004年已全部搬迁。树坪滑坡自2007年4月以来有加速变形的迹象,整体失稳的可能性不大,但不能排除汛期局部快速滑动的可能性。2007年7月12—13日,三峡库区地质灾害防治工作指挥部组织在宜昌召开了《三峡库区秭归县白水河滑坡、树坪滑坡变形趋势会商暨三峡库区滑坡监测预警相关问题研讨会》,专家们在现场考察、听取汇报和查阅有关报告与图件的基础上,认真分析了秭归县树坪滑坡的变形监测资料,讨论了滑坡变形机制,并对变形发展趋势进行了初步预测。同时,与会专家就三峡库区滑坡监测预警的预警等级划分、预警程序和滑坡变形破坏重大事件的会商机制等问题进行了讨论,经过讨论同意将树坪滑坡定为四级预警级别(注意级:蓝色;警示级:黄色;警戒级:橙色;警报级:红色)中的警示级(黄色)预警。

在2007年7—9月由黄色预警降为蓝色预警级别后,2009年4月至今秭归县沙镇溪镇树坪滑坡变形再次加剧,原有地面裂缝加大,并有新增地面裂缝产生,变形区各监测点的变形趋势明显增大。树坪滑坡变形加剧后,监测单位依据"自然资源部办公厅关于三峡库区地质灾害监测移交工作的函"(国土资厅函〔2009〕381号),于2009年6月16日将树坪滑坡变形预警情况报告给湖北省自然资源厅,湖北省自然资源厅地质灾害应急组于当天巡查到现场。湖北省自然资源厅地质灾害应急组于2009年6月19日上午,在宜昌组织召开了"树坪滑坡预警级别确定与应急工作会议"。滑坡变形区(体积约$1620\times10^4\text{m}^3$,占滑坡总体积约2/3)处于加速变形阶段,在暴雨或持续降雨作用下滑坡变形可能进一步加剧,树坪滑坡规模较大且紧邻长江的主航道,一旦滑坡下滑,将直接危及区内的人员安全,产生的涌浪会危害长江主航道中过往船只的安全。根据《三峡库区地质灾害防治崩塌滑坡专业监测预警工作职责及相关工作程序的暂行规定》,将树坪滑坡预警级别升为黄色预警级别(警示级),加密专业监测,群测群防监测,进一步完善应急预案,设置警示标志。

三、滑坡预警判据

通过对大量滑坡实例的监测数据分析,在重力作用下,斜坡岩土体的变形演化曲线具有与岩土体蠕变曲线相似的三阶段演化特征。成都理工大学基于斜坡演化的三阶段特征,提出了一种用切线角定量判定滑坡发展演化阶段的方法,并给出了各阶段相应的切线角预警阈值(苑谊等,2015)(表8-2)。

表8-2 由切线角公式得出树坪滑坡各变形阶段的位移速率

变形阶段	对应的切线角预警阈值	位移速率计算值(mm/d)	预警级别
等速变形阶段	切线角≈45°	等速位移速率≈5.6	蓝色
初加速阶段	45°<切线角<80°	5.6<位移速率<31.8	黄色
中加速阶段	80°≤切线角<85°	31.8≤位移速率<64	橙色
加加速(临滑)阶段	切线角≥85°	位移速率≥64	红色
进入临滑状态	切线角≈89°	位移速率≈320.8	临滑警报

树坪滑坡预警级别的定量划分标准为:
当切线角$\alpha\approx45°$,斜坡变形处于等速变形阶段,进行蓝色预警;
当切线角$45°<\alpha<80°$,斜坡变形进入初加速变形阶段,进行黄色预警;
当切线角$80°\leq\alpha<85°$,斜坡变形进入中加速变形阶段,进行橙色预警;
当切线角$\alpha\geq85°$,斜坡变形进入加加速变形(临滑)阶段,进行红色预警;
当切线角$\alpha\approx89°$,滑坡进入临滑状态,应发布临滑警报。

根据成都理工大学用切线角定量划分滑坡预警级别的方法,对树坪滑坡变形位移曲线和实测数据的分析计算,可以得出以变形位移速率和切线角为预警阈值、适用于树坪滑坡的四级预警定量划分标准。但切线角和变形位移速率的预警阈值仅为定量判定树坪滑坡的预警级别提供了依据,滑坡发展演化阶段的判定还应结合其宏观变形破坏迹象等进行综合判断。

四、应急治理工程

治理目标:根据2003年6月—2014年8月针对树坪滑坡的GPS地表位移监测结果可知,滑坡变形区的位移速率较快,在暴雨或持续性降雨作用下滑坡体有可能会发生下滑,滑坡产生的涌浪会危害长江主航道中过往船只的安全,为防止滑坡体发生整体变形破坏,需要对滑坡进行应急治理,减缓滑坡变形的位移速率,提高滑坡的稳定性,从而防止树坪滑坡在三峡库水位下降或强降雨期间发生变形破坏。

工程级别:树坪滑坡的治理工程综合考虑了滑坡区的地质条件、稳定性和施工季节等条件,因地制宜,合理设计,并通过滑坡专业监测指导应急治理工程,根据树坪滑坡的规模、危害程度将树坪滑坡的防治工程等级确定为Ⅰ级。

由于树坪滑坡体积较大,后缘倾角较陡,滑坡厚度太大,不具备抗滑桩锚固方案的可行性,同时受到经济成本的限制,为了有效减缓变形速率,仅能选用减重工程进行应急治理。因此应急治理工程的方案为:削方+压脚+地表排水沟+监测。应急治理工程设计工况为:自重+库水位175～145m,整体安全系数1.03,上层滑体和潜在滑体安全系数需达到1.10。应急治理工程校核工况为:自重+库水位175～145m,再加上暴雨天气,整体安全系数1.0,上层滑体和潜在滑体安全系数需达到1.05。

2014年8月开始实施应急治理工程,2014年12月完成了削方、压脚工程,2015年5月完成了地表排水沟工程,2015年6月全面竣工完成(易庆林等,2018)。树坪滑坡工程地质(监测点分布)平面图见图8-13。

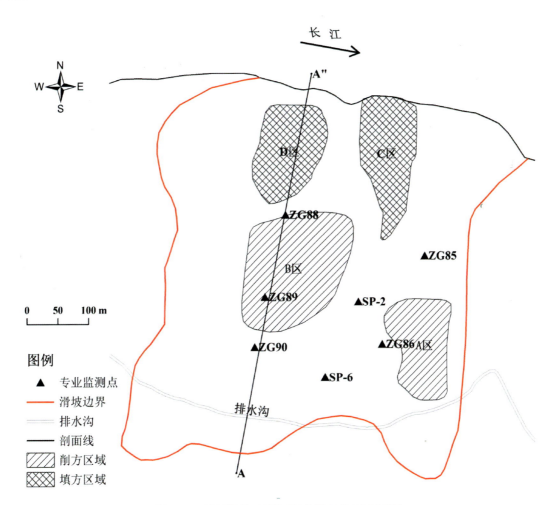

图8-13 树坪滑坡工程地质(监测点分布)平面图

削方工程设计:将位于滑坡靠近西侧边界凸起的部分及滑坡后缘靠近东侧边界凸起的部分进行削方,分为东、西两个工程区(A、B区),每隔20m高差设置一级马道,削方工程土石方总量为$57×10^4 m^3$。

压脚工程设计:削方工程挖除的土石方就近堆放于175m库水位以下稳定性相对较差、地形坡度较缓的滑坡前缘进行压脚(C、D区),对局部未填充到的压脚区进行补充,压脚工程土石方回填$37×10^4 m^3$。

地表排水沟：在滑坡东侧边界和西侧边界自然冲沟处布设 5 条排水沟，沿自然冲沟自上而下，至高程 175m 处，总长 2 850.5m。滑坡后部沙黄公路上方布设截水沟，沟长 926m。

监测：修复损坏的 GPS 监测墩，利用已有的 GPS 监测墩和深部测斜孔，重点对削方、压脚后的防治效果进行监测分析，对后续治理工程起到指导作用，发挥预警功能。

五、治理效果分析

根据 2012 年 6 月—2019 年 12 月监测累计位移-库水位时间曲线（图 8-14），滑坡体上各监测点位移均有不同程度的增加。其中监测点 ZG90 累积变形较小，相对误差较大，监测点 SP2 在治理后受地形影响产生急剧位移，2015 年 4—7 月累积位移高达 2 170.9mm，滑坡变形表现出局部变形特征。滑坡变形专业监测曲线总体上划分为两个阶段：第一阶段为应急治理完成前，监测曲线呈现 3 次明显的周期性阶跃变形；第二阶段为应急治理主体竣工完成后，2015 年 3 月树坪滑坡治理工程主体完工后。2018 年后，树坪滑坡各监测点没有出现明显的变形剧增现象，监测曲线逐渐变缓，滑坡变形速率逐渐降低，在汛期变形速率陡升的特征不再显著，监测曲线呈现缓慢蠕变。在 2014 年 8 月治理前库水下降期间位移量为 140～200mm，2014 年 12 月治理工程竣工后库水下降期间位移量为 1.1～35.3mm，2015 年 7 月加固后 SP2 监测曲线趋于平缓，2015 年 9 月修建挡墙后，ZG87 监测曲线不再出现阶跃型变化，与 2015 年之前相比，树坪滑坡不再出现较大的阶跃型变形，凸显了治理工程的效果。

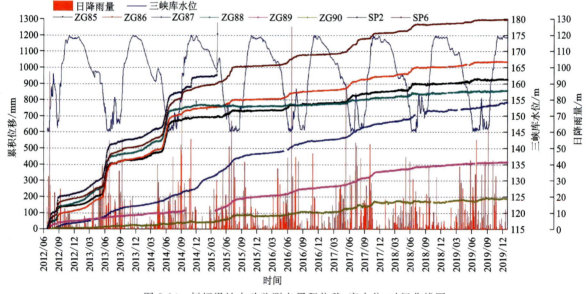

图 8-14　树坪滑坡自动监测点累积位移-库水位-时间曲线图

树坪滑坡变形区主要采用 6 个 GPS 监测点进行专业监测，治理效果主要通过专业监测数据及成果进行对比分析。

1. 应急治理前的变形特征

如图 8-14 所示，在 2012 年 6—9 月，滑坡专业监测曲线点曲线首次呈现出阶跃型递增，在 9 月后又趋于稳定，各监测点累计位移约 100～180mm，除 ZG90、ZG89、ZG87 外，其他监测点变形具有明显的同步性。在 2013 年 5—9 月，滑坡专业监测点曲线第二次呈阶跃型递增，监测点 SP6、ZG85、ZG86 和 ZG88 的平均日变形速率达到 3.64～3.98mm/d，其他点的日变形速率小于 0.75mm/d。2014 年 8 月应急治理工程开始实施，2014 年 5—9 月，专业监测点的曲线第三次呈现出阶跃型上升的过程，监测点 SP6、ZG86、ZG88、ZG85 的累积位移增幅约为 182.9～202.2mm，变形较为突出，其他点的累计位移增幅约为 1.2～32.3mm。可以发现：治理前每年的 5—9 月，滑坡专业监测点曲线明显呈现突增趋势，即各监测点位移速率增大。而在 10 月至次年的 3 月，滑坡专业监测点曲线相对趋于平缓，即各监测点位移速率减小，使滑坡专业监测点曲线呈现"阶跃性"特征，可知树坪滑坡是一个典型的动水压力型滑坡（肖诗荣等，2013）。

2. 应急治理后的变形特征

2015 年 3 月树坪滑坡应急治理工程主体完成后，各监测点的各专业监测点的日均变形速率产生明显的变化，监测曲线趋于平直，其中应急治理前有变形速率较为强烈的 ZG85、ZG86、ZG88 和 SP6 分别由 0.68mm/d、0.74mm/d、0.75mm/d、0.89mm/d 降至 0.15mm/d、0.18mm/d、0.02mm/d、0.32mm/d。治理前变形相对缓慢的监测点 ZG87、ZG89 与 ZG90，在治理后微地貌产生了一定的改变，导致局部应力场产生变化，日均变形速率有一定的提升，分别由 0.33mm/d、0.11mm/d、0.05mm/d 升至 0.37mm/d、0.25mm/d、0.25mm/d。综上所述，治理后总体变形趋势逐渐变缓，累积位移量降低。降幅最大的为位于滑坡前中部的 ZG85、ZG86、ZG88 及 SP6。治理后的树坪滑坡全貌图如图 8-15 所示。

图 8-15 树坪滑坡全貌图（应急治理后）

3. 治理前后的变形对比分析

树坪滑坡从 2003 年 6 月三峡库区开始蓄水至 2014 年 12 月应急治理实施期间一直持续变形不止，在此期间，树坪滑坡变形区的 GPS 监测点位移量较大，且位移具有同步性，整体变形特征明显。而自 2014 年 12 月削方、压脚工程完成后滑坡变形区的监测点位移曲线逐渐变缓，且均未发生明显位移。

4. 滑坡治理效果综合分析

树坪滑坡应急治理通过对滑坡进行削坡压脚，削剪滑坡体后缘较陡较厚的岩土体来减小滑坡自重，降低滑坡整体的下滑力；将清除的岩、土体堆填于滑坡体前缘进行压脚，以增加滑坡整体抗滑能力，提高其稳定性；同时滑坡表面增添的排水沟渠，能够减弱地表水对坡脚的冲刷作用，对岩土的软化、泥化有一定抑制作用；降低雨水通过地表裂缝渗入滑坡体内，减弱孔隙渗透压力对滑带土的软化作用，间接增强抗剪强度，抑制滑坡的变形，整体提高滑坡的稳定性，降低滑坡的变形速率，以达到应急治理的工程效果（易庆林等，2018）。

自 2003 年 6 月三峡库区开始蓄水以来至应急治理工程实施期间，树坪滑坡变形持续发展，具明显整体变形特征，尤其是 2009 年水位蓄至 170m 后监测曲线表现出的阶梯型突变特征更为明显。而自 2014 年 12 月削方、压脚工程完成后至今，剔除两个局部变形较大的监测点后，监测点年均位移量为 22.2~59.43mm，仅为治理前的 4.1%~11.4%，监测曲线趋于平直，未出现阶梯型上升的特征，滑坡已无明显位移变形。

树坪滑坡应急治理工程实施后业已经过 2015 年、2016 年、2017 年、2018 年、2019 年 5 个水文年的检验，通过树坪滑坡应急治理工程实施前后的变形分析表明，应急治理工程实施之后滑坡已无明显位移变形，库区退水期间滑坡的突变特征消失，说明应急治理工程取得了良好效果，达到了"有效减缓滑坡的位移速率，从而防止树坪滑坡在库水退水周期或强降雨期间产生整体变形破坏"这一治理目标（聂邦亮等，2017）。

六、结 论

树坪滑坡为形成年代久远的特大型滑坡，是典型的古崩滑堆积型滑坡，稳定性较差。以滑坡变形速率和切线角为阈值的预警方法为定量判定树坪滑坡的预警级别提供了有效依据，但还应结合滑坡宏观变形破坏迹象等综合判断其发展演化的不同阶段。

2015 年 3 月树坪滑坡治理工程主体完工后变形受到抑制，滑坡由不稳定状态提升至基本稳定状态，应急治理工程取得了良好的效果。库水位下降是引起树坪滑坡位移变形的主要诱发因素，并随着每年库水位的升降该滑坡呈现周期性的变形特征。因此，树坪滑坡是一个典型的库水下降型滑坡，降雨是次要诱发因素。随着在库水作用下滑坡体原有裂隙扩张及产生新的裂隙，降雨对滑坡变形的影响将逐渐增强。

主要参考文献

陈剑,杨志法,李晓,2005.三峡库区滑坡发生概率与降水条件的关系[J].岩石力学与工程学报(17):3052-3056.

陈丽霞,殷坤龙,2019.武陵山区城镇地质灾害风险评估技术指南及案例分析[M].武汉:中国地质大学出版社.

陈绍桔,2008.边坡位移时间序列分析预测[J].福建建筑(6):68-70.

陈小婷,黄润秋,2006.湖北省香溪河流域白家堡滑坡稳定性分析与评价[J].中国地质灾害与防治学报(4):29-33.

陈跃国,王京春,2004.数据集成综述[J].计算机科学(5):50-53.

戴福初,姚鑫,谭国焕,2007.滑坡灾害空间预测支持向量机模型及其应用[J].地学前缘(6):153-159.

邓俊锋,张晓龙,2016.基于自动编码器组合的深度学习优化方法[J].计算机应用,36(3):697-702.

邓茂林,易庆林,韩蓓,等,2019.长江三峡库区木鱼包滑坡地表变形规律分析[J].岩土力学,40(8):3145-3152.

伏永朋,吴吉民,王树丰,等,2015.三峡库区曾家棚滑坡变形特征与成因机制分析[J].华南地质与矿产,31(1):89-95.

葛华,2006.三峡库区塌岸预测与防治措施研究[D].成都:成都理工大学.

桂蕾,2014.三峡库区万州区滑坡发育规律及风险研究[D].武汉:中国地质大学(武汉).

桂蕾,殷坤龙,王佳佳,2013.基于聚类分析的滑坡灾害危险性区划研究[J].水文地质工程地质(1):112-117.

郭雨非,2013.单体滑坡预报预警系统研究[D].北京:中国地质大学(北京).

哈宗泉,喻晗,2009.神经网络控制[M].西安:西安电子科技大学出版社.

贺小黑,王思敬,肖锐铧,等,2013.协同滑坡预测预报模型的改进及其应用[J].岩土工程学报,35(10):1839-1848.

胡畅,牛瑞卿,2013.三峡库区树坪滑坡变形特征及其诱发因素研究[J].安全与环境工程(2):45-49.

胡华锋,2011.基于叠前道集的储层参数反演方法研究[D].北京:中国石油大学(北京).

胡凯衡,崔鹏,韩用顺,等,2012.基于聚类和最大似然法的汶川灾区泥石流滑坡易发性评价[J].中国水土保持科学,10(1):12-18.

滑帅,2015.三峡库区黄土坡滑坡多期次成因机制及其演化规律研究[D].武汉:中国地质大学(武汉).

黄发明,2017.基于3S和人工智能的滑坡位移预测与易发性评价[D].武汉:中国地质大学(武汉).

霍志涛,田盼,董好刚,等,2018.三峡库区蓄水以来滑坡灾情稳定性趋势分析及对策研究[J].华南地质与矿产,34(4):309-314.

贾雨欣,2019.三峡库区树坪滑坡应急治理效果评价[J].山东交通学院学报,27(04):46-53.

简文星,许强,童龙云,2013.三峡库区黄土坡滑坡降雨入渗模型研究[J].岩土力学,34(12):3527-3533.

蒋兴超,2010.滑坡地质灾害监测方法概述[J].长江大学学报(自然科学版),7(3):345-347.

解鹏飞,刘玉安,赵辉,等,2016.基于大数据的海洋环境监测数据集成与应用[J].海洋技术学报,35(1):93-101.

金晓媚,刘金韬,1998.地质灾害灾情评估系统[J].水文地质工程地质(4):32-34.

李滨,冯振,赵瑞欣,等,2016.三峡地区"14·9"极端暴雨型滑坡泥石流成灾机理分析[J].水文地质工程地质,43(4):118-127.

李长明,2013.关键致灾因子对滑坡稳定性的影响——以三峡库区黄莲树、曾家棚滑坡为例[J].中国地质灾害与防治学报,24(4):40-45.

李明华,1992.四川盆地降雨滑坡崩塌灾害研究报告[J].地球科学进展(5):79-80.

李秀珍,2004.滑坡灾害的时间预测预报研究[D].成都:成都理工大学.

李永康,许强,董远峰,等,2017.库水位升降作用对动水压力型滑坡的影响——以三峡库区白家包滑坡为例[J].科学技术与工程,17(18):18-24.

廖明生,唐婧,王腾,等,2012.高分辨率SAR数据在三峡库区滑坡监测中的应用[J].中国科学:地球科学,42(2):217-229.

廖秋林,李晓,李守定,等,2005.三峡库区千将坪滑坡的发生、地质地貌特征、成因及滑坡判据研究[J].岩石力学与工程学报,24(17):3146-3153.

刘方园,王水花,张煜东,2018.深度置信网络模型及应用研究综述[J].计算机工程与应用,54(1):11-18.

刘光代,王恭先,徐峻岭,2008.滑坡学与滑坡防治技术[M].北京:中国铁道出版社.

刘广润,晏鄂川,练操,2002.论滑坡分类[J].工程地质学报,10(4):339-342.

刘欢迎,周克明,2004.孔隙水压力计的几种不同埋设方法[J].人民珠江,25(3):63-64.

刘锦程,2012.三维激光扫描技术在滑坡监测中的应用研究[D].西安:长安大学.

刘沐宇,池秀文,魏文晖,等,1995.时间序列分析法与边坡位移预报[J].武汉理工大学学报(3):46-49.

刘威,徐伟,2008.灰色Verhulst模型参数估计的一种新算法[J].计算机仿真,25(11):119-123.

刘洋,2014.千将坪滑坡临江1#崩滑体成因及稳定性研究[D].长春:吉林大学.

卢书强,易庆林,易武,等,2014.三峡库区树坪滑坡变形失稳机制分析[J].岩土力学(04):1123-1130,1202.

卢书强,张国栋,易庆林,等,2016.三峡库区白家包阶跃型滑坡动态变形特征与机理[J].南水北调与水利科技,14(3):144-149.

鲁莎,2017.三峡库区黄土坡滑坡滑带特性及变形演化研究[D].武汉:中国地质大学(武汉).

鲁涛,2012.范家坪、白水河滑坡形成机理及后期演化趋势预测[D].宜昌:三峡大学.

罗文强,1999.斜坡稳定性概率理论和方法研究[J].岩石力学与工程学报(2):122.

毛伊敏,张茂省,李林,等 2019.不确定密度聚类分析算法的滑坡危险性评价[J].139-148.

门玉明,胡高社,刘玉海,1997.指数平滑法及其在滑坡预报中的应用[J].水文地质工程地质(1):16-18.

聂邦亮,叶义成,廖伟杰,2017.树坪滑坡应急治理效果浅析[J].资源环境与工程,31(2):170-172.

彭令,牛瑞卿,2011.三峡库区白家包滑坡变形特征与影响因素分析[J].中国地质灾害与防治学报,22(4):1-7.

彭仕雄,陈卫东,2014.水库塌岸预测的运用原则[J].水利水电技术,45(10):91-94.

钱灵杰,2016.三峡水库滑坡变形响应规律及机理研究[D].成都:成都理工大学.

钱璐,2012.历史时期长江三峡地区山地地质灾害的时空分布研究[D].重庆:西南大学.

佘小年,2007.崩塌、滑坡地质灾害监测现状综述[J].铁道工程学报(5):6-11.

沈良峰,张月龙,2004.基于指数平滑技术的边坡位移预测方法[J].建筑科学,20(4):43-45.

孙冠华,郑宏,李春光,2010.基于等效塑性应变的三维边坡滑面搜索[J].岩土力学,31(2):627-632.

孙洋,2009.滑坡地表位移监测及其发展现状[J].中国商界(下半月)(6):312-313.

谈云志,王世梅,陈勇,等,2017.三峡库区滑坡复活机理及稳定性评价方法[M].北京:科学出版社.

谭龙,陈冠,曾润强,等,2014.人工神经网络在滑坡敏感性评价中的应用[J].兰州大学学报(自然科学版),50(1):15-20.

滕超,王雷,刘宝华,等,2018.辽宁抚顺西露天矿南帮滑坡应力变化规律及影响因素分析[J].中国地质灾害与防治学报,29(2):35-42.

田盼,霍志涛,余祖湛,等,2018.三峡库区地质灾害监测预警体系运行与成效分析[J].华南地质与矿产,34(4):354-359.

田正国,程温鸣,卢书强,等,2013.三峡库区滑坡崩塌发育的控制与诱发因素分析[J].资源环境与工程(1):54-59.

王恭先,徐俊岭,刘光代,等,2004.滑坡学与滑坡防治技术[M].北京:中国铁道出版社.

王洪兴,王冠,罗文强,2005.指数平滑技术在斜坡位移预测中的应用[J].地质科技情报(S1):196-198.

王建锋,2004.两类经典滑坡发生时间预报模型的理论分析[J].地质力学学报(1):42-52.

王尚庆,等,1999.长江三峡滑坡监测预报[M].北京:地质出版社.

王穗辉,2007.变形数据处理、分析及预测方法若干问题研究[D].上海:同济大学.

王延平,2005.滑坡涌浪预测理论研究及计算模型开发[D].成都:成都理工大学.

韦坚,刘爱娟,唐剑文,2017.基于深度学习神经网络技术的数字电视监测平台告警模型的研究[J].有线电视技术(7):78-82.

韦垚飞,2017.地下水对滑坡稳定性的影响分析[J].低碳世界(12):74-75.

向玲,王世梅,2015.三峡库区白家包滑坡变形特征及位移预测分析[J].水电能源科学,33(9):136-138.

肖诗荣,胡志宇,卢树盛,等,2013.三峡库区水库复活型滑坡分类[J].长江科学院院报,30(11):39-44.

谢金华,2018.滑坡变形临界预警方法及预测预报的灰色模型改进研究[D].厦门:厦门大学.

谢韬,2018.基于 InSAR 技术的塔坪滑坡监测与研究[D].西安:长安大学.

徐开祥,黄学斌,付小林,等,2007.三峡水库区地质灾害群测群防监测预警系统[J].中国地质灾害与防治学报(3):88-91.

许春青,2011.滑坡预测预报模型比较分析[D].哈尔滨:哈尔滨工程大学.

许强,2014.三峡库区滑坡灾害预警预报手册[M].北京:地质出版社.

许强,汤明高,黄润秋,2015.大型滑坡监测预警与应急处置[M].北京:科学出版社.

许石罗,2018.基于多源遥感影像的动态滑坡灾害空间预测模型研究[D].武汉:中国地质大学(武汉).

许霄霄,2013.三峡库区秭归—巴东段顺层滑坡变形规律研究[D].武汉:中国地质大学(武汉).

闫国强,易武,童时岸,等,2018.三峡库区白家包滑坡变形机理及稳定性分析预测[J].科技通报,34(5):29-34.

晏鄂川,刘广润,2004.试论滑坡基本地质模型[J].工程地质学报,12(1):21-24.

晏同珍,杨顺安,1987.崩塌滑坡灾害群发性初探[J].灾害学(3):23-28.

杨金,2012.巴东县城黄土坡滑坡库水与降雨联合作用复活机理[D].武汉:中国地质大学(武汉).

杨明明,李亚洲,温海岚,2019.浅谈滑坡监测预警及其诱发因素[J].科技风(25):134.

姚佳,许强,汤明高,2006.三峡库区重庆段塌岸预测研究[J].地质灾害与环境保护(1):95-100.

姚颖康,张春艳,张坤,等,2009.改进的 GM(1,1)模型在滑坡变形预测中的应用[J].水文地质工程地质,36(5):102-106.

易庆林,文凯,覃世磊,等,2018.三峡库区树坪滑坡应急治理工程效果分析[J].水利水电技术,49(11):165-172.

易武,孟召平,2007.岩质边坡声发射特征及失稳预报判据研究[J].岩土力学(12):2529-2533.

易武,孟召平,易庆林,2011.三峡库区滑坡预测理论与方法[M].科学出版社.

殷跃平,胡瑞林,2004.三峡库区巴东组(T_2b)紫红色泥岩工程地质特征研究[J].工程地质学报(2):124-135.

苑谊,马霄汉,李庆岳,等,2015.由树坪滑坡自动监测曲线分析滑坡诱因与预警判据[J].水文地质工程地质,42(5):115-122.

曾程,2007.基于Verhulst模型的黄茨滑坡位移预测研究及其在Excel VBA中的实现[J].中国水运:理论版,5(6):117-118.

曾向阳,2016.智能水中目标识别[M].北京:国防工业出版社.

张飞,郭义,2008.灰色理论在边坡预测中的应用研究[J].黄金(9):23-25.

张磊,2013.地下水动态自动监测仪的研制[D].长春:吉林大学.

张莜毅,2008.基于灰色模型的滑坡变形预测[J].天津城建大学学报(2):114-117.

张彦禄,李强,安宁,2010.LIDAR数据制作DLG原理分析[J].科技情报开发与经济,20(13):102-104.

张志英,何昆,2006.边坡监测方法研究[J].土工基础(3):84-86.

赵艳南,2015.三峡库区蓄水过程中滑坡变形规律研究[D].武汉:中国地质大学(武汉).

赵艳南,牛瑞卿,2010.基于证据权法的滑坡危险性区划探索[J].地理与地理信息科学(6):24-28.

中国地质环境监测院,2015.地质灾害防治信息化名词术语[M].北京:地质出版社.

周勇,2012.湘西高速公路滑坡监测关键技术及监测信息系统研究[D].长沙:中南大学.

朱冬林,任光明,聂德新,等,2002.库水位变化下对水库滑坡稳定性影响的预测[J].水文地质工程地质(3):6-9.

朱立峰,2019.黑方台滑坡群控制因素与外动力条件分析[J].西北地质(3):217-222.

朱伟,王孔伟,魏东,等,2017.白家包滑坡变形影响因素定性及定量分析[J].三峡大学学报(自然科学版),39(5):6-11.

B S,C P J,J S,et al,2001. Estimating the support of a high-dimensional distribution.[J]. Neural computation,13(7):1443-1471.

N. D R,O. H,2006. Forecasting potential rock slope failure in open pit mines using the inverse-velocity method[J]. International Journal of Rock Mechanics and Mining Sciences,44(2):308-322.